신현동 지음

곰팡이와 효모와 버섯을 공부하는

곰팡이 문답노트

월드사이언스
worldscience.co.kr

곰팡이 문답노트

인　　쇄 | 2019년 8월 21일
발　　행 | 2019년 8월 31일

저　　자 | 신현동
발 행 인 | 박선진
발 행 처 | (주)도서출판 월드사이언스

주　　소 | 서울특별시 서초구 도구로 115(방배동, 월드빌딩 1층)
등록일자 | 1988년 2월 12일
등록번호 | 제 16-1601호
대표전화 | (02) 581-5811~3
팩　　스 | (02) 521-6418

E-mail | worldscience@hanmail.net
U R L | http://www.worldscience.co.kr

정　　가 | **14,000원**
I S B N | 978-89-5881-287-6

이 도서의 국립중앙도서관 출판시도서목록(CIP)은 서지정보유통지원시스템 홈페이지 (http://seoji.nl.go.kr)와 국가자료공동목록시스템(http://www.nl.go.kr/kolisnet)에서 이용하실 수 있습니다. (CIP제어번호: CIP2019027498)

곰팡이와 효모와 버섯을 공부하는

곰팡이 문답노트

서문

필자는 30년 동안 대학에서 식물병리학과 균류학을 강의하고 연구해 왔다. 세부적으로는 '곰팡이'에 관한 강의와 연구이다. 스스로 '곰팡이 홍보대사'라고 지칭하고, 학생들로부터는 '곰팡이 선생님'으로 불리는 것을 자랑스럽게 여긴다. 매우 반갑게도, 2005년 2학기부터 고려대학교에 핵심 교양과목으로서 『곰팡이와 인간』을 개설하여 강의할 수 있게 되었다.

『곰팡이와 인간』 강좌는 곰팡이라는 생물이 우리 인간의 삶과 매우 밀접하게 관련되어 있다는 사실에 근거하여 세부 내용을 구성하였다. 즉, 전공과목으로서의 균류학과 구분되도록 실생활과 관련된 내용 위주로 강의를 구성하였다. 이 강좌의 수강생들에게는 곰팡이와 효모와 버섯에 관한 질문을 이메일로 보내도록 요구하고 있다.

'과학적 사고'는 질문에서 시작하고 질문으로 끝난다. 해결되는 질문도 있고, 해결되지 못하고 다음 세대에게 숙제로 넘겨주는 질문도 있다. 끝없는 질문을 통해 논리적으로 사고하고, 문제를 해결하며, 자신의 의사를 피력하고, 다른 사람의 의견을 참조하면서, 또 다른 질문을 도출하는 일련의 학습을 통하여 학생들은 성장하고 있다. 필자는 『곰팡이와 인간』 수강생들과의 질문을 통한 끊임없는 소통 속에서 발전하고 있다. 교양과목으로서의 『곰팡이와 인간』을 강의하면서 전공과목으로서의 균류학(곰팡이학)이 되지 않도록 유의하고 있다. 하지만 질문은 늘 그러한 경계를 넘나들고 있다. 수강생들의 학문적 호기심과 지식의 확장을 만족시키다 보면 교양과 전공을 구분하기 어려울 때가 있다.

이 책은 고려대학교 핵심 교양과목인 『곰팡이와 인간』을 수강하는 학생들이 보내온 질문 중에서 200개를 선정하여 문답(Q&A) 형식의 단행본으로 묶은 것이다. 수강생들의 질문에 대한 직접적인 답변도 있고, 지식의 확장성을 고려하여 세부적인 전문자료를 제공한 것도 있으며, 몇 곳에서는 답변에 덧붙여 필자가 피력하고자 하는 주장도 함께 실었다. 그래서 이 책의 독자 범주에 교양으로서 곰팡이를 알고자 하는 일반인부터 곰팡이를 전공 영역에서 공부하는 학생 그리고 곰팡이를 연구하는 학자들 모두 포함되기를 희망하고 있다.

엄선된 200개의 질문에 대하여 간단명료한 답을 주기보다는 관련 자료를 제공함으로써 학생들이 스스로 답을 찾도록 하였다. 각각의 질문에 한 페이지씩 할애하였다. 따라서 실무적으로는 질문의 문구와 답변의 범주를 한 페이지 분량으로 조절하였음을 밝힌다. 각각의 질문과 답변은 독립적으로 이해될 수 있도록 구성하였으며, 손가락표(☞)를 통하여 해당 번호의 질문으로 이동하여 관련되는 내용을 참조하면서 함께 공부할 수 있도록 하였다. 또한 전문용어는 가능한 한 한자와 영어를 병기함으로써 참고자료로 활용될 수 있도록 배려하였다.

아무쪼록 이 책이 일반인부터 생물학자에 이르기까지 널리 읽히기를 희망한다. 그래서 곰팡이가 올바로 이해되고 제대로 대접받으며, 곰팡이학(균류학)이 독립된 학문으로서 더 확고한 자리를 다질 수 있게 되기를 희망한다. 끝으로, 어려운 여건에도 선뜻 출판을 맡아주신 월드사이언스 임직원 여러분의 높은 뜻을 기억하고자 한다. 그리고 이 원고를 여러 차례 읽고 조언을 아끼지 않음으로 해서 완성도를 높일 수 있도록 도와주신 분들께도 깊은 감사의 말씀을 드린다.

2019년 8월

고려대학교 생명과학대학
곰팡이연구실에서

신 현 동

목차

1 영화 · 문학 · 뉴스

001. 인터스텔라 1
002. 옥스포드 살인사건 2
003. 미스 페레그린과 이상한 아이들의 집 3
004. League of Legend 4
005. The Last of Us 5
006. 푸른거탑 6
007. 아일랜드 대기근 7
008. 총, 균, 쇠 8
009. Miscellaneous Tracts 9
010. 변방에 우짖는 새 10
011. 유민 11
012. 어린 왕자 12
013. 개구쟁이 스머프 13
014. 말의 힘 14
015. 콧물 속의 누룩곰팡이 15
016. 슈퍼 곰팡이 등장 16
017. 표고버섯과 응급실 17
018. 뱃속에서 자라는 버섯 18
019. 표고버섯과 세슘 19
020. 곰팡이 핀 곶감 20
021. 초콜릿 백화현상과 곰팡이 21
022. 트리 캠핑과 목재부후균 22
023. 쓰러진 가로수 23
024. 곰팡이로 집 짓는 딱따구리 24
025. 플라스틱을 분해하는 곰팡이 25

2 생활 속의 곰팡이

026. 모기를 잡는 곰팡이 26
027. 렌즈에 피는 곰팡이 27
028. 곰팡이 피는 비누 28
029. 화분에 핀 곰팡이 29
030. 열대에서 온 노란각시버섯 30
031. 발광버섯과 형설지공 31
032. 에어컨에서 자라는 곰팡이 32
033. 다중이용시설의 곰팡이 33
034. 범인을 잡는 법진균학 34
035. 수술실의 곰팡이 35
036. 곰팡이 제거용품 36
037. 화장실 줄눈에 피는 곰팡이 37
038. 목욕실 실리콘에 사는 곰팡이 38
039. 항균 실란트의 조건 39
040. 나노실버 항균 페인트 40
041. 항균처리 운동화 41
042. 설거지통에서 자란 곰팡이 44
043. 페스큐중독증과 소고기 43
044. 소화 안 되는 팽이버섯 44
045. 양송이버섯에 고인 보약 45
046. 나그네 곰팡이 46
047. 레몬 맛의 비밀 47
048. 곰팡이를 이용한 천연염색 48
049. 버섯 인식 앱 49
050. 버섯이 그려신 화폐 50

3 곰팡이학의 이해

051. 곰팡이는 510만 종 51
052. 멸종위기의 곰팡이 52
053. 곰팡이 유전자원 53
054. 곰팡이 보존법 54
055. 곰팡이 화석 55
056. 빙하생물학과 곰팡이 56
057. 빙하를 탈출한 곰팡이 57
058. 무포자 곰팡이 58
059. 빛과 곰팡이 59
060. 곰팡이가 먹는 법 60
061. 케라틴분해균류 61
062. 고온성 곰팡이와 저온성 곰팡이 62
063. 너무 뜨거운 동물들 63
064. 부러지고 잘린 곰팡이 64
065. 버섯의 상처보호 시스템 65
066. 젖을 흘리는 젖버섯 66
067. 우산 모양의 버섯 67
068. 트러플버섯의 냄새 68
069. 균식동물의 식사법 69
070. 다양한 균식동물 70
071. 독성 지의류 71
072. 균물바이러스 72
073. 과학적 오류를 일으킨 곰팡이 73
074. 곰팡이를 세는 단위 74
075. 곰팡이 학명에 숨은 뜻 75

4 올바른 과학용어

076. 속명과 종소명 76
077. 학명의 우리말 표기법 77
078. 국어사전 유감 78
079. 胞子와 孢子 79
080. 곰팡이의 영어 이름 80
081. 잘못 붙여진 곰팡이 이름 81
082. 세균과 곰팡이 82
083. 도열병과 스는병 83
084. 노균병과 이슬병 84
085. 시들음병과 시듦병 85
086. 곰팡이를 사랑하는 네덜란드 86
087. 효모와 이스트 87
088. 천연효모와 인공효모 88
089. 식혜, 단술, 감주 89
090. 곰팡이를 키우는 개미 90
091. 송라와 소나무겨우살이 91
092. 석이와 석이버섯 92
093. 버섯을 이르는 영어 93
094. 버섯에 붙는 '이' 94
095. 송이버섯을 닮은 표고버섯 95
096. 만가닥버섯의 별명 96
097. 오오히라균의 정체 97
098. 아가리쿠스의 옳은 학명 98
099. 버섯의 우리말 명명법 99
100. 송로버섯의 정체 100

5 술 · 효모 · 곰팡이산업

101. 포도 주스와 포도주 101

102. 위스키 숙성 102

103. 무알코올맥주 제조법 103

104. 막걸리빵의 에탄올 운명 104

105. 술 냄새에 유인되는 초파리 105

106. 초파리는 타고난 술꾼 106

107. 술 취한 새 107

108. 술병 속의 메탄올 108

109. 코르크 마개와 부쇼네 109

110. 귀부포도주와 잿빛곰팡이 110

111. 곰팡이 생사 판결 111

112. 술을 만드는 미생물 112

113. 맥주효모, 포도주효모, 빵효모 113

114. 술효모의 정명과 이명 114

115. 곰팡이살균제 115

116. 노랑무당벌레는 균식곤충 116

117. 포도농장의 내생균 117

118. 유전자변형 핑샤녹강균 118

119. 후시딘과 원숭이 똥 119

120. 볼라르효모 120

121. 홍차버섯과 스코비균 121

122. 케피르 속의 효모 122

123. 곰팡이 유기산의 역할 123

124. 폐버섯배지와 사료 124

125. 곰팡이가죽과 곰팡이플렉스 125

6 식품곰팡이와 곰팡이독소

126. 블루치즈와 푸른곰팡이 126
127. 로크포르푸른곰팡이의 안전성 127
128. 소고기 드라이에이징 128
129. 먹다 남은 소시지 보관법 129
130. 곰팡이 핀 작은 빵 130
131. 편식하는 곰팡이 131
132. 쌀에 피는 곰팡이 132
133. 즉석밥에 피는 곰팡이 133
134. 즉석밥과 곰팡이의 만남 134
135. 곰팡이 없는 증편 135
136. 딸기잼에 피는 곰팡이 136
137. 메이 총리의 딸기잼 137
138. 산딸기에 피는 곰팡이 138
139. 썩은 배와 썩은 밤 139
140. 푸른곰팡이 핀 감귤 140
141. 곶감 흰 가루의 정체 141
142. 곰팡이 핀 청국장 142
143. 된장의 곰팡이 회피 전략 143
144. 곰팡이독소의 존재 이유 144
145. 메주를 묶은 짚 145
146. 된장과 아플라톡신 146
147. 아플라톡신과 토종곰팡이 147
148. 가축 사료와 아플라톡신 148
149. 썩은 고구마 공포 149
150. 곰팡이독소 일일섭취허용량 150

7 식용버섯과 독버섯

151. 현대인을 위한 균식건강법 151
152. 버섯은 친환경농산물 152
153. 찢어지는 버섯, 부서지는 버섯 153
154. 1능이, 2표고, 3송이 154
155. 송이버섯 등급과 품질 155
156. 송이버섯 인공재배 156
157. 표고버섯 재배기술 157
158. 톱밥에서 키우는 표고버섯 158
159. 풀버섯 재배 가능성 159
160. 목이버섯과 유다 160
161. 전기자극과 버섯재배 161
162. 버섯재배사의 음악 소리 162
163. 트러플버섯 인공재배 163
164. 트러플버섯 탐지견 164
165. 트러플버섯 다양성 165
166. 진짜 동충하초 166
167. 독버섯과 식용버섯 167
168. 독버섯의 존재 이유 168
169. 균근을 만드는 독버섯 169
170. 두엄먹물버섯과 알코올 170
171. 마귀곰보버섯 판매 조건 171
172. 식용하는 마귀곰보버섯 172
173. 나도느타리버섯의 정체 173
174. 붉은사슴뿔버섯의 위험성 174
175. 환각버섯의 평화적 이용 175

8 병원성 곰팡이

176. 곰팡이와 식물의 애증 176

177. 식물병원균의 공격 전략 177

178. 한 알의 썩은 사과 178

179. 상자 속의 썩은 감귤 179

180. 보리 · 붉은곰팡이병균의 생존 180

181. 식용하는 옥수수 · 깜부기병균 181

182. 커피나무·녹병균의 생활사 182

183. 곤충을 유혹하는 녹병균 183

184. 곰팡이를 이용한 생물무기 184

185. 탄저병균과 탄저균 185

186. 병든 식물체의 독성 186

187. 항아리곰팡이의 숙주범위 187

188. 애완동물에서 전염되는 피부병 188

189. 칸디다증의 종말 189

190. 항진균제 내성 곰팡이 190

191. 내 이름은 아우리스칸디다 191

192. 곰팡이여드름의 관리 192

193. 무좀의 감염경로 193

194. 성인 남자에 호발하는 무좀 194

195. 무좀 민간요법의 위험성 195

196. 곰팡이 포자와 호흡기질병 196

197. 포자를 만들지 않는 버섯 197

198. 말불버섯 놀이와 질병 198

199. 실내곰팡이의 위험성 199

200. 자동양조장증후군의 정체 200

001

문 영화《인터스텔라》의 도입 부분에서 병에 걸린 밀밭을 불태우는 장면이 나옵니다. 하지만 영화에서도, 영화평론가의 해설에서도 이에 대한 언급이 없습니다. 밀이 어떤 병에 걸렸는지 추정할 수 있을까요?

답 영화《인터스텔라Interstellar》를 본 사람들의 뇌리에 남은 것은 무엇일까? 이 영화가 주는 메시지는 무엇일까? 도입부에서 지구를 떠날 수밖에 없는 이유가 나온다. 즉, 밀이 병에 걸려 다 죽었으니 불태울 수밖에 없고, 이제 지구는 식량을 생산할 수 없는 황폐한 행성이 되었다.

이 영화에서는 구체적으로 언급하지 않았지만, 주인공은 이렇게 말한다. "The blight came and we had to burn it". 밀밭이 병들어서 불태울 수밖에 없었다는 뜻이다. 'blight'는 말라죽음을 의미하는데, 대부분 병균에 감염되어 급속히 말라 죽는 경우에 쓰인다. 그럼 구체적으로 밀에 발생하는 어떤 병을 지칭하는 것일까?

밀에는 100가지가 넘는 병이 발생한다고 알려졌다. 그중 80가지는 곰팡이에 의한 병이다. 가장 무서운 병은 *Puccinia graminis* f.sp. *tritici*가 일으키는 밀·줄기녹병wheat stem rust이다. 성경에도 등장하는 이 병은 재앙의 상징이었다. 지금도 밀 농사에서 가장 큰 피해를 준다. 따라서 blight가 줄기녹병을 가리킬 가능성은 70% 정도로 생각된다.

*Fusarium graminearum*이 일으키는 붉은곰팡이병Fusarium head blight도 후보이다(☞ 180). 이 병은 아주 습한 환경에서 이삭을 썩히는데, 때로는 심하게 발생하므로 병명에 blight가 들어갔다. 미국 중서부에서도 1998~2000년에 무려 27억 불(약 3조 원)의 경제적 손실을 입혔다. 따라서 blight가 붉은곰팡이병을 가리킬 가능성은 20% 정도이다.

Gaeumannomyces garminis var. *tritici*가 일으키는 마름병take-all도 후보이다. 영어 병명에서 '싹쓸이'를 의미하듯이 큰 피해를 입히는데, 특히 연작連作, 이어짓기하는 밀밭에서 피해가 크다. 따라서 blight가 마름병을 가리킬 가능성은 5% 정도로 본다.

끝으로, *Pseudomonas syringae* pv. *syringae*라는 세균이 일으키는 세균성잎마름병bacterial leaf blight도 후보이다. 그러나 이 병은 고온다습한 환경에서 발생하므로 영화 내용 상의 건조한 흙바람과는 어울리지 않는다. 대발생 기록도 없고 경제적 피해도 거의 없지만 5%의 가능성을 부여한다.

002

문 영화 《옥스포드 살인사건》에 보면, 광대버섯 추출물을 이용하여 살인을 저지르는 것으로 되어 있습니다. 광대버섯은 환각성 버섯으로 알려졌는데, 어떻게 영화에서는 살인 무기로 설정되었을까요?

답 이 영화의 시나리오에서 왜 광대버섯을 독성물질을 함유한 독버섯의 대표로 선택했을까? 아마도 일반인들에게 가장 잘 알려진 독버섯은 '광대버섯'이기 때문일 것이다. 광대버섯은 독성물질이 아니라 환각물질을 함유하고 있다. 그래서 학술적으로는 '환각버섯幻覺.., psychotropic mushroom'으로 분류되며, '독버섯毒.., poisonous mushroom'과 뚜렷이 구분 짓는다.

인류가 이용해 온 여러 종류의 환각버섯이 있지만, 광대버섯이 가장 대표적이다. 역사적으로 광대버섯을 먹고 죽은 사람은 없었다는 점이 흥미롭다. 2009년 북미균류연합회에서는 "지난 100년 동안 광대버섯의 독소로 인해 사람이 사망한 일은 단 한 번도 없었다"고 발표했을 정도이다. 역사적으로 수많은 사람이 환각제로 이용하였다. 『곰팡이가 없으면 지구도 없다』(2015, 신현동, 지오북)에 잘 소개되어 있다.

광대버섯에 포함된 독성물질은 무스키몰muscimol, 이보텐산ibotenic acid, 무스카린muscarine이 있다. 무스카린 함량은 무시될 정도로 낮고, 이보텐산의 독성은 무스키몰의 10% 정도에 불과하다. 따라서 가장 독성이 강한 무스키몰만 가지고 계산해보자.

보통 크기의 광대버섯 하나는 약 60g이며, 여기에는 6mg의 무스키몰이 들어 있다. 실험동물 쥐에서 무스키몰의 반치사량半致死量, LD50은 경구투여로 45mg/kg이다. 실험동물의 데이터를 사람에게 똑같이 적용한다면, 체중 70kg인 성인에서 반치사량은 3,150mg(45×70)으로 볼 수도 있다. 그러니까 525개(3,150/6)의 광대버섯을 먹어야 반치사량에 도달한다. 즉, 사망에 이르려면 대략 500개 이상의 광대버섯을 한꺼번에 먹어야 한다. 이런 일은 현실적으로 일어날 수 없다.

광대버섯에서 무스키몰을 추출하기 위해서는 수백 개의 버섯이 필요하다. 광대버섯은 균근성이므로 인공재배가 되지 않는다. 그래서 오직 숲에서 자연채취해야만 한다. 살인에 사용할 수백 개의 광대버섯을 한꺼번에 채취한다는 것은 불가능에 가깝다. 따라서 광대버섯으로 살인을 저지르는 영화 《옥스포드 살인사건The Oxford Murders》도 픽션일 뿐이다.

003

문 영화 《미스 페레그린과 이상한 아이들의 집》을 보면, 전개 부분에 아이들이 음침한 숲을 지나는 장면이 있습니다. 숲의 나뭇가지에 주렁주렁 매달린 것이 책에 있는 송라와 같은 것인가요?

답 이 영화에서는 아이들이 숲을 지나 버려진 성城으로 향하는 장면이 있다. 이때 앞이 잘 보이지 않을 정도로 안개가 끼고 음산하면서도 원시적인 모습의 숲을 지나가야만 한다. 이 숲을 통과하면 드디어 사건이 전개될 성이 나타난다. 새로운 세계로 들어온 것이다. 현실과 가상의 세계를 연결하는 통로가 바로 음산한 숲길이었다.

이 숲길에서 가장 눈에 띄는 존재는 고목에 주렁주렁 매달린 것이다. 이것은 송라松蘿라고 부르는 지의체, 즉 곰팡이와 조류가 복합체를 형성한 것이다(☞ 091). 영화에서는 전형적인 송라보다 훨씬 길게 늘어뜨렸기에, 아마도 장송라*Usnea longissima*가 아닐까 생각해본다. 플라스틱으로 만든 가짜였겠지만, 음산한 모습을 잘 표현했다. 여하튼, 송라는 아황산가스(SO_2)에 매우 민감하므로 그야말로 청정환경에서만 만날 수 있다. 그래서 송라가 주는 이미지는 매우 원시적이다. 이 영화에서도 아이들이 송라를 비켜 지나가는 모습으로 그런 메시지를 전달했다.

송라는 KBS-2TV에서 매주 일요일 아침에 방영하는 '영상앨범 산'에도 자주 등장한다. 출연진들이 세계의 유명한 산을 걸으며 정담을 나누고 멋진 풍경까지 제공하는 교양 프로그램인데, 깊은 산길에서 마주치는 나무에 송라가 늘어진 모습이 종종 등장한다. 하지만 몇 번인가 멘트와 자막에 '이끼'라고 소개되어 조금 실망스러웠던 기억이 있다. 송라는 영어에서도 tree moss나무이끼라는 별명으로도 불린다.

한편, 한약재 시장에서는 송라를 '소나무겨우살이'라고 부르기도 한다(☞ 091). 쓰임새도 많고 비교적 쉽게 만날 수 있는 약재이다. 다른 지의류와 마찬가지로, 송라도 인공재배될 수 없다. 시장에 출하되는 송라는 모두 자연산이다.

송라는 세계적으로 널리 분포하며 여러 지역에서 다양한 용도로 이용되어온 생물자원이다. 항세균 활성이 높아서 의약품으로, 또한 매염제에 따라 다양한 색을 발현시킬 수 있는 천연염색 재료로, 탈취제 및 화장품의 원료로, 그리고 옛날에는 불쏘시개로도 사용된 유용한 자원이다.

004

문 《League of Legend》라는 비디오 게임에서 주인공 '티모'가 사용하는 독버섯은 상대방 몸에 닿는 즉시 중독을 일으키는 강력한 무기입니다. 실제 독버섯이 피부에 접촉만 해도 중독되나요?

답 특정한 식품에 알레르기알러지, allergy를 나타내는 사람들이 있다. 표고버섯을 먹고 '표고버섯 피부염'을 일으킨 사례가 알려져 있다(☞ 017). 흔히 독버섯을 먹지도 말고 만지지도 말라는 표현을 쓴다. 독버섯을 먹으면 중독되고 매우 위험하다는 사실은 잘 알려졌다. 하지만 독버섯을 만지는 것만으로도 과연 위험한지 궁금하지 않을 수 없다.

수백 종에 이르는 독버섯 중에서 가장 독성이 강하고 상징적인 버섯이 알광대버섯이다(☞ 008). 알광대버섯의 독성물질 중에 가장 대표적인 알파-아마니틴α-amanitin의 반치사량半致死量, LD50은 0.1mg/kg이다. 즉, 이 물질 1g(=1,000mg)을 10kg의 중형 실험동물 1,000마리에 나누어 투여하면 500마리는 사망하고 500마리는 치명적인 손상을 입는다.

이처럼 무시무시한 알파-아마니틴을 실험동물의 피부에 무려 1mg/kg의 농도로 바르는 실험이 있었다. 즉, 경구투여 반치사량의 10배에 해당하는 양을 처리할 것이다. 그 결과, 어떤 병리학적 변화도 관찰되지 않았다. 즉, 각피로 덮인 일반적인 피부를 통해서는 이 독성물질이 흡수되지 않는다는 것이 증명되었다. 그러나 알파-아마니틴을 피하주사皮下注射하면 뚜렷한 병리학적 변화가 나타난다. 따라서 피부에 상처가 난 상태에서 알광대버섯의 즙액과 접촉하면 피부 손상이 일어날 수 있을 것이다.

독버섯의 종류는 수백 종에 이르며, 독성물질의 종류에도 수십 수백 가지가 있다. 그러나 알파-아마니틴의 실험동물 실험에서 증명되었듯이, 어떤 독버섯의 독성물질이라 할지라도 피부를 통해 직접 흡수될 가능성은 없다고 보는 것이 옳다. 독버섯을 만지지 말라고 하는 경고는 혹시라도 독버섯의 독성물질이 손에 묻은 채로 음식을 집어 먹었을 때 문제가 될 수 있음을 우려한 것이다.

이 비디오게임에서는 강력한 이미지의 무기와 재미있는 진행을 위하여 독버섯을 소재로 사용하였다. 하지만 어떤 특정한 생물학적 종의 독버섯을 모티브로 제작된 것은 아니다. 여하튼, 접촉만 해도 중독되는 독버섯은 없고, 실제로 자연계에서 일어나지 않는 일이다.

005

문 좀비곰팡이에 관한 다큐멘터리를 매우 흥미롭게 시청하였습니다. 《The Last of Us》라는 비디오 게임도 좀비곰팡이를 소재로 제작되었습니다. 좀비곰팡이가 어떻게 숙주곤충을 좀비로 만드는지요?

답 일반 사람들에게 잘 알려진 흥미로운 이야기로 '좀비곰팡이'가 있다. 곰팡이에 감염된 곤충이 곰팡이의 지시대로 움직이다가 죽는다는 것이다. 죽는 장소와 죽는 자세까지 곰팡이의 지시에 따른다는 무시무시한 이야기이다. 좀비zombie는 원래 살아있는 시체를 의미하는데, 곤충을 좀비로 만들어버리는 곰팡이란 의미로 좀비곰팡이zombie fungus라고 부른다.

좀비곰팡이는 *Ophiocordyceps unilateralis*이다. 이 곰팡이는 곤충의 병원체인데, 주로 왕개미를 공격한다. 태국의 숲속에서 왕개미의 병원체로 처음 발견되었고, 이후에 브라질 열대우림에도 존재한다고 알려졌다. 이처럼 분포지역도 매우 제한적이고 숙주곤충도 그 지역에 서식하는 왕개미류에 국한되지만, 매우 특이한 생태 덕분에 세계적인 유명세를 타고 있다. 자연 다큐멘터리에 단골로 등장하는 주제이기도 하다.

좀비곰팡이 포자가 왕개미의 표면에 부착하여 발아한 후에는 침입관侵入管, penetration peg을 이용하여 직접 뚫고 침입한다. 체강으로 들어간 좀비곰팡이는 효모처럼 여러 개의 균체로 나누어져 왕개미 전체를 침범한다. 서서히 감염된 왕개미는 식물 줄기를 타고 올라 잎 아래쪽의 엽맥을 입에 물고 거꾸로 매달린다. 이때 매달린 높이가 땅으로부터 25.20±2.46cm이다. 즉, 약 23~27cm의 정확한 높이에 매달린다.

숲속에서 이런 높이는 상대습도 95% 내외, 온도 25°C 내외이다. 감염된 왕개미가 매달린 지 4~10일 만에 왕개미 머리에서 막대 모양의 버섯이 나온다. 이 버섯에서 방출되는 포자는 서서히 흔들리는 바람을 타고 흩어져 또 다른 왕개미를 침입할 수 있다. 즉, 포자 산포에 가장 유리한 곳에서 죽음을 맞도록 진화하였다.

처음에는 좀비곰팡이가 왕개미의 뇌에 도달하여 뇌를 자극함으로써 좀비로 만들어버린다는 학설이 지배적이었다. 너무나도 놀라운 사실이라 컴퓨터게임 등 공상과학의 소재로 인기가 높았다. 하지만 좀비곰팡이는 왕개미의 뇌에 이르지 않고, 근육을 자극함으로써 특정한 위치에서 죽음을 맞이하도록 조정한다는 것이 가장 최근의 학설이다.

006

문 드라마 《푸른 거탑》에 웃음버섯이 등장합니다. 먹으면 웃음이 나오는 버섯이란 의미로서 일종의 환각성 버섯이란 이야기가 있습니다. 이 버섯이 진짜 자연계에 존재하고, 생물학적 정체가 알려졌나요?

답 민간에서 '웃음버섯'이란 이름으로 통용되어 온 버섯은 *Gymnopilus spectabilis*이다. 우리말 이름은 황갈색미치광이버섯, 북한에서는 웃음독버섯, 영어로는 laughing gym 또는 laughing cap이라고 부른다. laughing은 웃는다는 의미이고, gym은 이 버섯의 속명 *Gymnopilus*를 축약한 별명이며, cap은 갓을 가진 버섯을 통칭하는 단어이다.

이 버섯은 웃음과 관련이 있고, 우리말 이름에서 미치광이는 이 버섯의 환각성을 나타낸다. 이 버섯은 실로사이빈psilocybin을 함유하므로, 사람이 섭취하면 환각을 일으킨다(☞ 175). 또한, 신경계를 자극하므로 마치 웃는 것처럼 보일 뿐이다. 우리나라를 비롯한 대부분 국가에서 실로사이빈을 마약에 포함하고 있으므로, 이 버섯을 비롯하여 실로사이빈을 함유한 버섯을 소유하거나 재배하는 것은 법적으로 금지되어 있다.

이 버섯은 전 세계의 아열대부터 한대 지역까지 널리 분포한다. 한국이나 미국 동부에서 채취한 황갈색미치광이버섯은 미국 서부 및 유럽지역에서 채취한 버섯보다 실로사이빈 함량이 높다는 연구보고가 있다. 그러나 이 버섯의 정확한 지리적 분포 및 분류학적 연구가 아직 미흡하므로 추가적인 연구가 필요하다. 적어도 이 버섯의 유전적 다양성이 매우 높거나 한 종이 아니라 여러 종이 섞여 있는 복합종複合種, species complex일 수도 있다는 것을 강력하게 시사한다.

사실 그렇게 유명하지도 않고 연구가 많이 이루어진 버섯도 아니지만, 우리나라에서 인기 있는 드라마 《푸른 거탑》(2013년)에 소개되어 화제가 되었다. 당시에 이 웃음버섯이 진짜 존재하는 생물학적 버섯인지 픽션으로 지어낸 것인지 화제가 되었다. 웃음버섯은 자연계에 존재하는 환각성 버섯의 하나이다.

어떤 이는 웃을 일이 별로 없는 한국 사회에 이런 버섯을 널리 보급하여 맘껏 웃는 세상을 만들자는 농담을 하기도 한다. 실로사이빈은 신체의존성이 없다고 하지만 여전히 환각성 물질이고 마약이다. 따라서 함부로 이 버섯을 채취하거나 섭취하는 일이 있어서는 안 된다.

007

문 전공 과정에 '서양경제사'를 공부하면서 『아일랜드 대기근』이란 책을 읽었습니다. 이 책에서는 대기근을 일으킨 감자의 병명이 '마름병'이었습니다. 이번 수업에서 공부한 '역병'과 같은 질병인가요?

답 『아일랜드 대기근』(1998, 장동현 역, 시공사)은 『The Irish Famine』(1995, by Peter Gray, Abrams Discoveries)의 번역서이다. 1845년부터 1852년 사이에 아일랜드에서 일어난 대기근大饑饉의 참사를 다룬 책이다. 이 사건을 다룬 단행본이 수십 권에 달하고 몇 편의 영화로도 제작되었을 정도이니 그 중요성을 가히 짐작할 수 있다. 『곰팡이가 없으면 지구도 없다』(2015, 신현동, 지오북)에도 소개되어 있다.

이 책에서 '마름병'으로 번역한 감자의 병명은 오역이고, 옳은 병명은 '역병'이다. 대기근을 일으킨 감자 역병의 영어명은 potato late blight이다. 이 병명에서 potato는 숙주식물인 감자를 가리키고, late blight는 질병 이름이다. blight란 식물체가 말라 죽는 증상을 표현하는 용어이므로(☞ 001), 흔히 마름병 또는 마름 증상으로 표현되기도 한다. late는 이 증상이 일어나는 시기가 생육 후기임을 나타낸다. 즉, 감자가 익어갈 무렵이 되면 주로 발생하며 잎과 줄기가 급속히 말라 죽는 질병이다.

한편, potato early blight라는 질병도 있다. 글자 그대로 감자의 생육 초기에 발생하는 질병으로 '겹둥근무늬병'이라고 불린다. 이 병은 *Alternaria solani*라는 곰팡이에 의한 질병인데, 비교적 흔히 발생하지만, 전염속도가 느리고 피해도 크지 않은 편이다. 즉, 그럭저럭 넘어가는 가벼운 질병이기에 대수롭지 않게 여긴다.

그러나 potato late blight는 *Phytophthora infestans*라는 곰팡이에 의한 질병이다. *Phytophthora*라는 이름은 '식물phyto 파괴자phthora'라는 의미이다. 이 곰팡이에 의한 식물병은 모두 전염속도가 무척 빠르고 피해가 매우 크며, 병명은 '역병疫病'이다. 역(疫)이란 전염병을 의미한다. 병명은 고유명사이므로 영어 병명을 함부로 직역하면 안 된다. 이 질병을 '늦은 동고병'으로 직역한 어떤 책을 보고 경악을 금치 못한 적도 있다.

참고로, *Phytophthora*를 비롯한 일부 곰팡이들은 생물학적으로는 진짜 곰팡이는 아니다. 그래서 유사균류類似菌類라고 부르지만, 이 책에서는 넓은 의미의 곰팡이로 취급한다.

008

문 **베스트셀러 『총, 균, 쇠』에 보면, 인류가 먹을거리로 이용할 수 없었던 여러 대상과 구체적인 이유가 소개되었습니다. 광대버섯은 생체 독성으로 인하여 먹을 수 없었다는데, 맞는 내용인가요?**

답 원저 『Guns, Germs, and Steel』에 보면, 해당 부분이 '...poisonous (monarch butterflies and death-cap mushrooms), ...'으로 기술되어 있다. 여기서 death-cap mushrooms은 '광대버섯'이 아니라 '알광대버섯'으로 번역해야 옳다. 왜냐하면, 광대버섯*Amanita muscaria*은 환각버섯이고, 알광대버섯*Amanita phalloides*은 독버섯이기 때문이다. 두 버섯은 서로 다른 종으로서, 생물학적 개념은 물론 독성에서도 큰 차이가 있다. 따라서 잘못 번역한 것이다.

알광대버섯은 가장 무섭고도 대표적인 독버섯이다(☞ 004). 먹으면 죽는 치명적인 독버섯의 대명사로 쓰이는 종이 바로 알광대버섯이다. 알광대버섯에 의한 사망 사례는 『곰팡이가 없으면 지구도 없다』(2015, 신현동, 지오북)에 잘 소개되어 있다. 그래서 일반명이 death cap이다. 여기에서 cap은 갓과 대를 가진 우산 모양의 일반적인 모습의 버섯을 지칭하는 보통명사이다. 그러니까 영어 이름은 '죽음의 버섯'이란 뜻이다.

잠깐, 정서법正書法, orthorgraphy에 대하여 언급해보자. 원저에 이 버섯의 일반명으로 death-cap mushrooms라고 되어있는데, 이는 정서법에 어긋난다. 옳은 이름은 'death cap'이다. 특별히 규정된 경우를 제외하고는 생물명에 하이픈(-)을 사용하여 합성어를 만들지는 않는다. 또한, 이미 cap이 있으므로 뒤에 mushrooms라는 중복된 단어를 붙이지 않는 것이 바람직하다. 이렇게 불필요하게 단어를 중복하는 어법을 용어법冗語法, pleonasm이라 하며, 강조어법으로 쓰이는 경우는 있다. 그러나 과학용어에서는 중복해서 쓰지 않는 것이 옳다.

알광대버섯의 독성분으로 아마톡신amatoxins과 팔로톡신phallotoxins이 알려져 있다. 중독증상은 주로 아마톡신에 의해 일어난다. 특히 간독성을 나타내어 사망에 이르게 한다. 증상은 알광대버섯 섭취 8~12시간 후에 나타나며, 대개 10일 이내에 사망한다. 알광대버섯 작은 것 1개(약 30g)만 섭취해도 성인이 사망에 이른다. 1950년대까지는 치사율이 70%에 이를 정도였으나, 최근에는 의료기술의 발달로 10~15%로 낮아졌다.

009

문 어떤 책에 보니까 죽은 순록의 배 속에 지의류를 넣으면, 순록을 먹은 늑대가 지의류 독성물질에 중독된다고 합니다. 이런 흥미로운 늑대 사냥법이 과학적으로 입증되었고, 실제 가능할까요?

답 이 이야기에 등장한 지의류의 학명은 *Letharia vulpina*이다. 영어로는 wolf lichen인데, 우리말로는 '늑대지의'라고 부를 수 있을 듯하다. 종소명 *vulpina*는 원래 여우를 뜻하는 라틴어 vulpes에서 왔으나, 넓게는 늑대류라는 의미로 쓰였다. 예부터 늑대와 여우 사냥에 쓰였기 때문이다. 이 지의류의 지리적 분포는 유럽대륙부터 북미의 북서부라고 알려졌지만, 최근에 중국의 몇몇 지역에서도 발견되었다고 한다.

늑대지의를 이용한 늑대 사냥에 관한 최초의 문헌적 기록은 1759년 영국 런던에서 출판된 『Miscellaneous Tracts Relating to Natural History, Husbandry and Physics』(직역: 자연사, 가축사육, 물리현상에 관한 잡문록)에 한 부분으로서 등장한다. 늑대와 여우를 독살하여 잡는 방법에 관한 글이다. 즉, 순록을 한 마리 희생시켜 내장을 꺼내고 속에 늑대지의를 채워 넣은 후에 먹이로 내놓는다. 이를 먹은 늑대가 중독되어 힘을 쓰지 못한다는 것이다. 또 다른 기록에는 늑대지의와 함께 유리 조각을 넣으면 늑대의 위장에 상처가 나면서 중독 효과가 증대된다고 하였다.

최근의 연구에 따르면, 중독의 원인이 되는 물질은 늑대지의에서 유래한 불핀산vulpinic acid으로 알려졌다. 불핀산은 노란색의 생리활성 물질이면서 염료이다. 북미 원주민들은 늑대지의를 상처 치료제 또는 보호제로도 사용하였다. 최근에 과학적 연구를 통하여 불핀산의 항세균 활성 및 세포분열 억제 효과가 알려지면서 이 전통 약제의 비밀이 밝혀졌다.

북미 인디언 중에 칼라마드Klamath족은 늑대지의로 염색한 동물의 털로 노란색 가방을 만들어 사용한다. 늑대지의는 불핀산 때문에 연록색을 띠는 특유성이 있어 화훼장식용으로도 인기가 높다. 한편, 노란색을 띠는 갓그물버섯*Pulveroboletus ravenelii*에도 불핀산이 함유되어 있다.

늑대지의와 갓그물버섯에는 왜 불핀산이 함유되어 있을까? 불핀산은 섭식하는 동물이 기피하도록 만들어 스스로를 보호한다는 교과서적 해석이 가장 유력하다. 하지만 궁색한 해석에 불과하고, 불핀산의 존재 이유는 아직 잘 모른다고 하는 편이 더 나아 보인다.

010

문 **현기영의 소설 『변방에 우짖는 새』에 보면, '... 곰팡이 핀 가죽신을 돼지기름으로 윤나게 닦아 주었다.'라는 구절이 있습니다. 가죽에 곰팡이가 피는 원인과 더불어 복원 방법까지 알 수 있을까요?**

답 동물의 원피原皮, raw hide에서 털을 제거하고 무두질하여 이용가능한 상태로 만든 것을 가죽피혁, 皮革, leather이라고 한다. 무두질은 전통적인 '타닌tannin무두질'과 공장 방식의 '크롬chrome무두질'이 있다. 이 소설은 1901년 배경이니 타닌무두질에 의해 만들어진 가죽일 것이다. 무두질을 거친 가죽은 기름을 침투시키는 가지加脂공정을 거쳐 부드럽게 만들어 신발이나 가방의 재료로 쓰인다.

오래 신은 가죽신은 기름이 빠지면서 딱딱해지고 때가 끼면서 곰팡이도 자랄 수 있다. 사실상 새 가죽은 타닌 가공을 거치고 기름이 배어 곰팡이가 자라는 것이 극히 어렵고 불가능에 가깝다. 가죽신에 곰팡이가 피었다는 것은 기름이 빠졌고 이물질이 묻었다는 의미로 볼 수 있다. 따라서 마른 가죽에 기름을 침투시켜 부드럽게 하면서 이물질을 제거하면 새 가죽신 같은 상태로 되돌릴 수 있다.

최근에 판매되는 구두약에는 밍크 오일이 대세이지만, 20세기 초까지만 해도 가장 쉽게 구할 수 있는 기름은 돼지기름이었을 것이다. 우리가 사용하는 가죽은 콜라겐collagen이라는 단백질로 이루어진 섬유가 종횡으로 교차해서 섬유 구조를 이룬 것이다. 콜라겐은 아마노산의 중합체로서 곰팡이가 분해하기 어려운 '난분해성 물질'의 하나이다.

곰팡이 입장에서 가죽은 영양학적으로 매우 불만족스러운 먹이기질이다. 순수한 가죽만 분해하면서 살아가는 곰팡이는 사실상 없다. 그러나 가죽에 이물질이 있으면 이물질에 포함된 양분과 함께 가죽을 분해하면서 살 수 있는 곰팡이는 있다. 그래서 이물질이 묻은 가죽에서만 곰팡이가 핀다.

곰팡이가 자라면서 가죽의 색소를 분해할 가능성이 있다. 곰팡이가 가죽의 물리적 성질에 변화를 줄 가능성은 거의 없다. 따라서 곰팡이를 제거하고 색깔을 복원한다면 새 가죽에 가까운 상태로 되돌릴 수 있다. 이러한 공정을 '서민갑부'라는 텔레비전 프로그램에서 시청한 적이 있다. 소설에 등장한 가죽신은 염색하지 않은 가죽이었을 것이므로 돼지기름만으로도 만족스러운 복구가 가능했을 것이다.

011

문 한수산의 장편소설 『유민』에는 누룩에 쑥을 둘렀다는 표현이 등장합니다. 전통적으로 누룩을 띄우거나 보관할 때 쑥이나 다른 재료를 이용하여 감싸는 이유에 대하여 과학적으로 밝혀졌나요?

답 한수산의 『유민流民』은 3대의 가족사를 그린 장편소설이다. 배경이 된 강원도 인제는 한수산의 고향이자, 필자가 병영 생활을 한 곳이고, 곰팡이를 채집하러 즐겨 찾는 곳이기도 하다. 시대에 떠밀려 살아가는 사람들의 평범한 일상에도 곰팡이와 관련된 이야기가 등장한다.

"지난 여름 쑥으로 엮어 매달았던 누룩을 내려 이제는 술을 담글 수도 있을 것이다.... 한겨울의 뒷방에는 마른 쑥을 두른 누룩이 매달려 있었다." 이처럼 누룩에 쑥을 둘렀다는 표현이 종종 등장한다. 누룩을 정의하자면, 밀이나 찐 콩 따위를 굵게 갈아 반죽하여 덩이를 만들어 띄워서 누룩곰팡이를 번식시킨 것이다.

누룩은 재료부터 제법까지 무척 다양하다. 그러나 공통분모는 누룩곰팡이를 번식시켰다는 것이다. 즉, 누룩곰팡이가 분비하는 분해효소가 누룩의 핵심이다. 누룩곰팡이는 황국균*Aspergillus oryzae*을 비롯하여 다른 종의 아스페르길루스*Aspergillus*, 거미줄곰팡이*Rhizopus*, 털곰팡이*Mucor* 등으로서 모두 고온을 좋아하는 분류군이다. 집집마다 서로 다른 재료를 사용하거나 서로 다른 곰팡이가 피고, 누룩을 보관하는 방법도 서로 다를 수 있다.

누룩방이 따로 없는 시골집에서 누룩을 띄우거나 보관할 때는 너무 습하거나 너무 마르면 누룩곰팡이가 잘 붙지도 않고 잘 퍼지지도 않는다. 그래서 어떤 재료로 싸주면 적절한 보습에 도움이 될 것이다. 누룩곰팡이들은 고온성이므로 이런 재료들의 보온효과도 기대할 수 있다. 기왕이면 나쁜 기운을 물리치고 좋은 기운이 스며들 수 있는 재료가 선택되었을 것이다. 전통적인 누룩 제조법을 조사한 자료에 따르면, 쑥·볏짚·솔잎·뽕잎 등이 누룩을 두르는 재료로 사용되었다.

이 소설의 배경이 된 인제는 산촌山村으로서 볏짚이나 뽕잎은 상대적으로 구하기 쉽지 않았을 것이다. 반면에, 쑥은 쉽게 구할 수 있었을 것으로 생각된다. 더구나 마른 쑥이 가진 포근한 느낌은 시골 사람들만 알 수 있을 것이다. 아직 학술적으로는 쑥·볏짚·솔잎·뽕잎 등이 전통 누룩의 제조에 어떤 긍정적인 효과를 발휘하는지 연구된 바 없어 아쉽다.

012

문 생텍쥐페리의 『어린 왕자』에 보면, '그는 사람이 아냐. 그는 버섯이야!'라는 구절이 있습니다. 여기에서 버섯이란 단어가 어떤 의미로 쓰였는지 추론할 수 있지만, 생물학적으로도 해석될 수 있을까요?

답 『어린 왕자』는 프랑스 작가 생텍쥐페리가 미국에서 출판한 동화이다. 여기에, "... But he is not a man—he is a mushroom!" "A what?" "A mushroom!"이라는 구절이 있다. 사람에 대응하는 개념으로서 버섯을 등장시켰는데, 버섯이 의미하는 바는 무엇인가?

『어린 왕자, 우리가 잃어버린 이야기』(2018, 민이언 · 박상규, 다반)에서 다음과 같이 해석하였다. "생텍쥐페리의 상징 중 가장 애매한 부분은 아마도 어린 왕자가 별을 세는 사업가를 버섯에 빗댄 장면일 것이다. 프랑스에서는 예로부터 버섯을 말똥 속에서 재배했던 터, 이는 곧 더러움을 상징하는 것이라는 해석이 있다. 혹은 습하고 어두운 곳에서 자라나는 부도덕을 상징하는 것이라는 해석도 있다. 프로이트가 비판을 받는 천착이긴 하지만, 성(性)의 담론으로 버섯을 해석하는 논문도 제법 있다. '남근기(男根期)'의 문법을 따라보자면, 버섯은 남자의 성기를 상징하고, 사업가가 계산에만 몰두하는 이유는 일종의 '거세 불안'이다. 쉽게 말해, 어른들에게 돈의 가치는 자존감을 대변하는 권위이다. 그것이 사라질까 봐 불안인 것이다."

필자는 과학적인 부분만 보충하여 해석해 본다. 여기에서 mushroom은 구체적으로 '양송이버섯'을 의미한다. 양송이버섯의 인공재배는 1707년 프랑스의 드 투른포르가 개발한 '균사체 이식법菌絲體 移植法'으로 시작되었다. 멸균과 순수배양을 통한 '종균접종법種菌接種法'은 1893년 프랑스의 파스퇴르연구소Pasteur Institute에서 개발하였다. 밀짚과 말똥을 버무려 완전히 썩힌 퇴비에다 양송이버섯 종균을 접종하여 어두운 동굴에서 재배하는 신기술이었다. 전 세계적으로 양송이버섯은 지금도 이 방법으로 재배하며, 프랑스의 상징과도 같다.

그러니까 양송이버섯은 순백색의 고운 모습이지만, 실제는 더럽고 시커먼 퇴비에서 나와 음침한 동굴에 사는 존재이다. 즉, 양송이버섯은 태생적으로 부정적 존재이며, 내면적으로 표리부동하고 역겨운 존재를 상징한다. 한편, 양송이버섯을 남근으로 볼 수도 있겠지만, 생김새로 보나 동화의 설정으로 보나 선뜻 동의하기는 어렵다.

013

문 **만화영화 《개구쟁이 스머프》에 보면, 숲속에 있는 스머프들은 버섯집에서 살고 있습니다. 이런 스머프집은 어떤 버섯을 모티브로 만들어졌다거나 또는 어떤 종의 버섯으로 추정할 수도 있을까요?**

답 《개구쟁이 스머프 Les Schtroumpfs(프랑스어), The Smurfs(영어)》는 벨기에 작가 페요Peyo가 만들어낸 만화 캐릭터이다. 원작보다는 1981년 미국에서 제작된 텔레비전 애니메이션으로 더 잘 알려져 있다. 그 후 영화로도 제작되어 스머프는 많은 사람에게 고정된 이미지로 각인되어 있다. 스머프가 사는 집을 형상화한 다양한 캐릭터가 판매되고 있다. 또한, 실제 사람이 거주하는 주택까지 스머프집을 모델로 제작된 것이 있다. 우리나라에도 스머프 마을이 문경, 남해, 구례 등 여러 곳에 조성되었다.

스머프가 사는 집은 버섯인데, 버섯의 형상이 원작부터 영화까지 다양하지만 공통분모적인 모습이 있다. 스머프집Smurf house은 버섯 형상의 2층인데, 아래층은 거실이고 위층은 침실이다. 아래층에는 하나의 문에 몇 개의 창문이 있고, 위층에는 지붕창과 굴뚝이 뚜렷하다. 이 집은 기본 모양은 그물버섯이고 지붕은 광대버섯처럼 표현되는 경우가 많아서, 스머프집이 딱 어느 종의 버섯이라고 단정하기는 어렵다.

그물버섯*Boletus edulis*은 유럽의 숲에 널리 분포하지만, 특히 늦여름~가을에 침엽수림에 돋아나는 균근성 식용버섯이다. 게다가 버섯 하나가 1kg에 이르고, 갓의 직경은 25cm에다 대의 직경이 20cm에 이르기도 한다. 이런 모습은 뚱뚱한 스머프집의 모양과 매우 비슷하다. 실제 유럽에서 판매되는 스머프집 캐릭터를 보면 영락없이 그물버섯의 형상이다.

한편, 스머프집의 지붕은 대체로 파랑·노랑·초록 등 원색으로 표현되거나, 빨간 지붕에 흰색의 점을 배치한 광대버섯*Amanita muscaria*의 모습으로 그려졌다. 그래서 지붕의 형상과 모양은 다소 광대버섯을 닮았다고 할 수 있다. 게다가, 광대버섯의 환각성(☞ 002)은 숲속의 요정과 일맥상통하는 부분이 있다.

스머프집을 비롯하여 버섯집mushroom house이 동화에는 단골로 등장한다. 일반적으로 버섯집이 대체로 부드러운 느낌의 황갈색으로 표현되는 경우가 많은데, 이 색깔과 모양은 그물버섯이라고 단정해도 좋을 정도로 닮았다. 버섯의 좋은 이미지를 홍보하는 훌륭한 소재이다.

014

문 텔레비전에서 한글날 특집으로 '말의 힘'이 방영되었는데, 좋은 말을 들려준 밥에서는 고운 곰팡이가 피고, 나쁜 말을 들려준 밥에서는 시커먼 곰팡이가 피었답니다. 과학적으로도 증명된 사실인가요?

답 흰 쌀밥이 들어 있는 두 개의 유리병이 있다. 하나는 '짜증 나!', 다른 하나는 '고맙습니다'라고 쓰여있다. 아이들은 각각의 병을 향해 표정까지 달리하면서 나쁜 말 한마디와 좋은 말 한마디씩 던지고 지나간다. 한글날이 오면 매년 매스컴에 소개되는 단골 메뉴이다. 유치원이나 초등 저학년 교실에서도 가끔 등장하는 고전적 교육 소재이다.

이런 실험의 결과는 늘 이렇다. 나쁜 말을 하면 시커멓고 지저분한 모습의 곰팡이가 자라고, 좋은 말을 하면 희고 솜털같이 보드라운 곰팡이가 자란다. 때로는 냄새까지 동원된다. 나쁜 말의 병에서는 쉰내와 불쾌한 냄새가 나고, 좋은 말의 병에서는 그런 냄새가 나지 않는다. 어린이들에게 교육적 효과가 크다고 하지만, 실험 후에는 과학적 진실까지 함께 알려주면 어떨까 생각한다.

유리병 속에 쌀밥 대신 식빵을 넣기도 하지만, 식빵에서 자라는 곰팡이 종류가 매우 제한적이라서 그리 좋은 재료는 아니다. 양파를 물에 키워 싹이 올라올 때 좋은 말과 나쁜 말을 들려줌으로써 생장 속도와 모습이 크게 달라진다는 실험도 한때 유행하였었다. 화분에 상추나 화초를 키우면서 하는 실험도 마찬가지다. 서양에서는 유리병 속에 사과를 넣어 진행하는 실험 프로그램도 있다.

2008년에는 일본의 아마추어 과학자가 좋은 말과 나쁜 말을 들려줄 때 물의 결정구조가 변화한다는 것을 발표하였다. 그에 따르면, 좋은 말에서는 육각형의 아름다운 결정체가 형성되지만, 나쁜 말에서는 이런 결정체가 나오지 않는다. 이 실험은 인기 프로그램 중의 하나인 '이영돈 PD의 먹거리 X파일'에 소개되기도 하였다.

결론적으로, 버섯 재배에서 전기자극(☞ 161)이나 음악(☞ 162)으로 생산성을 높인다는 주장과 마찬가지로 아직 과학적으로 증명되지 않았고 앞으로도 증명될 가능성이 없어 보이는, 일부 사람들의 주장이자 도전이다. 자칫, 곰팡이가 진짜 사람의 마음에 반응한다고 잘못 인식될까 걱정이 앞선다. '말의 힘'은 과학을 이용한 심리학이다.

015

문 "콧구멍에 곰팡이 숨겨 온 '간장계 문익점' 오경환 샘표 부사장..."이라는 제목의 신문 기사를 매우 흥미롭게 읽었습니다. 이 이야기의 진실성 여부를 떠나서, 과학적으로 과연 가능한 사실일까요?

답 S신문 2019년 2월 14일 보도된 내용을 요약한다. 오 부사장은 가까스로 일본 Y사 제국실製麴室(누룩방)에 들어갈 기회를 얻었다. 그의 관심사는 오직 숨쉬기였다. 최대한 숨을 크게 들이마셨다. 공기 중에 떠다니는 곰팡이 씨앗인 포자를 콧속에다 가능한 한 많이 담기 위해서였다. 제국실을 나오자마자 호주머니에서 휴지를 꺼내 코를 풀었다. 휴지에는 포자가 가득 묻어 나왔다. 일본 Y사의 간장 맛을 결정 짓는 누룩곰팡이를 몰래 들여온 무용담이다.

이 전설 같은 이야기를 과학적으로 검토해보자. 콧물과 섞인 포자는 발아하거나 죽을 수 있다. 수분이 있으므로 대부분의 포자는 12시간이면 발아한다. 일단 발아한 포자를 배지에서 키운다는 것은 무척 어렵다. 게다가 콧물에는 라이소자임lysozyme이 들어있어 살균효과가 있으므로 콧물에서 발아한 포자는 쉽게 죽을 수도 있다.

이렇게 획득한 포자를 어떻게 살릴 것인가? 호텔에 돌아와서는 즉시 콧물이 묻은 면을 위로 가게끔 손수건을 펼쳐서 말렸을 것이다. 다음 날 아침에 마른 손수건을 곱게 안쪽으로 접어 비닐봉지에 넣고서 통에 다시 넣어 안전하게 운송하였을 것이다. 냉장고는 필요 없다.

곰팡이 포자는 상당 기간 공기 중에서 생존할 수 있다. 특히 누룩곰팡이 종류는 건조한 상태에서 몇 개월은 충분히 견딜 수 있다. 그러니까 마른 손수건에 보관된 포자는 거뜬히 생존할 수 있다. 그럼 손수건의 포자를 어떻게 키울 것인가? 손수건을 살균수에 흔들어 포자가 물에 떨어지도록 한다. 이 물을 원심분리기에서 돌려 포자를 가라앉힐 수도 있다. 또는, 이 물을 막여과지membrane filter로 통과시켜 포자만 걸러낼 수도 있다.

이렇게 모은 포자 집단을 감자한천배지PDA 또는 맥아배지MEA에 도말봉spreader으로 잘 펼쳐서 30°C에서 배양한다. 이때 배지에는 200ppm의 황산 스트렙토마이신streptomycin sulfate를 첨가하여 세균의 생장을 억제해야 한다. 이틀 후에는 곰팡이 집락이 맨눈으로 보일 정도로 나타난다. 우점하는 집락들이 바로 원하는 누룩곰팡이일 것이다. 이렇게 하면 가능한 일이고, 분명히 이렇게 진행되었을 것이다.

016

문 **항진균제가 듣지 않는 '슈퍼 곰팡이'에 관한 뉴스가 많이 보도되고 있습니다. 이러한 무시무시한 슈퍼 곰팡이는 왜 생겨났는지, 어디에서 왔는지요? 혹시 어떤 곰팡이가 진화한 것은 아닌지요?**

답 현재 사용하고 있는 항진균제에 내성耐性을 나타내는 '슈퍼 곰팡이super fungus'에 관한 뉴스가 보도되고 있다. 흔히 '슈퍼버그superbug, super bug'라고 부르는 항생제 내성 세균에 대비해서 위험성과 피해가 훨씬 작지만, 항진균제가 듣지 않는 곰팡이가 존재한다는 자체가 의학적으로는 커다란 위험이다(☞ 190). 2009년에 처음 알려져 *Candida auris*라는 학명이 부여된 이 곰팡이가 어디에서 유래되었는지 아직 확실하게 밝혀진 것은 없다.

이 곰팡이가 최근에 진화한 새로운 종種일 가능성은 없다고 본다. 진화進化, evolution는 '생물 집단이 여러 세대를 거치면서 변화를 축적해 집단 전체의 특성을 변화시키고 나아가 새로운 종의 탄생을 일으키는 관찰된 자연현상'이다. 그래서 슈퍼 곰팡이가 최근에 진화를 거쳐 탄생한 종이라는 가설을 증명하려면 몇십 년 또는 몇백 년 후에야 가능할 수도 있다.

현재 가장 유력한 학설은 선택압選擇壓, selection pressure이다. 다시 말해서, 슈퍼 곰팡이는 슈퍼 박테리아(항생제 내성 세균)의 경우와 똑같은 원리로 만들어진다는 학설이다. 이해를 돕기 위하여 단계적으로 번호를 붙여 설명하면 다음과 같다.

①과거부터 아우리스칸디다*Candida auris*는 자연계에 존재하였고, 항진균제 내성 계통은 매우 낮은 비율로 존재하였다. ②사람에 각종 질병을 일으키는 칸디다효모*Candida albicans*를 제어하기 위하여 다량의 항진균제가 병원에서 사용되었다. ③항진균제는 칸디다효모보다 아우리스칸디다에 훨씬 큰 영향을 미쳤다. ④그 결과, 아우리스칸디다 개체군에서 항진균제 내성 계통의 비율이 매우 높아졌다. ⑤어떤 사람이 아우리스칸디다에 감염된다면 항진균제 내성 계통에 감염될 기회가 증가했다.

이러한 과정에서 항진균제 내성 계통이 증가하도록, 즉 그런 계통이 '선택'되도록 '압력'으로 작용한 요인이 바로 '항진균제'이다. 결국, 인간이 항진균제를 과용하고 오용한 탓에 자연의 균형이 무너지고, 특정한 계통이 과번성하게 된 것이다. 우리나라에도 슈퍼 곰팡이 아우리스칸디다(☞ 190)가 존재하므로 유의해야 한다.

017

문 뉴스를 통해 '항암식품 표고버섯, 잘못 먹으면 응급실 실려 가기도...'라는 보도를 접하고는 무척 놀랐습니다. 그렇다면, 표고버섯이 위험한 식품일 수도 있다는 이야기인가요? 정말로 이런 사고가 났다는 것인가요?

답 필자가 대학신문 학생기자로 출발한 1975년 3월에 제일 먼저 공부한 것이 'Man bites dog'이었다. 개가 사람을 물면 뉴스가 아니다. 사람이 개를 물어야 뉴스가 된다는 뜻이다. 마찬가지로, 표고버섯이 몸에 좋다는 기사는 누구나 아는 것이라 대중의 관심을 끌기 어렵다. 표고버섯 먹고 탈이 났다는 사실을, 그것도 응급실에 실려 가서 어떻게 되었다고 써야 관심을 끄는 기사가 된다.

돈 주고 살 수 있는 식품 중에서 가장 가치 있는 것이 표고버섯이라고 늘 강조하는 표고버섯 예찬론자이자 애호가인 필자로서는 이 기사에 대하여 꼭 해설해야겠다는 의무감마저 생긴다. 이 기사의 제목에서 '잘못 먹으면'이란 표현은 논리적이지 못하다. '알레르기 있는 사람은'으로 수정하는 것이 좋겠다.

표고버섯을 생으로 먹고 가벼운 배탈을 경험한 사람들도 있다. 조리한 표고버섯을 먹고 가려움증이 생겼거나 긁은 자리에 홍반성 구진이 발생했다는 증례보고case report가 있다. 홍반성 구진이란 붉은紅, 홍 무늬斑, 반가 언덕丘, 구처럼 부풀어올라 벌겋게 변한疹, 진 상태를 말한다. 疹은 원래 천연두에 의해 발열, 물집, 농포 같은 병적인 피부 변화를 가리키는 疢진과 같은 글자이다. 자해를 보면, 疒병질-엄은 병들어 기댄 모습이고, 火화는 벌겋게 열을 받은 상태이다.

이러한 증상을 '표고버섯 피부염shiitake dermatitis'이라고 부른다. 표고버섯을 애용한 동양에서는 예로부터 이러한 증상이 흔했겠지만, 의학적으로는 1977년 일본에서 처음으로 공식적으로 보고되었다. 이 피부염은 『곰팡이가 없으면 지구도 없다』(2015, 신현동, 지오북)에 사진과 함께 잘 소개되어 있다.

양송이버섯이나 느타리버섯에 대비해서, 표고버섯을 먹고 피부염이 생기는 사례가 많은 것은 사실이다. 다른 알레르기 증상과 마찬가지로 최근에 증가하는 추세라고 볼 수 있다. 하지만, 수만 명 중 한 명꼴로 나타나는 희귀질환이다. 매스컴에서 과장되게 보도하여 표고버섯의 본질에 흠이 가지 않을까 걱정이 앞선다.

018

문 ‘복통을 호소하던 여성, 병원 찾았더니 배 속에서 버섯이 자라고 있었다’라는 제하의 기사를 보고 놀라움과 함께 의구심이 들었습니다. 정말로 버섯이 자란 것은 아니겠지요? 어찌된 상황인지요?

답 검색해 보면 이 기사는 2017년 3월 29일에 보도되었다. 그 기사에는, “의사는 ‘여성이 마른 버섯을 제대로 요리하지 않고 먹은 것도 있지만 무엇보다 꼭꼭 씹지 않은 것이 문제였다’며 ‘버섯이 원형 그대로 위장에 안착하면서 위벽에 달라붙어 성장한 것’이라고 설명했다.”라고 보도했다. 제목에서 ‘자라고 있었다’, 본문에서 ‘위벽에 달라붙어 성장한 것’이라고 표현했으므로 독자들은 그렇게 이해하고 놀라움을 금치 못하고 있다.

영국 The SUN에 보도된 내용은 다음과 같다. 제목은 “Woman has enormous SEVEN CENTIMETRE mushroom ‘growing’ in her stomach removed”였다. 여성의 배 속에 무려 7cm나 되는 큰 버섯이 ‘자라고’ 있는 것을 제거했다는 뜻이다. 여기에서 ‘growing’에 작은따옴표를 붙여 비유적으로 쓰였음을 나타냈다.

부제목으로 “The woman had eaten the dried mushrooms whole and, when they became damp, they expanded in her stomach”라고 쓰였다. 즉, 마른 버섯을 씹지도 않고 그대로 삼켰고, 그 버섯이 위장 속에서 수분을 흡수하여 팽창했음을 분명히 밝혔다.

여하튼, 이 중국 여인의 이야기는 growing이란 비유적 표현 때문에 표고버섯이 진짜 위장 속에서 자라고(생장하고) 있었다는 오해를 불러일으키기에 충분했다. 버섯을 말리면 흔히 무게가 생生버섯의 1/10로 줄어든다고 한다. 건乾버섯은 약 10%의 수분을 가지며, 세포는 생명력을 잃은(원형질분리가 일어난) 상태이므로 절대로 다시 생장할 수 없다. 건乾표고는 물에 불려서 식용한다. 이때 거의 생生표고의 크기와 질감으로 회복된다는 것이 표고버섯의 큰 장점이다.

참고로, 마른 표고버섯을 물에 불릴 때는 설탕을 약간 첨가하면 단시간에 충분히 잘 불릴 수 있다. 이것이 삼투현상滲透現象, osmosis의 원리와 같다. 마른 표고버섯을 냉장고에 보관하면 습기를 빨아들여 자칫 곰팡이가 피면서 식품으로서의 가치를 잃어버릴 수도 있다. 마른 표고버섯은 밀폐용기에 넣어 상온에서 보관하는 것이 바람직하다.

019

문 표고버섯에서 방사성 물질 세슘-137이 검출되어 뉴스에 보도되었습니다. 검출량이 기준치를 넘지 않았으니 괜찮다는 의견과 미량이라도 위험할 수 있다는 의견이 있습니다. 어느 쪽 의견이 옳은지요?

답 우리나라에서 표고버섯과 세슘-137의 악연은 2012년 봄에 시작되었고, 2019년 지금까지도 가끔 뉴스에 등장하곤 한다. 결론부터 이야기하면, 우리나라의 표고버섯은 그때나 지금이나 방사성 물질 세슘-137로부터 안전하다. 안전한 농산물이 왜 이런 잘못된 정보로 오명을 뒤집어썼는지 의아스럽고도 안타깝다.

2012년 4월 한 환경단체는 표고버섯에서 세슘-137이 2베크렐(Bq/kg) 검출되었다고 발표하였다. 마침 2011년 3월에 발생한 후쿠시마 원전 사고로 인하여 온 국민이 방사성 물질에 매우 민감한 시기였다. 이어 친환경농산물을 공급하던 유명 업체에서 표고버섯을 공급하지 않겠다고 선언하면서 표고버섯은 방사성 물질로 오염된 식품이라는 이미지로 투영되었다.

당시 식품에서 세슘-137의 잔류허용기준 370베크렐에 훨씬 못 미쳤으나, 표고버섯이 희생양이 되었다. 일본에서는 2016년 후쿠시마현의 농가에서 재배된 표고버섯에서 잠정 규제치인 500베크렐을 넘어서는 560~1770베크렐의 세슘-137이 검출되었다. 한국에서는 이러한 사건이 전혀 없었는데도 표고버섯이 마치 방사성 물질을 가장 많이 가진 식품으로 취급되는 어처구니 없는 상황이 되었다.

버섯과 세슘-137의 관계는 1986년 체르노빌 원전 사고 이후에 불거졌다. 동유럽에서 채취된 그물버섯(☞ 013)에서 세슘-137이 검출되어 유통이 제한되는 일이 있었다. 이로써 2003년 유럽연합EU에서 처음으로 야생버섯에서의 잔류허용기준을 600베크렐로 정한 것이 최초의 규제였다.

한편, 서울시교육청이 정한 '친환경 학교급식의 방사능으로부터 안전한 식재료 관리기준'에는 세슘-137이 5베크렐로 되어 있다. 우리나라 일반 식품의 허용기준인 100베크렐에 비하면, 친환경 식재료의 5베크렐이란 기준은 터무니없이 낮은 것이라서, 도리어 식품 불신을 조장하고 국민 불안을 초래하는 꼴이 되고 말았다. 스웨덴에서는 식용버섯의 잔류허용치가 1,500베크렐이고, 유럽연합에서 유아식의 잔류허용치가 400베크렐이란 사실을 곰곰이 생각해보자.

020

문 **뉴스에 보니, 곶감에 곰팡이가 피어 곶감 생산 농가들이 큰 경제적 손해를 보았다고 합니다. 사진을 보니 피해 정도를 알 수 있었습니다. 곶감에는 왜 곰팡이가 잘 피고, 곰팡이를 예방하는 방법은 없는지요?**

답 생감이 완숙되기 전에 따서 껍질을 벗겨 건조시킨 식품을 곶감이라고 한다. 시중에 판매되는 곶감을 보면 크게 두 가지로 구분될 수 있다. 하나는 겉이 주황색으로 깔끔해 보이며 다소 무른 편이다. 다른 하나는 겉이 검은빛이 나고 다소 단단한 편이다. 두 가지 모두 저장 기간에 따라 표면에 흰색의 시상(☞ 141)이 적거나 많다.

껍질을 벗긴 생감은 당분이 풍부하면서도 수분이 적당하여 곰팡이가 자라기 매우 좋은 조건이다. 감에는 포도당葡萄糖, glucose과 과당果糖, fructose이 거의 같은 비율로 들어있는데, 모두 단당류이므로 실제 모든 곰팡이가 재빠르게 이용할 수 있는 좋은 영양물질이다. 따라서 곶감을 만든다는 것 자체가 어떻게 곰팡이를 막아낼 것인가와 직결되어 있다.

곶감 제조과정이나 유통과정에서 흔히 발생하는 곰팡이를 조사한 연구가 있다. 거의 당연하게도, 푸른곰팡이*Penicillium*, 아스페르길루스*Aspergillus*, 클라도스포리움*Cladosporium* 오염이 확인되었다. 이러한 곰팡이들은 공기 중에 늘 떠다니면서 단당류가 풍부한 기질에서 재빠르게 자란다. 그러니 깎아놓은 감처럼 좋은 기질이 어디 있겠는가?

우리나라 늦가을은 저온건조低溫乾燥하므로 깎은 감 표면이 급속히 마르면서 곰팡이가 미처 번성할 시간적 여유를 주지 않는다. 거꾸로 이야기하면, 이 시기에 비가 오거나 대기습도가 높으면 곰팡이에게 절대적으로 유리한 조건이 된다. 2015년 11월에는 남부지방에 보름 이상 강우가 있었고, 특히 중하순에는 열흘 이상이나 과습 상태가 지속되어 곰팡이가 번성할 수밖에 없었다.

곶감 건조시설에는 환풍기를 설치하여 환기를 도모하고, 적외선 방열등放熱燈을 달아 건조속도를 빠르게 한다. 곶감을 대량생산하는 시설에서는 대부분 유황훈증硫黃燻蒸을 실시한다. 훈증실 1m^{3}당 깎은 감 100kg 정도를 걸어놓고 유황 15~25g을 태워 15~30분 동안 훈증한다. 이때 발생한 이산화황(SO_2)이 감 표면에서의 곰팡이 번식을 막고 감에 들어있는 타닌tannin의 산화를 막아 색이 검게 변하는 것을 방지한다.

021

문 초콜릿에 곰팡이가 피었다는 소비자 불만이 제기된 뉴스가 있었습니다. 업체에서는 곰팡이가 아니라고 주장하고, 유해하지도 않으며 식용에 문제가 없다고 합니다. 이 논란의 진실은 무엇인가요?

답 2019년 새해 벽두에 초콜릿 곰팡이 뉴스가 보도되었다. 이는 초콜릿 백화현상白化現象인데, 영어로 블룸bloom 또는 블루밍blooming으로도 부르는 일종의 품질 이상이다. 곰팡이가 핀 것처럼 보이므로 '초콜릿 곰팡이'라고 부르기도 하지만, 자칫 오해를 일으킬 수 있으므로 바람직한 별명은 아니다. 이러한 백화현상은 초콜릿 맛에는 영향을 주지 않지만, 시각적인 문제 때문에 불량품으로 취급된다.

백화현상에는 두 가지가 있다. 지방백화현상fat bloom은 초콜릿 원료인 코코아버터cocoa butter가 초콜릿 표면으로 몰려나와 굳어서 생긴다. 대부분 제조 공정에서 온도 조절의 실패 때문에 발생한다. 대체로 희끄무레하면서 몽글몽글하게 피어난 듯이 보인다. 어떤 이는 이 현상이 방부제가 없거나 화학첨가제가 없는 초콜릿에만 생긴다고 여긴다. 이는 근거 없는 속설일 뿐이다. 코코아버터 함량이 높은 초콜릿일수록 지방백화현상이 나타나기 쉽다.

당분백화현상sugar bloom은 글자 그대로 당분이 초콜릿 표면에 석출되어 쌓인 것이므로 하얀 가루가 곱게 핀 모습이다. 초콜릿 제조에는 유당乳糖, lactose이 들어가므로 석출된 당분은 감미도 0.16의 유당이다. 따라서 이 하얀 가루만 찍어서 맛을 본다면 사실 단맛이 거의 없다. 어떤 이는 단맛이 없으므로 당분이 아니라 불순물이라고 여긴다. 유당 함량이 높을수록 당분백화현상은 나타나기 쉽다.

두 가지 백화현상을 비교하고 싶다면 간단하게 판별할 수 있다. 흰색의 표면을 따뜻한 손가락으로 살짝 누른다. 또는 백화현상이 일어난 초콜릿 표면에 헤어드라이어로 살짝 열을 가한다. 지방은 체온이나 열에 의해 녹으면서 이내 없어지지만 당분은 녹지 않는다. 반대로, 초콜릿 표면에서 흡습吸濕이 일어나면 지방은 녹지 않고서 그대로 흰색을 유지하지만, 당분은 녹아서 흰색이 없어진다.

물론, 초콜릿 표면에 진짜 곰팡이가 피는 경우도 있다. 그러나 이런 경우는 매우 드물고, 회색이나 청색 또는 검은색의 포자가 다량 형성되므로 쉽게 알 수 있다. 백화현상과는 뚜렷이 구분된다.

022

문 숲에서 나무 사이에 텐트를 설치하고 트리 캠핑을 즐기던 청년이 위에서 떨어진 썩은 나무에 맞아 사망했다는 안타까운 보도가 있었습니다. 썩은 나무가 이렇게 위험한데, 어떻게 인지하고 제거하나요?

답 2018년 8월, 이 청년은 가족들과 함께 나무 사이에 해먹hammock 방식의 텐트를 설치하고 있었다. 이때 6m 길이의 썩은 나무가 머리 위로 떨어져 부상한 청년은 끝내 숨을 거두었다. 또한, 2017년 미국 미네소타에서 4살짜리 딸이 노는 것을 보면서 해먹에 있던 여인 위로 길이 5m의 썩은 나무가 떨어졌다. 그녀는 이 사고로 목을 다쳐 걸을 수 없게 되었다.

이렇게 나무 사이에 줄을 연결하고 공중에 텐트를 치는 트리 캠핑tree camping이나 해먹을 즐길 때는 썩은 나무에 대한 경각심을 늦추지 말아야 한다. 나무가 썩는 것은 목재부후균의 침입으로 일어나며, 목재부후균이 나무를 썩히는 것은 자연적인 현상이라는 사실을 잘 인식할 필요가 있다.

나무는 밖으로부터 수피樹皮, bark, 변재邊材, sapwood, 심재心材, heartwood로 구성된다. 나무는 안쪽의 심재부터 썩는다. 심재는 죽은 세포로 구성되고 물리적 지지 기능을 한다. 심재가 다 썩어도 나무의 생장에는 지장이 없어 잎과 가는 줄기는 무성하고 무게는 점점 늘어난다. 나중에 변재까지 썩어도 수피에 가려져서 잘 보이지 않는다. 유일하고도 확실한 것은 썩은 나무에서는 버섯이 돋는다는 사실이다. 나무에서 버섯이 돋으면 그 나무는 이미 다 썩은 상태이다.

때로는 뿌리가 썩으면서 멀쩡해 보이는 나무가 쓰러져 사고를 일으키기도 한다. 나무뿌리가 목재부후균에 의해 썩어도 지상부에서는 알기 어려울 수 있다. 목재부후균은 굵은 뿌리에서 자라므로 나무 밑동이나 바로 옆에서 버섯이 난다. 반면에, 유익한 공생균은 뿌리 끝에 존재하므로 나무 밑동에서 다소 떨어진 위치에 버섯이 나는 경향이 있다.

캠핑장이든 공원이든 사람과 나무가 주인공이다. 나무의 부후 정도를 측정하는 과학적 방법이 개발되어 있지만(☞ 023), 전문가의 직관적 진단과 이용자의 유의가 필요함은 두말할 나위도 없다. 나무의 수명과 부후에 관한 홍보책자도 필요하다. 수명을 다한 나무와 썩은 가지를 선택하여 제거하기 위해서는 전문가의 진단이 필수적이며, 2019년부터 시행되는 '나무의사법'에 기대하는 바가 크다.

023

문 가로수나 공원수가 쓰러져 인명과 재산 피해가 발생한다고 합니다. 유발 원인은 목재부후균에 의한 심재부후라는 사실을 알고 놀랐습니다. 썩은 가로수를 미리 알아내어 제거할 수는 없을까요?

답 큰 가로수가 쓰러져 행인이 사망하는 안타까운 일이 벌어졌다. 가로수가 쓰러지는 직접적인 원인은 강풍이나 비바람이지만, 실질적인 생물학적 유발 원인은 3가지로 나눌 수 있다. ①나무줄기가 썩어서 쓰러지는 경우, ②나무뿌리가 썩어서 쓰러지는 경우, ③나무뿌리가 너무 얕아 지지支持기능이 불충분한 경우이다. 여기에서 ①과 ②는 거의 전적으로 곰팡이에 의해 일어난다.

첫 번째의 경우를 심재부후心材腐朽, heart rot라고 한다. 나무에서 자라는 목재부후균이 일으키는 썩음 현상이며, 자연에서 일어나는 정상적인 현상이다. 나무줄기 안쪽의 심재만 썩히므로 나무의 외관은 멀쩡하고 잎과 줄기와 뿌리의 생장에도 지장을 주지 않는다. 물리적 지지 기능을 하는 심재만 썩으므로 강풍과 비바람에는 매우 취약한 상태가 된다.

두 번째의 경우를 뿌리썩음根腐病, root rot이라고 한다. 뿌리썩음은 대부분 복합병이다. 즉, 곰팡이가 주도하지만 세균, 선충, 토양동물 등이 협력자로서 관여한다. 때로는, 심재부후를 일으키는 목재부후균이 줄기에서 시작하여 뿌리까지 퍼지기도 한다. 뿌리가 썩으면 강풍과 비바람에 큰 나무라도 쉽게 쓰러진다.

이 두 경우 모두 나무 겉을 보고서는 진단할 수 없다. 나무의 전기전도도電氣傳導度를 측정하여 부후 정도를 진단하는 샤이고미터Shigo meter라는 간단한 측정장치가 있다. 드릴로 나무줄기를 뚫어 부후 상태를 직접 관찰하는 방법도 있다. 모두 나무에 상처를 준다. 따라서 비파괴 진단법으로 펄스전류저항측정, CT촬영, 스트레스파장측정, NMR측정, 초음파측정 등 다양한 의학기술이 원용되고 있다.

최근에, 초음파컴퓨터단층촬영술sonic computed tomography이 대안으로 제시되었으나 실용성에 문제가 있어 보인다. 특히, 사용법이 복잡하고 장비 운용비용이 많이 소요되는 단점이 있다. 그래서, 버섯 냄새로 부후를 알아내는 탐지견의 활용에 상당한 기대를 걸고 있다. 심재부후의 진단은 산림에서도 목재 생산과 관련된 중요한 연구 주제이다.

024

문 **어떤 딱따구리가 목재부후균을 나무에 접종하여 목재 부후가 진전되도록 함으로써 보금자리를 넓히는 전략을 쓴다는 놀라운 뉴스를 보았습니다. 정말로 신기한 현상인데, 진짜 그럴 수 있을까요?**

답 북미에 분포하는 '붉은벼슬딱따구리*Leuconotopicus borealis*'가 주인공이다. 이 딱따구리는 개체수가 크게 줄어 세계자연보전연맹IUCN에서 절멸위기종EN, endangered으로 지정되었다. 그 때문에 이 딱따구리의 생태적 특성에 관한 연구가 상세하게 진행되었는데, 매우 흥미롭고 놀라운 사실 하나가 발견되었다.

일반적으로 딱따구리 부류는 썩은 나무에 구멍을 파서 보금자리를 마련한다. 그런데 붉은벼슬딱따구리만 살아있는 나무에다 보금자리를 마련한다. 이 딱따구리의 부리, 날개, 발에서는 목재부후균의 포자가 검출되었는데, 포자를 살아있는 나무의 목질부에 접종함으로써 보금자리를 마련하는 기회를 갖는다.

이 딱따구리에 의해 옮겨지는 목재부후균은 대부분 층층버섯*Porodaedalea pini*이었다. 따라서, 붉은벼슬딱따구리와 층층버섯 사이에는 생물학적 공생관계가 있음이 확인되었다. 층층버섯이 침투하여 썩어가는 목질부는 붉은벼슬딱따구리가 부리로 쪼아 보금자리를 만들기 쉬워진다. 40년 이상이나 붉은벼슬딱따구리의 생태를 연구한 월터 박사에 따르면, 목재부후균 접종부터 새로운 보금자리가 완성되는 데 13년이나 걸린 경우도 있었다. 그동안 부화한 새끼 딱따구리는 부모의 보금자리에서 함께 생활하며 새 보금자리를 기다린다.

붉은벼슬딱따구리가 살아있는 나무에 보금자리를 마련함으로써 얻는 이익은 무엇일까? 살아있는 나무에 마련된 보금자리에서 입구 쪽은 변재邊材, sapwood이고 안쪽은 심재心材, heartwood이다. 따라서 세포가 살아있고 영양액이 누출되는 변재 주위로 모여드는 벌레를 쉽게 잡아먹을 수 있다는 설명이다. 먹이 이외에 다른 이익이 있을 듯하다.

한편, 붉은벼슬딱따구리가 살다 떠나버린, 즉 버려진 보금자리는 숲에 사는 최소 30종 이상의 생물들이 삶을 이어가는 집이 된다. 따라서, 이 딱따구리의 독특한 보금자리는 이 숲의 전체 생태계를 균형 있게 유지하는 중요한 첫 단추가 된다는 점에서도 의미가 크다.

025

문 파키스탄의 쓰레기 더미에서 플라스틱을 분해하는 곰팡이가 발견되었다는 뉴스를 보았습니다. 그럼 이제는 플라스틱 쓰레기 문제가 어느 정도 해결의 실마리를 보인다는 희망적인 소식인가요?

답 'Environmental Pollution환경오염'에 실린 논문이 언론에 소개된 것이다. 파키스탄 이슬라마바드 외곽의 쓰레기 더미에서 '아스페르길루스 투빈겐시스*Aspergillus tubingensis*'라는 곰팡이가 발견됐다. 이 곰팡이는 폴리에스테르polyester와 폴리우레탄polyurethane을 분해하는 능력이 있다는 것이다. 이처럼 '플라스틱을 분해하는 곰팡이 발견'에 관한 희망적인 뉴스가 그동안 심심찮게 등장했었다.

비닐봉지를 만드는 가장 흔한 플라스틱인 폴리에틸렌polyethylene을 예로 들어보자. 폴리에틸렌은 탄소와 수소로 구성된 물질인데, 이 두 가지 원소만 먹고 살 수 있는 곰팡이는 없다. 따라서 폴리에틸렌이 단독으로 존재할 때는 분해되지 않는다. 질소를 비롯한 여러 원소가 있어야만 곰팡이가 자랄 수 있고 분해자로서 역할을 한다.

쓰레기더미를 살펴보자. 플라스틱과 더불어 각종 물질이 뒤섞여 있으므로 플라스틱 주변에 풍부한 영양분을 가진 물질이 있을 수도 있다. 이런 경우에는 곰팡이가 주변의 물질로부터 영양을 취하는 과정에서 플라스틱 일부도 함께 분해될 수 있다. 다시 말해, 플라스틱만 분해하거나 주로 플라스틱을 분해하는 곰팡이는 발견된 적도 없고 발견될 수도 없다.

플라스틱이나 농약처럼 인간이 만든 새로운 것을 '외인성물질外因性物質, xenobiotics'이라고 한다. 이들은 46억 년의 지구 역사를 통해 전혀 존재하지 않다가 아주 최근에 새로 등장한 물질이다. 대부분 50년 정도의 역사를 가졌을 뿐이다. 이들 물질을 분해할 수 있는 미생물이 진화할 여유도 없었을 뿐만 아니라 앞으로 지구에서 탄생할 가능성도 없다. 케냐의 용단처럼 비닐봉지 사용을 금지하는 특단의 조치가 인류를 플라스틱 공해로부터 구할 수 있다.

플라스틱을 분해하는 세균도 발견된 적은 있지만, 곰팡이에 비하면 지극히 일부일 뿐이다. 외인성물질의 분해에 관해서는 곰팡이에 기대를 걸고 있다. 정작 곰팡이학자들은 비관적이거나 크게 기대하지 않는다. 생분해성 플라스틱의 개발과 플라스틱 사용 제한이 해답이다.

026

문 모기를 쫓아내는 식물로 구문초가 알려져 있습니다. 그래서 관상을 겸해 집 안에서 한 그루 키우고 있습니다. 혹시 곰팡이나 버섯 중에서도 모기를 퇴치하는 효과를 가진 것이 알려져 있는지요?

답 모기와의 전쟁이라는 표현이 있을 정도로 모기 퇴치는 어렵고도 중요한 과제이다. 빌&멀린다게이츠재단에서도 말라리아를 매개하는 모기를 퇴치하기 위한 연구에는 거의 무제한으로 연구비를 제공할 정도로 관심을 나타낸다. 식물 중에는 로즈제라늄*Pelagonium rosium*이 구문초驅蚊草라는 별명으로 인기가 높다. 모기蚊를 쫓아내는驅 풀草이라는 뜻이다.

식물 중에는 로즈제라늄을 비롯하여 10여 종이 잘 알려져 있는데, 버섯이나 곰팡이 중에서는 '모기를 쫓아내는mosquito-repelling' 효과가 인정된 종은 없다. 다만, '모기를 죽이는mosquito-killing' 작용을 하는 곰팡이는 알려져 있다. 코엘로모마이세스, 백강균, 녹강균, 핑샤녹강균을 이용하여 질병 매개 모기를 죽일 수 있다(☞ 118).

특히, 2017년에는 유전자 변형 핑샤녹강균*Metarhizium pingshaense*을 개발하였다. 북아프리카 사막전갈*Androctonus australis*의 신경독 유전자와 호주 깔때기그물거미*Hadronyche versuta*의 신경독 유전자가 녹강균에 성공적으로 도입되어 발현됨으로써 큰 희망이 되고 있다. 모기의 신경계를 마비로 만들므로 효과가 빠른 장점이 있지만, 실용화를 위해 극복해야 하는 근본적인 단점은 여전히 남아 있다.

구문초의 경우처럼 모기를 쫓아내는 물질을 휘산하는 곰팡이를 찾아보자. 곰팡이학자들은 다양한 곰팡이를 배양하여 실험한 후에는 폐기한다. 이때 모기 퇴치 효과를 검증할 수 있는 모기 개체군만 확보할 수 있다면, 이 배양 곰팡이와 접촉한 모기의 반응을 보는 재미있는 구상을 할 수도 있다. 세렌디피티가 올 수도 있다.

또는 재배하는 버섯과 접촉한 모기의 반응을 관찰하거나, 버섯농장 부근에는 모기가 없거나 적다는 이야기를 듣거나, 야외에서 어떤 버섯을 촬영할 때는 모기가 덤벼들지 않아서 좋았다는 경험담을 듣는 등, 어떤 뜻하지 않은 곳에서 대박을 발견할 수도 있을 것이다. 환각성 버섯류의 물질이 곤충 기피제 역할을 한다는 것은 잘 알려져 있지만, 모기와의 구체적인 관계는 아직 연구된 바 없어 보인다.

027

문 카메라 렌즈에 곰팡이가 피어 피해를 보았다는 이야기가 있습니다. 이런 것을 직접 본 적이 없어 상상도 되지 않습니다. 유리로 된 렌즈에서 어떻게 곰팡이가 자랄 수 있는지, 어떻게 예방할 수 있는지요?

답 사진 촬영 취미를 가진 인구가 증가하고, 값비싼 카메라를 소장하는 동호인들이 늘어나고 있다. 이에 따라 꾸준히 판매가 증가하는 품목이 '제습보관함'이다. 제습除濕이란 습기를 제거한다는 의미인데, 이 제품은 camera cabinet 또는 dry cabinet으로 통용된다. 그러니까 '카메라보관함' 또는 '저습보관함'으로 하는 것이 어법에 맞을 듯하다.

카메라보관함은 상대습도relative humidity, RH를 조절할 수 있는데, 카메라 보관은 RH 40~50%가 추천된다. 가장 중요한 이유는 바로 곰팡이가 자랄 수 없는 습도이기 때문이다. 곰팡이 생장에는 대체로 50% 이상의 상대습도가 필요하며, 실질적으로 RH 80% 이상에서 주로 자란다.

카메라 렌즈는 유리면에 코팅이 되어 있다. 렌즈에 묻은 이물질異物質은 습기를 받아들이기 쉽고, 그런 환경에서는 이물질을 양분으로 삼아 곰팡이가 자랄 수 있다. 이런 빈영양 상태의 렌즈에서 자라는 곰팡이는 '렌즈곰팡이lenz fungus'라고 통칭한다. 이렇게 자라는 곰팡이는 이물질을 벗어나 자라면서 새로운 먹이를 탐색하기 위해 유기산有機酸, organic acids을 분비한다. 유기산은 코팅은 물론 유리면을 부식시킬 수도 있다.

이렇게 손상된 렌즈는 아무리 닦아내도 부식에 의한 에칭etching 흔적이 그대로 남아 있다. 그러면 렌즈의 기능을 상실한다. 코팅에만 생긴 에칭은 제조업체에 보내서 성공적으로 수리를 받을 가능성이 있다. 유리에 생긴 에칭은 복구가 어려워 렌즈를 폐기하는 경우가 많다. 카메라 렌즈뿐만 아니라 연구실의 현미경 렌즈와 여러 광학기계의 렌즈에도 똑같은 현상이 나타난다. 필자의 연구실에서 현미경 렌즈에 곰팡이가 자란 적은 없다. 때로는 연구논문에 인쇄된 사진에서 곰팡이 흔적을 발견하고는 해당 연구실의 현미경 렌즈 상태를 상상하기도 한다.

피해를 막는 방법이 렌즈의 청결에 있음은 말할 필요도 없다. 아무리 유의해도 이물질이 묻는 일이 발생하고, 습도가 높으면 곰팡이가 자랄 수 있다. 따라서 거의 유일하고도 확실한 방법은 렌즈를 카메라보관함에 넣어두는 것이다.

028

문 방부제가 전혀 없는 천연비누이기 때문에 곰팡이가 핀다고 합니다. 이런 비누 사진까지 제시하며 광고하는 '곰팡이 피는 비누'가 있다고 합니다. 과연 비누에서 곰팡이가 자랄 수 있을까요?

답 비누의 원료로 사용되는 유지油脂는 우지 · 야자유 · 팜유 · 미강유 등이 대부분이다. 이 밖에 콩기름 · 면실유 · 케이폭유 · 땅콩기름 · 피마자유 · 어유에서 얻는 경화유도 쓰이며, 각종 지방산도 사용된다. 이러한 원료 유지를 수산화 알칼리로 비누화하거나 지방산을 알칼리로 중화시켜 만든다. 여기에 각종 향료나 부재료를 넣어 좋은 향과 색깔을 낸 것이 시판되는 비누이다.

곰팡이가 생장하기 위해서는 기본적으로 탄소와 질소가 약 30:1의 비율로 요구되고, 기타 미량성분도 꼭 필요하다. 즉, 엄청난 양의 유기 탄소가 필요하다는 의미이다. 하지만 비누에는 탄소가 탄화수소의 형태로 들어있으므로 곰팡이가 이용할 수 없는 탄소이다. 따라서 곰팡이는 비누에서, 비누를 영양원으로 이용하면서 자랄 수 없다.

가정에서는 사용 중인 세숫비누에서 곰팡이가 자라는 경우가 가끔 발견된다. 이는 전적으로 비누 외부에 묻은 이물질異物質 위에서만 곰팡이가 국부적으로 자라는 것이다. 비누 자체에 기반을 두고 자라는 곰팡이는 아직 알려진 바 없다.

물론 달걀노른자 같이 영양물질로 작용할 만한 물질을 넣은 비누도 있지만, 비누에서 차지하는 비율이 워낙 낮으므로 이러한 영양물질로는 극심한 빈영양貧營養 상태일 수밖에 없다. 따라서 곰팡이가 이러한 특별한 비누에서도 자랄 수 없다. 게다가 비누는 본질적으로 알칼리 성질을 지닌다. 세정용 세숫비누는 대체로 산도가 8 정도의 약알칼리성이므로, 약산성을 선호하는 곰팡이로서는 영양물질이 있어도 자라기 어렵다.

한편, 특정 물질이 비누 표면에 석출析出되어 마치 곰팡이가 핀 것처럼 보일 수는 있다. '곰팡이 피는 비누'에 제시된 사진을 판독하면 일종의 블룸bloom현상으로 보인다. 즉, 초콜릿의 백화현상(☞ 021)처럼 비누에서도 성분 중 일부가 석출되어 결정화됨으로써 마치 곰팡이가 핀 것처럼 보일 수는 있다. 따라서 곰팡이가 피었다는 비누는 비유적 표현이거나 블룸현상을 잘못 이해한 것으로 보인다. 또한, 멀쩡한 새 비누에 곰팡이가 피는 일도 일어날 수 없다.

029

문 화분에 물을 흠뻑 주었는데, 사나흘 후에 화분 흙 표면에 하얀 곰팡이가 피었습니다. 이 곰팡이는 왜 나타났는지, 어떤 종류인지, 특별히 식물에 해롭거나 이롭지는 않은지, 혹시 균근곰팡이는 아닌지요?

답 가정에서 화분에 식물을 키울 때 두 가지만 조심하면 잘 큰다는 말이 있다. 첫째는, 물을 많이 주지 말라는 것이다. 둘째는, 흙에 양분이 과잉되지 않도록 하라는 것이다. 물과 양분이 지나친 화분에서 자라는 식물들은 대체로 나약해지고 환경 변화에 대한 적응력이 떨어진다.

화분의 흙에 하얀 곰팡이가 핀다는 것은 대부분 흙에 양분이 과잉되었기 때문이라고 판단된다. 식물 뿌리 주변의 근권根圈, rhizosphere에는 흙이 70~90%에 곰팡이가 10~30%를 차지할 정도로 흙에는 어마어마한 양의 곰팡이가 존재한다. 화분 흙의 표면에 흰 곰팡이가 피어난 이유는 양분이 매우 과잉된 상태에다 수분까지 적당하여 곰팡이 생장에 최적의 조건이 주어졌기 때문이다. 이러한 상태라면 대체로 식물에게는 영양 과잉이며 수분 과잉이라고 볼 수 있다.

이러한 곰팡이가 식물에 직접적인 피해를 주지는 않을 것이다. 즉, 이런 흙에서는 식물과 곰팡이가 각각 과잉상태의 양분 조건에 놓이므로 양분을 두고 서로 경쟁하는 관계가 아닐 것이라는 뜻이다. 양분뿐만 아니라 토양의 산도, 수분, 통기通氣, aeration 등에도 곰팡이가 식물에 직접적인 영향을 주지는 않는다.

이런 상태의 흙에는 어떤 종류의 곰팡이가 우점할까? 유기질이 풍부한 토양에 서식하는 균류를 조사한 리포트에 보면, *Acremonium*아크레모니움, *Aspergillus*아스페르길루스, *Fusarium*붉은곰팡이, *Penicillium*푸른곰팡이, 그리고 *Trichoderma*초록곰팡이가 우점균으로 나타난다. 이러한 다양성은 토양의 종류, 시기, 환경 등 여러 요인에 의해 서로 다르게 나타나므로 검출되는 곰팡이 종류와 순위는 별로 중요하지 않을 수 있다.

한편, 화분의 흙 표면에서 자라는 곰팡이가 균근곰팡이菌根菌, mycorrhizal fungi일 가능성은 있을까? 균근곰팡이는 식물 뿌리와 공생하므로 흙 속의 뿌리 바깥쪽이나 안쪽에 존재한다. 균근곰팡이가 흙 표면에 노출되는 일도 없을 뿐더러 하얀 곰팡이로서 눈에 띌 정도로 집단적으로 존재할 수도 없다. 이 하얀 곰팡이는 영양학적으로 균근성이 아니라 부생성이다.

030

문 베란다에 있는 화분에서 노란색 버섯이 자라는 것을 발견하였습니다. 자료를 찾아보니 '노란각시버섯'으로 판단되었습니다. 이것이 독버섯이므로 화분에서 제거해야 한다는데, 진짜 그런가요?

답 노란각시버섯을 이미지 검색하여 생김새를 보면, 단번에 기억될 만큼 인상적이다. 그리고 블로거들이 우리 화분에도 이 버섯이 자라고 있다는 인증사진을 올린 것이 상당히 많다. 이 버섯은 원래 열대 및 아열대 지역에서 자라고 우리나라에는 없었다고 추정된다. 최근에 열대 관상식물이 수입되고 보급되면서 속속 발견되기 시작했다.

노란각시버섯의 학명은 *Leucocoprinus birnbaumii*이다. 이 버섯은 1839년 체코에서 정원사 Birnbaum을 기려서 *birnbaumii*라는 종소명으로 기록되어 유럽에서는 널리 알려졌다. 그런데, 미국의 자료에는 대부분 *Lepiota lutea*로 소개되어 있다. 후자는 좀 복잡한 역사를 갖고서 잘못 붙여진 이름인데, 한때 노란각시버섯으로 잘못 알려졌으나 최근에는 거의 사용되지 않는다. 하지만 노란각시버섯에 관한 미국자료를 찾으려면 *Lepiota lutea*로 검색해야 한다는 뜻이다.

이 버섯은 원래 열대성이므로 온대 지역에서는 온실이나 실내의 화분에서만 자란다. 그래서 영어권에서는 plantpot dapperling, flowerpot parasol, yellow houseplant mushroom 등으로 불린다. 우리나라에서도 화분에서는 때때로 발견되지만, 야생에서 자연적으로 자라는 것이 발견된 적은 없다. 유기물이 풍부한 기질에서만 자라므로 가정의 베란다에 있는 화분의 흙에서 출현하는 경우가 많다.

이 버섯은 밝고 예쁜 노란색인데, 때로 담황색을 띤다. 갓은 삿갓 모양이고, 직경 2~6cm에 길이는 4~10cm 정도이고, 대의 윗부분에 반지처럼 생긴 고리가 있고, 대의 아랫부분은 곤봉처럼 다소 통통하다. 이런 버섯이 화분에서 홀로 또는 대여섯 개가 함께 자란다면 틀림없이 노란각시버섯이다.

호기심이나 실수로 노란각시버섯을 먹고 복통을 일으킨 사례가 보고되어 있으므로, 독버섯의 범주에 든다. 애완용 개나 고양이도 이 버섯을 먹고 수의사의 처치를 받은 바 있다고 한다. 이 버섯의 노란색 색소는 비른바우민birnbaumins이라는 알칼로이드인데, 이 물질이 복통을 일으킨다고 추정된다. 따라서 함부로 먹지 않도록 주의해야 한다.

031

문 어둠 속에서 스스로 빛을 내는 발광버섯이 있다는 사실을 새롭게 알게 되었습니다. 문득 형설지공(螢雪之功)이 떠올랐는데, 반딧불이가 내는 반딧불처럼 발광버섯의 빛으로도 독서가 가능할까요?

답 살아있는 생물체가 화학적 작용으로 빛을 내는 현상을 생물발광生物發光, bioluminescence이라고 한다. 해양동물 중에는 생물발광을 하는 종류가 무척 많은데, 불똥꼴뚜기, 조개물벼룩, 야광충 등이 대표적이다. 개똥벌레라고도 불리는 반딧불이가 가장 잘 알려진 발광생물일 것이다.

미생물에도 발광생물이 있다. 땅에 사는 육상陸上세균과 민물에 사는 담수淡水세균에서도 일부 알려졌지만, 바다에 사는 해수海水세균에서 생물발광이 잘 알려져 있다. 세균에서 발광 유전자의 발견과 이용은 생물학적으로 아주 유명한 이야기이다. 미생물에 포함되기도 하는 바이러스와 바이로이드에서는 아직 생물발광이 알려진 바 없고 발견될 가능성도 없다는 것이 지배적인 의견이다.

그럼 곰팡이에서는 어떨까? 10만 종의 곰팡이 중에서 버섯류에서만 생물발광이 알려져 있다. 이들을 발광버섯 또는 야광버섯이라고 통칭하며, 지금까지 75종의 버섯만 기록되었다. 그중에서 41종이 '애주름버섯(*Mycena*)'이라 부르는 작은 부류로서 나무를 분해하면서 양분을 획득하는 목재부후균이거나 유기물이 풍부한 토양에 서식하는 부생균이다. 지리적으로는 남미의 아마존 지역이 가장 유명하며, 일본이나 우리나라처럼 강우가 많고 동굴이 많은 지역에서도 일부 알려졌다.

이들 버섯이 빛을 내는 이유는 곤충을 유인하여 포자를 퍼뜨리기 위함이다. 버섯 종류에 따라 갓에서만 빛을 내거나 갓과 대에서 모두 빛을 낸다. 발광버섯류는 동굴이나 빛이 거의 들지 않는 숲속에서 자라는 부류들이 대부분이다. 우리나라에서는 화경버섯과 받침애주름버섯이 대표적이다. 브라질에서는 동굴과 발광버섯을 함께 관람하는 생태관광도 알려져 있다.

애주름버섯 한 개체의 조도照度는 0.2룩스에 불과하므로 반딧불이 한 마리가 내는 3룩스에 비하면 매우 약하다. 무주반딧불축제에서 반딧불이 200마리를 모아 독서등讀書燈을 만들어서 형설지공螢雪之功을 재현했다. 같은 밝기를 구현하려면 애주름버섯 3,000개를 한꺼번에 비춰야 하므로 현실적으로 가능하지 않다.

032

문 컴퓨터 고장이 수분이나 곤충으로 인한 경우가 많지만, 곰팡이에 의한 경우는 들어보지 못했습니다. 관리가 부실한 에어컨에서는 곰팡내가 나는 경우가 많은데, 곰팡이에 의한 오염이 맞는지요?

답 필자는 박사학위 논문을 타자기로 작성한 구세대라서 사실 컴퓨터 본체를 스스로 열어본 적이 없다. 우연히 컴퓨터 속을 들여다볼 기회는 있었는데, 곰팡이가 살 틈이 전혀 보이지 않았다. 내부에는 열이 발생하므로 습기가 머물 곳이 없다. 먼지가 쌓인 곳에 수분이 있다면 곰팡이가 자랄 수도 있겠지만, 컴퓨터 안쪽은 모두 바짝 마른 상태로 유지된다. 수분이 충분하지 않은 곳에서 사는 곰팡이는 없다.

반면에, 에어컨은 곰팡이 온상이라고 해도 좋을 정도이다. 실제, 에어컨 관리에서 가장 중요한 것이 바로 필터 청소이다. 필터는 2중이나 3중으로 되어 있어도 최종적인 여과장치는 헤파HEPA필터이다. 이 필터는 직경 0.3μm 이상의 입자를 99.95%(유럽 기준) 또는 99.97%(미국 기준) 이상 제거할 수 있다.

헤파필터에 걸러진 물질은 먼지와 곰팡이 포자가 대표적이다. 가장 작은 세균의 균체가 직경 0.3μm 내외이고 가장 큰 세균이라도 2μm를 넘지 않으므로 실제 모든 세균도 걸러진다. 그런데, 세균은 공기 중에 별로 없다. 가장 작은 곰팡이 포자의 직경이 약 3μm이기에, 실제로 모든 곰팡이가 걸러지며, 필터에는 곰팡이 포자가 상당히 많다.

먼지의 상당 부분은 곰팡이가 분해할 수 있는 유기물이므로 좋은 영양원으로 작용할 수 있다. 그러므로 에어컨 필터에 습기만 있으면 먼지를 양분으로 삼아 살 수 있는 곰팡이 종류는 대단히 많다. 클라도스포리움*Cladosporium*, 아스페르길루스*Aspergillus*, 푸른곰팡이*Penicillium* 등이 대표적이다. 이러한 곰팡이들의 공통적인 특징은 포자의 직경이 3~5μm에 불과하고 공기 중에 늘 존재한다는 것이다.

에어컨은 가정용이든 차량용이든 열교환 방식으로 찬 바람을 만들어내는 기능을 갖는다. 이때 필수적으로 온도차에 의해 응결수凝結水가 생기고, 응결수는 먼지 덩어리와 섞이기 쉽다. 따라서 이론적으로는 먼지가 집적되는 부분과 응결수가 생기는 부분을 격리하고 영향을 받지 않도록 설계한다면, 에어컨 곰팡이 문제는 해결될 수 있다.

033

문 실내 곰팡이 문제는 대부분 주택이나 창고에서 발생한다고 합니다. 대형 건축물이나 다중이용시설에서 곰팡이 문제가 발생한다면 사회적 문제가 될 수도 있을 텐데, 실제 그런 사례가 있었나요?

답 미국환경보호청에서는 'Mold Remediation in Schools and Commercial Buildings'학교 및 공공건물에서 곰팡이 제거라는 지침이 있다. 이처럼, 다중이용시설의 관리 규제 중에는 곰팡이와 관련된 것이 있다. 그래도 문제는 늘 발생한다. 다음 몇 가지 사례를 소개한다.

1995년 미국의 휴양도시인 와이키키에 396개 객실을 갖춘 헤일코아호텔이 개관하였다. 객실에서 곰팡내가 난다는 불평이 있었지만, 해변에 위치한 호텔의 특성으로 간과되었다. 차츰 객실에서 곰팡이가 보이기 시작했고, 원인조사를 위해서는 문을 닫을 수밖에 없었다. 문제점을 찾아내고 보수하는 데 무려 5,500만 달러가 소요되었다. 공사 기간의 휴업과 이후의 법정소송으로 큰 어려움을 겪었다.

2001년 여름, 와이키키에 453개 객실을 갖춘 칼리아타워호텔이 문을 열었다. 앞서 1995년의 헤일코아호텔의 경우처럼 곰팡이 때문에 고초를 겪었다. 1년 이상의 휴업으로 큰 손해를 보았고, 무려 5,500만 달러가 소요된 보수공사를 통하여 2003년 9월에 재개관하였다. 이 호텔에서 주로 문제를 일으킨 곰팡이는 클라도스포리움*Cladosporium*과 아스페르길루스*Aspergillus*로 발표되었으나, 어떤 특정한 종인지는 밝히지 않았다.

1997년 6월에는 미국 노스다코타의 그랜드포크에 있는 두 군데의 초등학교에 임시휴교 조치가 취해져서 700명의 학생이 등교하지 못했다. 특히 이곳에서는 독검댕곰팡이*Stachybotrys chartarum*가 발견되어 임시휴교를 하지 않을 수 없었다(☞ 199). 2006년에는 뉴욕주의 파인부시초등학교에서 곰팡내와 정체불명의 냄새로 인하여 임시휴교와 함께 일부 유치원 학급은 장소를 옮기는 일도 있었다.

2002년 5월에는 캐나다 브리티시컬럼비아에 있는 흄초등학교에서 곰팡이 문제가 제기되었다. 철저한 조사를 거쳐 2002년 10월에는 활동실, 창고, 조리실 바닥을 교체하고 도색작업과 방수공사로 문제를 해결하였다. 이 초등학교의 건물은 목조건축물로서 100년 이상이나 되었기에 습기가 차는 곳에서는 곰팡이의 피해를 막을 수 없었다.

034

문 『곤충이 말하는 죽음의 진실』이란 책을 흥미롭고도 진지하게 읽었습니다. 이와 유사하게, 곰팡이와 관련된 정보도 범죄 수사와 사건 해결에 활용될 수 있지 않을까요? 실제 그러한 사례가 있었는지요?

답 외부에 노출되어 있는 사람의 사체에는 시간의 경과에 따라 특정한 곤충이 서식하는 경향이 있다. 그 곤충의 생태적 정보가 사체에 관한 매우 중요한 단서를 제공한다는 것은 잘 알려진 사실로서 영화나 소설에도 가끔 등장한다. 이는 법의학法醫學, forensic medicine의 한 세부 분과로서 '법곤충학法昆蟲學, forensic entomology'이라고 한다.

이와 유사하게, '법진균학法眞菌學, forensic mycology'이 있다. 글자 그대로, 사건과 관련하여 수집된 곰팡이 정보를 범죄 수사에 활용하는 분야이다. 법진균학은 아직 학문적 체계를 잘 갖추지 못하였고, 축적된 정보도 충분하지 않아 현장에 적용될 매뉴얼manual, 편람이 운용되지 못하고 있다. 참고를 위하여 몇 가지 사례를 소개하면 다음과 같다.

1996년 1월 16일 미국 뉴욕의 아파트에서 젊은 여인이 사체로 발견되었다. 부분적으로 피부가 훼손되고 미라화가 진행되었지만, 사체 몇 군데에서 청록색 곰팡이와 회색 곰팡이 집락이 발견되었다. 각각 *Penicillium*푸른곰팡이과 *Mucor*털곰팡이로 동정되었다. 이들 곰팡이의 저온(4°C) 생장 속도로 보아, 사체는 약 4주 전에 난방이 끊긴 이 아파트에 유기된 것으로 판단되었다. 이 정보를 바탕으로 살인범은 검거되어 종신형이 내려졌다.

2010년 1월 한국 어느 도시의 주차장 구석에서 중년 여인이 사체로 발견되었다. 두꺼운 외투의 몇 군데에서 곰팡이가 발견되었다. 필자에 의해 *Cladosporium cladosporioides*로 동정된 이 곰팡이는 따뜻한 실내의 습한 종이 벽지에서 흔히 자라는 특성이 있다. 따라서 범행 장소를 특정하여 추정할 수 있었고, 결국 살인범은 검거되었다.

2013년 영국 런던의 한 아파트에서는 감금된 채 방기된 어린이가 사망하는 안타까운 사건이 발생하여 만인의 공분을 샀다. 방기 일수는 가해자인 어머니를 처벌하는 양형기준으로서 중요하였다. 식탁에 놓인 음식 접시에서 *Aspergillus niger* 및 *Geotrichum candidum*이라는 두 종의 곰팡이가 자라고 있었다. 이들 곰팡이의 평균 생장 속도로 계산하여 10~14일의 방기가 있었음을 증명하였다.

035

문 미국의 어린이병원 수술실에서 곰팡이가 발견되어 해당 수술실이 폐쇄되었다는 뉴스가 있습니다. 이 사건에서는 어떤 곰팡이가 문제를 일으켰으며, 수술실의 공기는 어떻게 관리하나요?

답 2019년 5월 미국 시애틀 어린이병원 수술실에서 곰팡이가 발견되었다. 병원 당국은 병원시설의 정기검사에서 총 14개 수술실 중 4개에서 누룩곰팡이가 발견됐다며, 이들을 즉시 폐쇄하고 곰팡이가 완전히 제거될 때까지 이용하지 않기로 했다고 밝혔다. 또한, 지난 4개월간 이들 수술실에서 치료받은 환자 약 3,000명에게는 만약을 대비하여 누룩곰팡이 발견 사실을 일일이 통보했다.

이 뉴스에서 누룩곰팡이로 번역된 곰팡이는 아스페르길루스*Aspergillus*이다. 아스페르길루스에는 약 250종이 알려져 있는데, 황국균*Aspergillus oryzae*(☞ 147)이나 니게르검은곰팡이*Aspergillus niger*(☞ 047)처럼 유익한 곰팡이가 많다. 과학적으로 '누룩'에는 황국균을 비롯한 여러 종의 *Aspergillus*가 관여한다. 그래서 *Aspergillus*를 뭉뚱그려 누룩곰팡이라고 부르거나 번역하는 것은 옳지 않다. 이 뉴스만 보아도, 마치 누룩곰팡이가 병원균이거나 나쁜 곰팡이로 인식될 수도 있기 때문이다. 그래서 필자는 *Aspergillus*를 '검은곰팡이'로 통칭하고, *Aspergillus niger*는 '니게르검은곰팡이'로 부를 것을 주장하고 있다.

공식적인 발표가 없었지만, 수술실에서 검출된 곰팡이는 *Aspergillus fumigatus*(☞ 075)일 가능성이 크다. 이 곰팡이는 사람과 동물에서 폐질환의 일종인 '아스페르길루스증'을 일으키는 병원균이다. 또는 다른 종의 아스페르길루스라 할지라도 수술실 공기의 미생물학적 품질을 나타내는 지표가 된다. 따라서 아스페르길루스 검출 자체가 문제가 될 수 있다.

수술실 등에서 공기를 정화하는 방법은 여과장치이다. 가장 널리 사용되는 헤파HEPA필터는 직경 0.3μm 이상의 입자를 99.95%(유럽 기준) 또는 99.97%(미국 기준) 이상 제거할 수 있다. 따라서 가장 작은 아스페르길루스 포자까지도 완벽하게 걸러준다. 곰팡이 오염의 원인은 여과시스템과 필터의 불량이나 손상과 관련되므로, 비교적 간단하고도 명확하게 문제를 해결할 수 있을 것으로 생각된다. 이런 뉴스는 수술실의 공기가 제대로 모니터링되고 있음을 반증한다.

036

문 시중에 판매되는 곰팡이 제거용품은 어떤 원리로 곰팡이를 죽이는지요? 사람과 환경에 안전한가요? 이런 곰팡이 제거용품을 무좀이 생긴 환부에 뿌리면 무좀균이 죽으면서 치료가 되지 않을까요?

답 세상에 곰팡이를 죽일 수 있는 물질은 대단히 많다. 그러한 물질 중 상당수가 생물과 환경에 안전하지 않기 때문에 실제 일상생활에서는 사용되지 않는다. 안전하다고 판명된 극히 일부의 물질만 허가를 받아 제품으로 판매되고 사용된다. '안전safety'은 법적 규제를 받는 테두리이므로 정부에서 정한 규정이 있다. 이러한 규정은 효과보다 안전에 중점을 둔다.

곰팡이 제거용품 중에서 가장 널리 알려진 '팡이제로'는 에틸알코올을 기본 용매로 하여 설폰sulfone 계열의 항균제를 함유한다. 이 항균제는 미국식품의약국U.S. Food and Drug Administration, FDA의 승인에 근거하여 사용되며 안전 범주에 든다. 여기에 계면활성제와 자외선 차단제 등이 소량 첨가되어 있고 향료도 포함된다. 따라서 정부에서 정한 규정의 범주에 드는 안전한 제품으로 볼 수 있다.

이러한 제품은 곰팡이의 생장을 정지하거나 사멸하는 효능을 발휘한다. 즉, 유효물질인 항균제가 곰팡이 균체와 직접 접촉함으로써 살균 효과를 나타낸다. 그러므로 곰팡이 집락에 직접 분무하는 형태로 제조되어 시판된다. 대체로 며칠 만에 뚜렷한 효과를 나타낸다.

한편, 이러한 곰팡이 제거용품으로 무좀을 치료할 수 없는지 매우 궁금해 하는 사람들이 의외로 많다. 결론은 부정적이다. 사람의 무좀균은 피부의 각질 속에 분포하고 있는데, 팡이제로의 유효성분은 각질 속으로 침투하지 못하므로 전달되지 못한다. 사실 무좀약에서 필요한 가장 중요한 성상은 각질 속으로의 '침투성'이다. 무좀 환부에 마늘을 찧어 바르는 방법을 비롯한 온갖 민간요법이 실제 무좀에는 효과를 내지 못하는 이유도 침투성이 없거나 매우 부족하기 때문이다.

가장 일반적인 곰팡이제거제는 차아염소산나트륨sodium hypochlorite과 과산화수소hydrogen peroxide를 함유한다. 차아염소산나트륨은 분해되면서 유리되는 염소鹽素, chlorine가 살균작용을 나타낸다. 흔히 가정에서 '락스'라고 부르는 세정제의 유효성분이기도 하다. 과산화수소는 탈색작용이 강하므로 곰팡이에 의한 변색을 제거해 주는 역할을 담당한다.

037

문 화장실 타일 사이의 줄눈은 대부분 백시멘트로 채워지므로 흰색인데, 흔히 곰팡이가 자라서 시커멓게 변하여 미관을 해칩니다. 시멘트에는 양분이 없을 텐데, 어떻게 곰팡이가 자랄 수 있는지요?

답 화장실이나 목욕실은 방수가 우선이므로 타일로 시공된다. 타일 사이의 간격을 줄눈이라 하고, 줄눈은 백시멘트로 채워진다. 백시멘트는 일반 시멘트와 같지만, 산화철(Fe_2O_3) 성분이 거의 없으므로 흰색을 띤다. 오래된 집에서 줄눈이 누렇게 변하는 것은 산화철이 축적되기 때문이고, 시커멓게 변하는 것은 곰팡이가 생겼기 때문이다.

백시멘트도 시멘트의 한 유형이고, 다공성 구조를 가진다. 즉, 우리 눈에는 보이지 않지만 미세한 구멍이 있다. 이 구멍에 이물질이 끼고 수분이 머무르므로 오래 사용하면 색이 변하여 지저분해진다. 곰팡이와 세균은 이러한 이물질과 수분을 이용하여 생장할 수 있다. 특히 곰팡이는 상당한 악조건에서도 생존할 수 있으며, 조건만 주어지면 언제든지 왕성하게 생장할 수 있다. 따라서 곰팡이가 변색의 주범이다.

그럼 어떤 곰팡이가 백시멘트에 살고 있을까? 인도(2014년)에서 조사된 바로는 *Alternaria*, *Ascospora*, *Ascotricha*, *Aspergillus*, *Cladosporium*, *Curvularia*, *Fusarium*, *Penicillium*, *Phoma* 등의 곰팡이가 보고되었다. 이러한 곰팡이들은 우리 생활 주변에 흔히 존재하는 분류군이며, 특별히 병원균이나 위험한 곰팡이는 없다. 게다가, 조사 시기와 장소에 따라 곰팡이 종류가 달라지므로 순위나 우점 정도는 큰 의미가 없다. 이러한 곰팡이들이 유기산有機酸, organic acid(☞ 123)을 생성하여 백시멘트의 강도를 떨어뜨려 갈라지고 부서지는 피해를 주기도 한다.

사실 가정에서는 줄눈만 새로 시공해도 화장실이 매우 깨끗한 느낌을 준다. 줄눈 시공 전문업체도 많고, 주부도 쉽게 이용할 수 있는 셀프 시공 줄눈 재료도 판매되고 있다. 변색된 줄눈을 희게 만드는 제품도 있지만 강력한 탈색을 일으키는 화학물질이므로 그리 반갑지는 않다. 항균물질이 함유된 신제품도 등장했지만, 효과 지속기간은 만족스럽지 못하다. 최근에는 아예 줄눈을 진회색의 시멘트로 마감시공하는 경우도 있다. 그러면 산화철에 의한 갈변과 곰팡이에 의한 오염이 눈에 거의 보이지 않는다. 그래도 곰팡이는 자란다.

038

문 **화장실과 목욕실의 실리콘은 물에 젖는 기회가 많아서 곰팡이가 생기고 색깔이 변하여 미관을 해치고 때로는 냄새도 납니다. 흰색의 실리콘에는 양분도 없을 텐데, 어떻게 곰팡이가 자랄 수 있나요?**

답 먼저, 용어 정리부터 시작하자. Silicon은 규소硅素의 영어 이름이고, 화학기호는 Si이다. Silicone은 규소와 산소의 결합을 포함한 중합체 중에서 폴리실록세인polysiloxane 계열 화합물을 이르는 명칭이다. 가정의 화장실이나 목욕실의 접합부나 틈새를 메워 주는 실리콘은 silicone이며, 실리콘고무silicone rubber라고도 한다. 이런 제품을 특별히 실란트sealant라고 부른다.

실란트는 실리콘고무의 한 유형이고, 다공성多孔性 구조를 가진다. 즉, 우리 눈에는 보이지 않지만 무수히 많은 미세한 구멍을 갖고 있다. 이 구멍에 이물질이 끼고 수분이 머무르므로 오래 사용하면 색이 변하여 지저분해진다. 이러한 이물질과 수분을 이용하여 곰팡이와 세균은 생장할 수 있다. 특히 곰팡이는 상당한 악조건에서도 생존할 수 있다. 따라서 곰팡이가 변색의 주범이다. 이러한 상황은 화장실이나 목욕실의 줄눈에 사용된 백시멘트의 경우와 비슷하다(☞ 037).

어떤 곰팡이가 화장실 실란트에 살고 있을까? 일본(2008년)에서 조사된 바로는 *Exophiala* > *Phoma* > *Cladosporium* > *Scolecobasidium* 등의 곰팡이가 보고되었다. 한국(2014년)에서 실시된 조사에서는 *Phoma herbarum*, *Peyronellaea calorpreferens*, *Cladosporim halotolerans* 등의 곰팡이가 우점종으로 동정되었다. 조사 시기와 장소에 따라 곰팡이 종류가 달라지므로 순위나 우점 정도는 큰 의미는 없다. 실란트 서식 곰팡이를 조사한 자료도 별로 없고, 조사 내용도 그리 철저해 보이지는 않는다.

이들 '실란트 곰팡이'의 공통점은 ①영양물질이 거의 없어도 자란다. 이를 '빈영양貧榮養생장'이라고 한다. ②대체로 검은색을 띤다. 이는 표면에서 생장하면서 자외선을 차단하기 위한 자기방어 기작이다. ③수분 스트레스에 내성이 있다. 즉, 습윤과 건조가 반복되는 조건에서도 살아남는다. ④작고 적은 포자를 형성한다. 즉, 분생포자의 크기가 매우 작으며, 최적 조건에서 조금만 만듦으로써 에너지를 절약한다. ⑤인간의 약품 공격에 대비(?)하여 균사의 일부를 안쪽으로 뻗어 놓는다. 좋게 해석하면, 정말로 우리가 배워야 할 꿋꿋한 생활 태도이다.

039

문 실란트로 마감 처리한 목욕실의 실리콘에 곰팡이가 피어 지저분한 모습입니다. 시중에 '항균 실리콘'이나 '곰팡이 방지 실리콘'이 있습니다. 어떻게 곰팡이를 막아낼 수 있으며, 과연 효과가 있을까요?

답 화장실이나 목욕실의 모서리나 틈새를 메우는 흰색의 고무질 재료를 실란트sealant라고 한다(☞ 038). 실란트는 다공성 구조를 가진 실리콘고무이다. 실리콘고무의 미세한 구멍에 낀 소량의 이물질과 수분을 이용하여 근근이 살아가는 특별한 그룹의 곰팡이들이 이런 지저분한 모습을 연출한다. 조금 변색하면 표백제가 들어있는 세정제를 동원하여 대처하지만, 심한 변색은 새로운 실란트로 교체해야 한다.

그럼 곰팡이가 피지 않는다는 '항균抗菌 실리콘'은 어떤 재료인가? 원리는 아주 간단하다. 실리콘고무에 항균성 물질을 섞으면 된다. 그런데, 이 항균성 물질이 갖추어야 할 조건이 있다. ①실리콘고무와 화학적으로 잘 결합해야 하고, ②목욕실의 조건에서 물에 쉽게 씻겨 내려가지 않아야 하고, ③적당량씩 서서히 방출되어 몇 년 동안은 효과를 발휘해야 하고, ④실리콘고무를 변색시키지 말아야 하고, ⑤특별한 냄새가 나지 말아야 하고, ⑥가격이 상업적 수준에 들어야 하고, ⑦실리콘고무의 본질적 특성을 훼손시키지 말아야 하고, ⑧인간과 환경에 안전해야 한다.

이런 조건을 갖춘 물질을 찾기 쉽겠는가? 항균성 물질의 종류가 많지만 어떤 물질을 포함하는지는 제조업체의 특허나 비밀에 해당하므로 공개되지 않으며 구체적으로 알기도 어렵다. 게다가 복잡한 화학물질명을 나열해도 해당 전문가 이외에는 그 물질의 특성을 알 수 없다. 항균 실리콘은 가정의 목욕실뿐만 아니라 다양한 산업에서도 꼭 필요한 제품이다.

항균성 물질 중에 좀 특별한 제품이 있다. 즉, '수용성 유리water-soluble glass'는 은 이온, 아연 이온, 구리 이온 등을 제올라이트zeolite에 붙여 실리콘고무에 골고루 퍼지도록 설계하여 살균력을 발휘하도록 제조된 제품이다. '항균 페인트'(☞ 040)도 같은 원리와 방식으로 만들어진다. 그러나 이러한 항균 제품의 최대 단점은 효과 지속기간이 그리 길지 않다는 것이다. 일반 제품도 새것에는 곰팡이가 살기 어렵다. 그래서 항균 제품이 일반 제품보다 조금 더 버티는 정도이며, 소비자의 신뢰를 얻기에는 아직 부족하다. 작용기작이 전혀 다른 새로운 제품이 절실한 상황이다.

040

문 나노실버가 함유된 항균 페인트가 있다고 합니다. 자료를 찾아보니, 과거에는 유명했는데 현재는 판매되지 않는다고 합니다. 시장에서 사라진 이유는 무엇이고, 앞으로 전망은 어떠한지요?

답 나노실버는 글자 그대로 은銀, silver을 1~100나노미터nanometer, nm 크기로 만든 것이다. 그래서 공식 명칭은 '은나노입자銀-粒子, silver nanoparticle'이지만, 흔히 은나노 또는 나노실버nanosilver로 부른다. 나노실버는 항세균 활성과 항진균 활성이 높으므로 살균력을 갖추었다,

이러한 나노실버를 상업적으로 활용한 세계 최초의 사례는 2003년 4월 출시된 삼성전자의 은나노 제품이었다. 당시에 나노실버를 세탁기, 냉장고, 에어컨, 공기청정기, 진공청소기에 적용하여 획기적인 제품으로 출시되었다. 이러한 제품은 소비자들에게 큰 인기를 얻었으며, 미생물은 제거해야 할 공공의 적으로 인식되었다.

그러나 2005년 한국소비자보호원(현, 한국소비자원)에선 삼성전자 은나노 세탁기가 살균력을 과대광고하였다고 결론지었다. LG전자, 대우전자, 월풀 세탁기의 일반적인 세탁법으로도 동일한 99.9%의 살균력을 나타낸다는 실험결과를 바탕으로 하였다. 그린피스, 세계자연보호기금과 함께 세계 3대 환경보호단체 중의 하나인 '지구의 벗Friends of the Earth'에서는 은나노 세탁기를 구입하지 말라는 권고를 발표하였다. 왜냐하면, 은나노가 폐수의 생물학적 처리에 큰 장애가 될 뿐만 아니라 여러 생물종에 독성을 나타내기 때문이었다.

그래도 은나노의 살균력을 활용하는 연구와 제품은 끊임없이 쏟아졌다. 은나노를 이용한 무좀 치료제 및 치료법의 개발, 은나노 수용액을 이용한 농업용 자재의 개발, 은나노가 포함된 항균 페인트의 개발, 심지어 주방세제부터 변기 커버까지 살균력이 필요한 제품에는 예외 없이 적용되었다. 세균과 곰팡이를 동시에 박멸한다는 문구는 늘 등장하였다.

최근에는, 은나노 입자가 남아있는 농산물을 먹으면 인체 내에서 혈액과 림프계에 입자가 침투할 수 있다는 경고도 등장하였다. 이렇게 은나노의 생물학적 유해성이 알려지면서 이러한 은나노 제품은 실질적으로 시장에서 거의 사라지게 되었다. 그렇다고 은나노 자체가 과학에서 완전히 퇴출된 것은 아니다. 여러 과학 분야에서 꾸준히 적용 범위를 찾는 중이다.

041

문 신발 세탁을 전문업체에 맡겼는데, 서비스로 항균처리까지 했다는 안내를 받았습니다. 항균처리가 무좀 예방이나 발 냄새 제거에 효과가 있다고 합니다. 이런 효과가 과학적으로 증명되었나요?

답 신발을 세탁해 주는 전문업체에서는 다양한 서비스를 제공한다. 어느 업체의 안내문에 '이 운동화는 항균 및 항진균 처리를 하여 세균은 물론 무좀균도 살 수 없습니다'라는 문구가 있다. 구체적으로 어떤 처리를 하였는지 알 수는 없으나, 나름대로 과학적으로 접근해 보자.

신발에 땀이 차고 이물질이 많으면 세균이 번성함으로써 악취를 풍기기 마련이다. 수많은 종류의 세균이 복합적으로 발산하는 냄새이기는 하지만, *Brevibacterium linens*라는 세균이 주범이다. 이 세균은 지방 성분을 잘 분해하며 사람 피부에서 잘 번식한다. 식품 중에서는 특히 치즈에서 독특하고도 쾨쾨한 풍미를 낸다. 사실 곰팡이가 만드는 블루치즈(☞ 126)의 풍미 중 일부는 이 세균에서 유래된 것이다.

이 업체의 안내문에서 '항균처리'란 세균을 억제한다는 의미로, '항진균 처리'는 곰팡이를 억제한다는 의미로 쓰였다. 세균과 곰팡이를 한꺼번에 죽일 수 있는 다양한 방법이 있다. '열처리'는 신발의 품질에 악영향을 주므로 사용될 수 없다. 흔히 EO 가스라고 부르는 '에틸렌옥사이드ethylene oxide 처리'는 시설 유지관리에 비용이 많이 들고 전문적이라서 신발세탁업체에서 사용하기는 어려울 것이다.

거의 확실하게, '화학적 처리'에 의해 세균과 곰팡이를 제거했다는 의미일 것이다. 이런 목적으로 사용할 수 있는 화학물질은 대단히 많다. 어쩌면, '자외선 처리'에 의해 살균효과를 기대할 수도 있다. 하지만 신발은 이내 세균과 곰팡이에 의해 점유되므로 살균효과 지속기간이 너무나 짧다. 사실, 신발에 세균과 곰팡이가 존재하는 것을 사람의 건강에 유해하다고 말하면 지나친 과장이고 억지에 불과하다.

역발상을 한번 해보자. '이 운동화는 솔로 문질러 빨고 여러 번 헹궈서 화학물질이 줄어든 상태이고, 자연에 가장 가까운 상태로 되돌리려고 노력했습니다. 어떠한 항세균처리도, 어떠한 항진균 처리도 하지 않았습니다. 그래서 신는 순간부터 치츰 세균과 곰팡이가 늘어날 것입니다.' 이런 안내 문구가 도리어 고객에게 감동을 안겨줄 수도 있을 것이다.

042

문 **설거지를 안 하고 5일간 여행을 다녀왔더니, 그릇에는 온통 곰팡이가 피어 흉물스럽습니다. 이런 그릇을 만지면 피부병에 걸리지 않을까요? 혹시, 그릇에 곰팡이독소가 생기지 않았을까요?**

답 식품 용기에 음식이 담겼었고, 음식이 남겨졌거나 묻은 채로 식탁 위 또는 개수대 안에 방치된 상태를 상상할 수 있다. 5일이면 충분히 곰팡이가 피었을 것이다(☞ 034). 금속, 도자기, 플라스틱, 유리, 목재 등 용기 재질에 따라 어떤 상황이 벌어질지 시나리오를 펼쳐보자.

금속용기 중에 스테인레스 스틸은 부식 걱정은 없다. 알루미늄이나 방짜 유기는 강한 산도나 염분이 많은 식품과 장기간 접촉하면 군데군데 부식이 일어날 수 있다. 이를 부식공腐蝕孔이라고 한다. 설거짓거리에 곰팡이가 피었음은 비교적 단기간이므로 음식물 자체가 부식을 일으킬 정도는 아니다. 곰팡이가 자라면서 유기산을 생성할 수도 있지만, 단기간에 부식을 일으킬 가능성은 없다.

도자기나 유리용기의 경우도 기본적으로 금속용기의 상황과 거의 같지만, 부식의 가능성이 훨씬 작다. 그러니까, 최악의 경우라 할지라도 가장 안전한 용기로 볼 수 있다. 렌즈 표면의 에칭처럼 손상될 수도 있다(☞ 027). 식품용으로 쓰이는 도자기나 유리용기에 그 정도의 에칭이 일어날 가능성도 없지만, 그렇다 하더라도 인지하지 못할 정도로 미미한 것이므로 문제를 일으키지는 않는다.

곰팡이에 의해 의류나 종이가 변색되듯이, 플라스틱 용기의 경우에는 곰팡이에 의해 착색이나 탈색이 일어날 수도 있다. 하지만 5일간 또는 단기간에 이러한 변색이 일어나지는 않는다. 목재용기의 경우에는 마른 음식을 담는 용도로 쓰이므로 수분이 있는 음식과 접촉하였을 가능성은 없다. 따라서 목재용기가 곰팡이에 의해 피해를 받을 가능성은 없다.

음식에 핀 부생성 곰팡이가 사람의 피부에서 피부병균으로 직접 작용할 가능성은 없다. 그릇에 핀 곰팡이가 다량의 포자를 형성하였다면, 포자에 의한 알레르기나 불편은 걱정할 수는 있다. 그러나 곰팡이가 생성한 곰팡이 독소가 그릇에 배어 음식으로 전달되는 경우는 상상할 수 없다. 따라서 통상적인 설거지를 통하여 음식 찌꺼기와 함께 곰팡이도 씻어내면 그만이다. 전혀 걱정할 일이 아니다.

043

문 페스큐중독증을 공부하면서 궁금증이 생겼습니다. 내생균이 분비한 독성물질을 섭취하여 페스큐중독증에 걸린 소를 도축하여 식용으로 사용할 수 있나요? 법적으로, 과학적으로 어떠한지요?

답 내생균에 의한 피해 중 가장 대표적인 것이 페스큐중독증fescue toxicosis일 것이다. 글자 그대로, 내생균이 서식하는 톨페스큐tall fescus 목초를 섭취한 소에서 나타나는 중독증이다. 이 내생균의 학명을 검색하면, *Acremonium coenophialum*, *Neotyphodium coenophialum*, *Epichloe coenophiala*가 나오는데, 현재는 *Epichloe coenophiala*가 정명正名이다. 다른 학명들은 모두 이명異名으로 취급된다.

이 내생균이 생성하는 독성물질은 어고발린ergovaline이다. 내생균이 있는 목초를 섭식한 초식동물의 체내에는 어고발린이 잔류할 것이다. 그런데, 초식동물의 생산물에 잔류하는 어고발린에 관한 연구자료는 신뢰성에 문제가 있다는 것이 전문가들의 견해이다. 왜냐하면, 어고발린이 초식동물의 체내에서 다른 물질로 전환되거나 어고발린과 유사한 물질이 함께 검출되기도 하기 때문이다. 결론적으로는 어고발린이 고기·뼈·젖·축산가공품에서 지극히 미량으로 존재하거나 아예 검출되지 않으므로 독성학적 문제가 없다.

또한, 호밀풀ryegrass에 존재하는 내생균이 생성하는 독성물질은 롤리트렘 Blolitrem B라는 신경독소이다. 그래서 이 독소에 중독된 가축은 걸음걸이를 절뚝거리므로 ryegrass stagger라는 질병명이 붙었다. 가축이 총 섭취한 롤리트렘 B의 양을 측정할 수 없으므로 전형적인 stagger 증상을 나타내는 가축을 대상으로 조사한 보고서가 있다.

이 조사는 일본산 흑소를 대상으로 이루어졌으며, HPLC를 이용하여 분석하였다. 그 결과, 근육·간·콩팥·대뇌에서는 롤리트렘 B가 검출되지 않았다. 반면에, 콩팥을 둘러싼 지방fat조직에서는 210ppb가 검출되었다. 따라서, 롤리트렘 B가 소고기를 통하여 사람에게 영향을 미칠 가능성은 없다고 결론지을 수 있다.

이와 같이, 페스큐중독증이나 호밀풀 stagger를 나타내는 가축을 도축하여 식용해도 아무 문제가 없으므로 현재는 법적 규제의 대상이 아니다. 그러나 식품안전에 관한 상기적 모니터링과 함께 내생균 독성물질의 체내 동태에 관한 연구와 관리는 지속되어야 한다.

044

문 식당에서 불고기에는 팽이버섯이 함께 제공되는 경우가 흔합니다. 다음날, 배변 후에 팽이버섯이 그대로 배설된 것을 보고 깜짝 놀랐습니다. 팽이버섯이 왜 소화되지 않고 그냥 배설되었나요?

답 불고기와 팽이버섯은 부드러움과 사각거림이 잘 어울리고 색깔의 대비도 서로 조화롭다. 우리나라의 팽이버섯 재배기술은 세계 최고이므로 고품질 버섯을 저렴하게 즐길 수 있다. 예부터 임금님의 대변을 검사하였음은 잘 알려져 있다. 건강을 확인하는 방법으로 대변을 살펴보면, 어떤 식재료는 소화되지 않고 거의 그대로 배설되기도 한다.

불고기와 함께 맛있게 요리된 팽이버섯을 거의 씹지도 않고 삼키는 경우가 많을 것이다. 몇 번 씹어도 가늘고 긴 팽이버섯은 끊어지지 않은 상태일 것이다. 팽이버섯의 세포벽을 구성하는 주성분은 키틴chitin이다(☞ 151). 키틴은 게나 새우 같은 갑각류 껍질의 주성분이다. 다만 버섯의 키틴은 얇게 분포하므로 게 껍질처럼 단단하게 느껴지지 않을 뿐이다.

사람의 소화 기능으로는 키틴을 분해하지 못한다. 키틴분해효소가 없기 때문이다. 다만, 위산에 의한 산분해가 부분적으로 이루어진다. 그래서 키틴은 식이섬유食餌纖維, dietary fiber에 포함한다. 입에서 잘 씹어 물리적으로 파괴하면 위에서 산분해가 잘 이루어지고 대변에서 팽이버섯의 형체를 찾을 수는 없을 것이다.

한편, 일부 자료에는 팽이버섯에 섬유소가 많아 배변 활동에 도움이 된다고 한다. 이는 잘못된 정보이다. 팽이버섯은 물론 어떤 버섯에도 섬유소纖維素, cellulose는 들어있지 않다. 섬유소는 식물의 세포벽 성분이지 버섯과는 전혀 관련이 없다.

그럼 팽이버섯이 소화되지 않고 그대로 배설되는 것은 건강에 불리한가? 그렇지는 않다. 팽이버섯의 영양분이 적게 흡수되므로 불리할 수도 있지만, 대체로 영양 과다의 현대인에게는 도리어 유리할 수도 있다. 입은 즐겁고, 배는 부르고, 영양 과다는 방지하고, 팽이버섯에서 얻을 수 있는 일거삼득一擧三得이 아닌가. 게다가 식이섬유로서의 기능이 증대되므로 보너스 효과까지 얻는 셈이다. 따라서 불고기를 먹을 때 팽이버섯은 대충 씹어서 얼른 삼키는 것이 좋은 전략이라는 흥미로운 결론에 도달할 수 있다. 제대로 효과를 발휘하였는지 대변을 살펴보자.

045

문 고기를 먹을 때 함께 제공되는 양송이버섯은 흔히 뒤집어서 굽습니다. 버섯 안쪽에 갈색의 물이 고이는데, 이를 보약이라고 칭송합니다. 그 물의 정체는 무엇이고, 진짜 건강에 좋은지요?

답 양송이버섯은 갓이 막 벌어지려는 미성숙 상태에서 대를 잘라 수확된다. 그러니까 시장에서 구입하는 양송이버섯은 아주 짧은 대와 반구형半球形의 갓으로 구성되어 있다. 이때는 갓 위쪽에 두꺼운 조직이 형성되어 칼로 살짝 깎거나 껍질처럼 손으로 벗겨낼 수 있을 정도이다.

양송이버섯 아래쪽은 대와 연결되면서 그 안쪽에 책갈피처럼 생긴 주름살이 방사상으로 분포한다. 얇은 주름살 표면에는 포자를 만드는 담자기擔子器, basidium가 빼곡하게 분포한다. 담자기 위에는 2개의 작은 뿔이 있고, 각각의 뿔 위에 담자포자擔子胞子, basidiospore가 만들어진다. 즉, 주름살 표면은 마치 꽃밭에 가득 꽃이 피듯이 포자가 알알이 맺힌 모습이다.

식탁에 오른 양송이버섯은 포자가 이제 막 성숙하려는 어린 단계, 즉 유균幼菌이므로 포자는 담갈색이다. 갓이 활짝 핀 양송이버섯, 즉 노균老菌이라면 포자가 진갈색~흑갈색으로 매우 짙다. 따라서 고기 불판에 뒤집어 놓은 양송이버섯에 물이 고이면서 자연스럽게 포자가 섞이게 된다. 그러니까 양송이버섯의 성숙 정도에 따라 물의 색깔이 옅거나 짙게 보일 뿐이지 유효성분의 과다와는 관련이 없다.

그럼 버섯 안쪽에 고이는 물의 정체는 무엇일까? 신선한 양송이버섯은 수분 92%에 고형분 8%이다. 양송이버섯을 뒤집으면 마치 그릇처럼 오목한 모양이다. 바깥쪽은 두껍지만 골격균사나 결합균사가 발달하지는 않았다. 대신에, 영양균사가 매우 치밀하게 결합되어 있어 마치 과일 껍질을 연상케 한다. 게다가, 균사는 하이드로포빈hydrophobin 단백질로 코팅되어 있어서 물이 빠지지 않는 구조로 되어 있다. 하이드로포빈은 『곰팡이가 없으면 지구도 없다』(2015, 신현동, 지오북)에 잘 소개되어 있다.

이런 버섯을 가열하면 영양균사의 세포가 터지면서 버섯 안쪽으로 수분이 빠져나와 고이게 된다. 이때 고형분 중에서 수용성인 물질이 포함되겠지만 무시될 정도로 극미량이고, 포자는 알갱이처럼 물에 혼합되어 현탁액 상태가 된다. 그래서 버섯에 고인 물이 보약처럼 누렇게 보인다. 하지만 이 버섯 물은 특별한 성분을 포함하고 있지 않다.

046

문 **사람의 위장관에는 대장균을 비롯하여 수많은 세균이 살고 있으며, 우리의 건강과 매우 밀접하게 관련되어 있다고 합니다. 위장관에 곰팡이나 효모도 정착하여 우리 건강에 영향을 주지 않을까요?**

답 사람의 몸속에 존재하는 미생물 전체를 총괄적으로 이르러 '인체미생물군人體微生物群, human microbiome'이라고 한다. 때로는 인간미생물군이나 인류미생물군으로 칭하기도 한다. 이때 피부에 존재하는 미생물은 포함하지 않는 것이 일반적이다. 인체미생물군에 세균bacteria, 고균(=고세균)archaea, 곰팡이fungi, 바이러스virus가 포함되며, 때로는 원생생물protista까지 포함하기도 한다.

실제 인체미생물이란 거의 다 세균이다. 2014년 미국미생물학회의 발표에 따르면, 사람의 몸은 약 37조 개의 세포로 구성되어 있으며, 몸속에 약 100조 개체의 세균이 존재한다. 따라서 약 3:1의 비율로 세균이 많다는 사실이 매우 놀랍다. 이러한 세균은 거의 다 인간의 위장관胃腸管에 살고 있다. 이러한 세균은 사람의 면역부터 질병까지 모두 관장하고 있다고 해도 과언이 아닐 정도로 매우 중요한 존재이다.

그럼 인간의 위장관에 곰팡이도 살고 있을까? 정답은, '정착해서 살고있는 곰팡이는 없지만, 잠시 들렀다 가는 곰팡이는 있다'(☞ 150). 과학자들은 대변에 존재하는 위장관 미생물을 연구함으로써 세균에 대한 수많은 정보를 얻었다. 한편, 대변에 포함된 곰팡이들을 파악하고 목록을 만들고 데이터를 축적함으로써 신뢰할 만한 정보를 얻으려고 노력하였다.

그러나 개인마다 장내곰팡이의 프로필에 서로 상당한 차이가 있었다. 인간과 공생하는 주요한 세균의 프로필은 개인마다 거의 차이가 없는 사실과는 사뭇 달랐다. 게다가 장내곰팡이들은 대부분 공기 중이나 음식물에서 흔히 발견되는 보편적인 종이었다. 따라서 공기나 음식물을 따라 위장관으로 우연히 들어와 '그저 지나가는just passing through' 나그네 곰팡이에 불과한 것으로 볼 수 있다.

장내곰팡이는 실질적으로 거의 다 효모이다. 칸디다*Candidia* 효모와 말라세지아*Malassezia* 효모가 압도적으로 많다. 이들 두 그룹은 모두 피부상재균皮膚常在菌이므로 상주하는 장내곰팡이로 보기는 어렵고 나그네 곰팡이로 보는 것이 옳다.

047

문 음료나 식품에서 새콤한 맛을 내는 구연산이 곰팡이에서 만들어졌다는 사실을 알고 매우 놀라고 의아했습니다. 왜 과일이 아닌 곰팡이 유래의 구연산을 이용하게 되었고, 어떻게 생산되는지요?

답 유기산 중에서 구연산은 곰팡이와 특별한 인연이 있다. 구연산枸櫞酸이란 구연에서 유래된 산이란 뜻이다. 枸櫞구연은 *Citrus*류의 과실을 뜻하는 한자어이다. 이에 속하는 과실은 오렌지·레몬·라임·감귤·자몽(그레이프푸르트)·스위티·탱자 등 수십 가지이다. 모두 신맛을 내는 과실이고, 이 신맛을 내는 물질이 바로 구연산이다.

구연산은 식품의 맛을 증진해 주고 보존 기간을 늘려주므로 오랫동안 이용되었다. 초기에는 레몬에서 생산하였으므로 이탈리아의 레몬즙 생산과 수출은 중요한 산업이었다. 제1차 세계대전으로 이탈리아의 레몬즙 수출이 막혀 유럽의 식품산업은 큰 어려움에 처했다. 이에 대한 해결책으로 곰팡이에서 구연산을 생산하는 실용적 방법이 개발되었다. 특히 '니게르검은곰팡이*Aspergillus niger*'는 배양이 쉽고 구연산 생산이 많아 지금까지도 구연산 생산에 이용되고 있다.

곰팡이 대사활동 중에서 구연산회로citric acid cycle(=크랩스회로Krebs cycle)의 중간물질로서 구연산 → 이소구연산 → 케토글루탄산 등으로 변한다. 구연산 자체가 곰팡이에게 직접 필요한 물질은 아니지만, 구연산회로가 에너지 생성에 꼭 필요하므로 곰팡이 생존과 생장에는 필수적이다.

곰팡이에서 구연산은 어떻게 생산될까? 구연산에서 이소구연산으로 넘어가는 단계에 필요한 효소는 '이소구연산탈수소효소isocitric dehydrogenase'이다. 이 효소의 생성과 활성을 억제하면 어떻게 될까? 그러면 구연산 상태로 남아있을 수밖에 없다. 이렇게 축적된 잉여의 구연산은 곰팡이 세포에 독성물질로 작용하게 되므로, 이 곰팡이는 구연산을 세포 밖으로 배출해야만 살 수 있다.

이 곰팡이를 액체배양할 때 질소 과잉상태를 만들어주면 이소구연산탈수소효소의 생성을 억제할 수 있다. 따라서 액체배지에는 구연산이 축적된다. 이 곰팡이 배양에는 농산폐기물이 적극적으로 사용된다. 그래서 아주 값싸고 쉽게 구연산을 생산할 수 있다. 곰팡이가 해마다 거의 200톤의 구연산을 생산하고 있다.

048

문 섬유나 가죽의 천연염색을 접하고서 신비한 색감에 매료되었습니다. 쪽빛이란 말처럼 천연염료는 거의 다 식물에서 유래되었다고 합니다. 당연히 버섯이나 곰팡이를 이용한 천연염색도 있겠지요?

답 색소를 만드는 곰팡이가 있기는 하지만, 섬유나 가죽의 천연염색에 사용된 적은 없는 듯하다. 반면에, 버섯은 다양한 색을 띠므로 천연염색의 재료로 즐겨 쓰였다. 버섯을 이용한 천연염색으로 독특한 예술세계를 개척한 섬유예술가도 있고, 이러한 천연섬유로 만든 의류나 가방을 취급하는 업체도 있다. 게다가 지의류는 독특한 색감을 가지고 있어 오래전부터 천연염료로 사용되었다(☞ 009).

우리나라 자료로는 '야생버섯으로 친환경 천연염색하기'(2016, 당당뉴스)에 상세하게 기술되어 있다. 주요 내용은 몇 종의 버섯에 대하여 각기 다른 매염제를 사용하면 서로 다른 색이 나올 수 있으며, 염색 절차에 대해서도 비교적 상세히 기록하고 있다. 천연염색에 관심 있는 분들에게는 좋은 지침이 될 것이다.

버섯 이름에 아예 염색과 관련된 단어가 들어가기도 한다. 모래밭버섯*Pisolithus tinctorius*의 학명에서 *tinctorius*는 '염색에 쓰이는'이라는 뜻이다. 일반명은 dyemaker's puffball로서 염색업자의 버섯이란 뜻이다. 갈색을 나타내는 호주 개척자들의 옷과 모자는 바로 이 버섯이 만들어낸 색깔이다. 해면버섯*Phaeolus schweinitzii*은 일반명 dyer's polypore로서 염색가의 버섯이란 뜻이다. 매염제의 종류에 따라 베이지색부터 황금색까지, 때로는 녹색을 띠는 올리브색까지 은은한 느낌을 준다.

천연염색가들이 즐겨 선택한 버섯(색깔)은 다음과 같다. 꾀꼬리버섯(노랑), 느타리버섯(회록색), 주름버섯(갈색, 회록색), 민자주방망이버섯(녹색), 그물버섯(겨자색), 잎새버섯(담황색), 덕다리버섯(주황색), 구름버섯(갈색, 녹청색), 영지버섯(황갈색), 먹물버섯(회록색), 소혀버섯(베이지색), 침비늘버섯(황갈색) 등이다. 물론 매염제에 따라 조금씩 다른 색을 만들 수도 있다.

한편, 르네상스 목가구의 녹청색 무늬는 '변형술잔녹청균' 덕분에 발달한 상감기술이다. 소혀버섯에 감염된 참나무인 브라운오크brown oak는 값비싼 목가구의 재료이다. 이런 흥미로운 목재의 자연염색은 『곰팡이가 없으면 지구도 없다』(2015, 신현동, 지오북)에 잘 소개되어 있다.

049

문 버섯을 사진 찍어 어떤 버섯인지 알 수 있는, 소위 '버섯 인식 앱'이 있다고 합니다. 수많은 버섯을 어떻게 구분할 수 있는지, 실제 사용 가능한지, 그리고 어떤 문제점과 개선책이 있는지요?

답 생물체를 사진으로 찍어 인식시키면 어떤 종인지 알려주는 소위 '인식 앱image-recognition mobile app'이 있다. 생물군에 따라, 특히 동물에서는 정확성과 유용성에서 매우 만족스럽다는 평가를 받는다. 꽃을 인식하는 앱도 인기가 높다. 하지만, 버섯을 인식하는 앱은 국외든 국내든 아직 좋은 점수를 받기는 어렵다.

우리나라에서는 산림청 지원으로 성균관대학교 휴먼컴퓨터연구실에서 개발하여 2014년에 공개하였다. 출현빈도가 높은 약 170종의 주요 버섯을 대상으로 개발되었는데, 전체 버섯의 약 10%에 해당한다. 이용 방식은 ① '버섯 인식 들어가기' 버튼을 클릭, ②버섯 영상을 촬영, ③인식 결과 확인이라는 간단한 단계로 이루어져 있다.

외국에도 버섯 인식 앱이 여럿 있다. 대부분 앱 단독으로는 버섯의 정체를 알 수 없으며, 최종적으로는 어떤 책을 어떻게 활용하라고 소개되어 있다. 특히, 어떤 버섯이 독버섯인지 식용버섯인지 여부를 판단하는 용도로 쓰지 말 것을 강력히 주문하고 있다. 결국, 이러한 버섯 인식 앱의 정확성과 유용성에서 아직 초보적인 단계에 있음을 스스로 인정한 것이다.

그럼 앞으로 어떤 방식으로 버섯 인식 앱이 개발되고 발전되어야 하는가? 동물은 성체를 기준으로 쉽게 표준적인 인식 앱을 개발할 수 있을 것이다. 버섯의 경우에는 개체 간의 변이가 매우 크므로 표준으로 삼을만한 개체를 결정하기 어렵다. 게다가, 생물학적 특징을 모두 갖춘 성체成體의 버섯이 형태를 유지하는 시간이 한나절이나 며칠에 불과하다. 따라서 유균幼菌부터 노균老菌까지 형태적 변이의 폭을 모두 인식할 수 있도록 해야 한다.

아울러, 갓·대·주름살·고리·대주머니 등 각 부위의 형태와 색깔을 인식하는 체계가 바람직하다. 모든 체계를 만족시켰을 때만 최종적인 동정 결과를 제시하는 방식으로 개발되어야 한다. 그리고 동정 결과의 버섯을 다시 클릭하여 미리 저장된 다양한 형태의 해당 버섯 사진과 비교함으로써 이용자가 스스로 확신할 수 있도록 해야 한다. 또한 컴퓨터 응용이 가능하도록 버섯 분류체계를 개편할 필요도 없다.

050

문 우리나라에서 버섯 도안이 들어간 우표 종류는 대단히 많은데, 일반 곰팡이가 들어간 우표는 본 적이 없습니다. 외국의 상황은 어떤지요? 혹시, 버섯이나 곰팡이 도안이 들어간 화폐도 있는지요?

답 버섯은 우표의 도안 소재로서 매우 인기가 있어 보인다. 버섯 우표를 발행하지 않은 나라는 없을 듯하다. 우리나라도 버섯 우표 시리즈를 여러 차례 발행한 바 있고, 특별히 버섯 우표 전시회가 열렸을 정도이다. 국제적으로 지의류地衣類, lichen가 도안된 우표도 상당히 많다. 아마도 버섯이나 지의류가 주는 자연친화적 이미지와 생물자원의 상징으로서 적당하기 때문일 것이다.

곰팡이가 도안으로 들어간 우표를 검색해 보니, 모두 알렉산더 플레밍과 페니실린에 관련된 것이다. 남태평양의 프랑스령 왈리스 퓌튀나Wallis et Futuna라는 낯선 나라의 우표에도 플레밍과 함께 푸른곰팡이 *Penicillium notatum*의 현미경 사진이 도안되었다. 아프리카 콩고와 모잠비크에서 발행된 우표에도 플레밍과 푸른곰팡이가 들어있다. 모리셔스공화국의 우표에도 역시 플레밍과 푸른곰팡이가 등장한다. 미국 우표에는 'Antibiotics save Lives항생제가 생명을 구한다'는 문구와 함께 푸른곰팡이의 주사전자현미경 사진을 실었다. 그 외에도 수많은 우표에 페니실린과 관련된 내용이 다양한 방식으로 도안되어 있다.

화폐에 그려진 버섯은 단 하나이다. 뉴질랜드 50달러짜리 지폐에는 코카코kokako라는 뉴질랜드 토착종 까마귀와 함께 파란색 버섯이 그려져 있다. 이 버섯은 *Entoloma hochstetteri*라는 외대버섯류의 한 종으로서 뉴질랜드 고유종이다. 코카코의 부리 밑에는 아름다운 파란색 무늬가 있는데, 코카코가 이 버섯에다 뺨을 비벼서 그렇게 되었다는 전설이 있다. 코카코와 이 버섯은 모두 고유종이자 보호 대상으로서 뉴질랜드를 상징하기도 한다. 이 버섯은 뉴질랜드 우표에도 인쇄되어 있다.

우리나라를 상징하는 것 중에서 메주를 빼놓을 수 없다(☞ 147). 곰팡이가 잘 피어 아름답게 변한 메주를 주제로 우표가 발행되기를 고대하고 있다. 된장·간장·고추장 모두 메주의 산물이고, 메주는 주로 곰팡이가 만든 산물이다. 메주와 메주 곰팡이가 우표에 등장하고, 나아가서 화폐 도안에도 포함되어 곰팡이의 중요성을 널리 알릴 날을 손꼽아 기다린다.

051

문 지금까지 지구에서 발견되어 학명이 부여된 곰팡이는 10만 종, 존재한다고 여겨지는 종은 150만 종, 분자생물학적 입장에서는 510만 종이라는 글을 읽었습니다. 왜 이렇게 큰 차이가 나는지요?

답 생물학을 공부하는 첫 단추는 어떤 생물군이 과연 몇 종이나 되는지 파악하는 일이다. 전 세계의 식물은 30만 종이고, 어류(물고기)는 3만 종, 파충류는 1만 종, 조류(새)는 1만 종이라면 생각보다 훨씬 적다고 다소 놀랄 수도 있다. 이런 큰 생물들은 거의 다 발견되었으므로, 신종이 발견되면 일간신문에 원색 사진과 함께 인쇄될 정도로 화제가 된다.

그렇다고 버섯이 곰팡이 부류 중에 큰 몸체를 가져 쉽게 눈에 띄므로 거의 다 알려졌다고 생각하면 큰 오산이다. 학자들은 전 세계에 약 150,000종의 버섯이 존재할 것으로 추정하지만, 기록된 것은 약 15,000종이고, 우리나라에서 알려진 버섯은 약 1,500종이다.

균물계菌物界, Kingdom Fungi 전체를 보면, 대략적으로 버섯 15,000종, 효모 1,500종, 곰팡이 75,000~100,000종이 기록되어 있다. 고등생물과 달리, 곰팡이 부류는 종의 개념이 모호하다. 어떤 개체들의 집단을 종種, species으로 규정하느냐에 따라 전체 종의 수가 크게 달라질 수도 있다. 여하튼, 이런 본질적인 문제는 대학원 강의에서나 토론하는 복잡하고도 심오한 주제이므로 여기서는 다루지 않는다.

역사적으로 보면, 1943년 'A Dictionary of The Fungi' 초판에서 처음으로 곰팡이를 약 10만 종으로 추산하였다. 1951년 Martin은 곰팡이는 식물과 관련을 맺고 진화했으므로 식물 25만 종에 곰팡이 25만 종으로 할 것을 주장하였다. 1991년 Hawksworth는 식물 1종에 곰팡이 6종의 비율로 존재한다는 가설을 세우고, 곰팡이는 150만 종으로 추산된다고 하였다. 2017년에 Hawsworth와 Lücking은 220만~380만 종의 곰팡이가 존재할 것이라는 수정된 제안을 내놓았다.

한편, 2011년에 Blackwell은 분자생물학적 기법을 동원하여 자연환경에 존재하는 곰팡이 유전자의 다양성을 연구하였다. 그 결과 지구에 존재하는 곰팡이 종을 510만 종으로 추산하였다. 지금까지 추산했던, 지난 20년간 지배했던 150만 종의 '생태학적 개념'을 무너뜨리고 510만 종의 '계통유전학적 개념'을 제시함으로써 상당한 지지를 받고 있다.

052

문 멸종되었거나 멸종위기에 처한 동물과 식물에 관한 이야기가 많이 소개되어 관심을 끌고 있습니다. 곰팡이와 버섯 중에서도 멸종과 관련된 종들이 있을 법한데, 현황과 전망은 어떤가요?

답 주로 화석을 통하여 고생물을 연구하는 '고생물학古生物學, paleontology'이 있다. 세부적으로는 고동물학, 고식물학, 고미생물학으로 나눌 수 있다. 현재는 지구에 생존하지 않지만 과거에 생존하다가 화석으로 흔적을 남긴 생물들이므로 이들은 모두 멸종된 생물이다. 일반 곰팡이는 워낙 작아서 화석으로 발견되기 어렵고, 일부가 식물화석에서 함께 발견되기도 한다. 버섯은 화석으로 일부 호박琥珀, ambor 속에서 발견되기도 한다.

사실, 관심을 끄는 것은 최근에 멸종된 생물과 멸종위기에 처한 생물이다. 세계자연보전연맹世界自然保全聯盟, IUCN에서 이러한 생물을 ①절멸(EX), ②위급(CR), ③위기(EN), ④취약(VU), ⑤준위협(NT), ⑥관심대상(LC), ⑦정보부족(DD), ⑧미적용(NA), ⑨미평가(NE)라는 9등급으로 나눈다. 이러한 기준을 적용하여 평가하고 최종적으로 적극적으로 보호해야 할 생물을 선정하고 전략을 제시한다.

이들 멸종위기 생물을 기록한 적색목록Red List에는 2019년 현재 약 2만 종을 포함하고 있는데, 버섯 1종과 지의류 2종을 제외하면 모두 동물과 식물이다. 버섯은 *Pleurotus nebrodensis* ssp. *nebrodensis*라는 느타리버섯류의 하나로서 CR등급이다. 이 버섯은 이탈리아 시칠리아의 석회암 지대 초지에서 자생하지만, 과도한 채취와 지역 개발로 인하여 개체군이 크게 감소하고 있다. 지의류 2종에서 사슴지의에 속하는 *Cladonia perforata*은 위기(EN)종으로, 펠트지의에 속하는 *Erioderma pericellatum*은 위급(CR)종으로 등록되어 있다.

그럼 멸종위기에 처한 곰팡이는 없을까? 물론 상세한 연구를 통해 어떤 곰팡이가 멸종위기에 처했다는 사실을 밝히고 적색목록에 포함할 수도 있다. 그러나 현재의 지식과 기술로는 이 미세한 곰팡이 개체군의 동태를 추적한다는 것은 거의 불가능하다. 그래도 IUCN 산하에 'The Global Fungal Red List Initiative'가 몇 분야로 나누어 운영 중이다. 한편, 영국의 'UK Lost and Found Fungi Project'처럼 국가 단위에서 시행하는 균류 보존 프로젝트도 운영 중에 있다.

053

문 식물의 종자를 유전자원으로 보존하는 '종자은행'에 관한 글을 읽고 느낀 바가 많았습니다. 곰팡이도 식물과 상당히 다른 생물군인데, 유전자원의 수집과 보존은 어떻게 수행되고 있는지요?

답 대중매체를 통하여 식물 종자의 보존에 관한 소식을 접한 적이 있을 것이다. 가까운 예로는, 고려대학교에 국내 최대의 '야생자원식물종자은행'이 있다. 최근에는 국립백두대간수목원의 종자 보관연구시설인 시드볼트seed vault에 관한 뉴스도 있었다. 좀 더 관심 있는 사람들은 노르웨이 북위 78도의 스발바르 제도에 위치한 스피츠베르겐 섬에 세계 식물들의 종자를 보존하는 '스발바르국제종자저장고'의 명성에 대해 알고 있을 것이다.

식물 유전자원에 못지 않게 곰팡이 유전자원도 나름대로 정해진 방식으로 보존되고 있다. 현재 배양할 수 없는 '비非배양성 곰팡이'도 유전자원으로 보존할 수는 있다. 대체로 보존법이 매우 까다롭고 분류군마다 아주 독특한 방식이 있다. 너무 전문적인 기술이므로 여기서는 더 설명하지 않는다.

곰팡이는 인공배지에서 충분히 배양이 가능한 경우에만 실용적으로 보존保存, preservation이 가능하다. 많은 곰팡이(효모와 버섯도 모두 포함)는 인공배지에 순수배양純粹培養, pure culture할 수 있다. '순수'란 유전적으로 동일한 개체들의 집단을 의미한다. 대부분 하나의 포자로부터 키운 배양체이다. 충분히 키운 배양체를 분리주分離株, isolate라고 부르며, 유전자원으로서 보존의 대상이 된다. 분리주는 흔히 균주菌株, strain 또는 배양체培養體, culture라고도 불리는데, 3가지 용어가 미묘하게 다르면서 비슷하여 상황에 따라 혼용되어 사용된다.

국제적으로는 WFCC(World Federation for Culture Collections; 세계균주은행연합世界菌株銀行聯合)가 있다. 세계 71개 국가의 647개 균주보존센터가 기관회원으로 가입되어 있다. 각 기관회원 사이에는 균주의 교환, 분양, 판매 등이 이루어진다.

2019년 현재, 우리나라는 3개의 기관회원이 WFCC에 가입되어 있다. 농업미생물은행(KACC)은 전주 소재의 농촌진흥청 국립농업과학원에 있다. 한국미생물보존센터(KCCM)는 서울 소재로 한국종균협회의 부설기관이다. 한국생물자원센터(KCTC)는 한국생명공학연구원 소속으로서 대전(본원)과 정읍(분원)에 있다.

054

문 사람의 정자와 난자는 액체질소를 이용하여 거의 영구적으로 보존할 수 있다고 합니다. 곰팡이도 분류군에 따라 영구 보존하는 방법이 있을 텐데, 구체적으로 어떤 방법이 사용되는지요?

답 곰팡이를 순수배양하여 균주를 확보하면 그 균주는 영구보존의 대상이 된다(☞ 053). 마치 식물의 종자를 보존하고 동물의 정자와 난자를 보존하듯이, 곰팡이도 균주를 보존한다. 다만, 식물(종자)이나 동물(정자.난자)에 대비하여 곰팡이는 보존 방법이 훨씬 다양하고도 복잡하다. 즉, 곰팡이 보존법은 곰팡이 종류, 보존목적, 보존시설 등에 따라 달라진다. 각 보존법은 장단점이 있으므로 상황에 맞게 선택된다. 이러한 의사결정은 곰팡이 수집 큐레이터fungal collection curator에 의해 이루어진다. 대표적인 균주보존법을 소개하면 다음과 같다.

액체질소보존液體窒素保存, liquid nitrogen storage이 있다. 즉, 배양된 균주를 작은 용기에 담아 액체질소 속에 담가두는 방법이다. 액체질소는 영하 196도의 초저온 상태이다. 따라서 균주의 대사작용이 완전히 정지되므로 생물학적으로 가장 안전한 보존법이다. 액체질소를 계속 공급해야 하므로 유지에 적지 않은 비용이 소요된다.

또한, 동결건조凍結乾燥, freeze drying가 있다. 동결건조 커피를 비롯한 여러 식품에서도 응용되는 방법이다. 즉, 배양된 균주를 급속냉동한 후에 감압상태로 얼음(수분)을 승화시킴으로써 균주의 대사작용을 정지시킨 채로 보존하는 방법이다. 이 방법은 실제 전문적인 균주보존센터에서 흔히 채택된다. 설비도입과 관리비용이 비싸지만 안전하다는 장점이 있다.

한편, 비교적 저렴하고 효율적으로 균주를 보존하는 방법도 있다. 광유보존鑛油保存, mineral oil storage은 균주 위에 광유를 채워서 생장을 거의 정지시키는 방법이다. 대부분의 균주에 적용된다. 물보존water storage은 배양된 균체를 멸균수에 보존함으로써 생장을 거의 정지시키는 방법이다. 물곰팡이를 비롯한 특별한 균주에만 적용된다. 토양보존土壤保存, soil storage은 멸균된 토양에 균주를 넣어 보존하는 방법이다. 대체로, 토양서식 곰팡이에 적용된다. 계대배양繼代培養, serial transfer은 글자 그대로 3~6개월마다 새로운 배지에 옮겨서 생장시키는 방법이다. 실제 모든 균주에 적용되는데, 시간과 노력이 많이 소요되는 단점이 있다.

055

문 곰팡이가 지구에 출현한 시기를 알려주는 화석이 발견되었다는 소식이 보도되었습니다. 곰팡이학에서는 매우 중요한 발견으로 생각되는데, 이 발견의 경과와 과학적 의미를 알 수 있을까요?

답 2019년 5월 22일 네이처NATURE에 가장 오래된 곰팡이 화석의 발견과 생물의 진화에 관한 놀라운 논문이 발표되어 과학계를 흥분시켰다. 2014년 캐나다지질조사국GSC의 연구원이 점토로 된 퇴적암인 혈암頁巖, shale에 검은 얼룩이 있는 것을 발견한 것이 결정적 계기가 되었다. 그는 이것이 미생물이 담긴 미微화석이라는 확신을 갖고, 벨기에 리에주대학University of Liege에 분석을 의뢰했다.

리에주대학의 박사과정 학생인 로론Corentin Loron은 암석의 광물 부분을 벗겨낸 뒤 검은 유기물에서 세균보다 큰 수백 개의 단세포 생물 화석을 발견했다. 강이 바다로 흘러드는 어귀에서 약 9억~10억 년 전에 화석이 된 것으로 파악되었다. 2017년 다시 찾은 현장에서 이번 연구에 이용된 화석을 발굴한 후 이 단세포 생물의 정체가 곰팡이라는 사실을 확인했다.

이 발견의 과학적 의미를 정리해보자. ①지금까지 알려진 최초의 곰팡이 화석은 4억 6천만 년 전의 것으로 알려졌으나, 이번 발견으로 그 역사는 9억~10억 년 전으로 거슬러 올라간다. ②5억 4천만 년 전 생물종이 폭발적으로 늘어난 캄브리아 대폭발 이전의 곰팡이 화석이므로 지구 역사와 생물 진화에 새로운 시각을 제시한다. ③곰팡이가 물에서 뭍으로 진화하였다는 이론을 뒷받침하는 또 하나의 증거가 될 수 있다. ④곰팡이가 식물에 의존적이거나 공생하는 존재로 지구에 출현한 것이 아니라, 곰팡이가 독립적인 생물로 존재하였음을 시사한다. ⑤식물, 동물, 곰팡이(균물)가 3대 진핵생물로서 각각 독립적으로 진화하였으며, 특히 동물의 탄생이 현재의 학설보다 훨씬 더 이전이었을 것이다.

연구팀에 따르면, 이 곰팡이 화석은 오늘날의 곰팡이와 마찬가지로 포자와 비슷한 구체球體에 균사가 연결되어 있다. 특히, T자형의 가는 균사는 곰팡이가 분지分枝하며 생장하는 특징을 잘 보여준다. 이와 함께 적외선을 쬐어 반사되는 빛을 분석함으로써, 이 곰팡이가 세포벽에 키틴chitin(☞ 044)을 함유하고 있다는 것도 확인했다. 키틴의 존재는 이것이 곰팡이라는 강력한 증거가 된다.

056

문 사계절 얼음과 눈으로 덮인 곳처럼 곰팡이나 세균이 살 수 없는 환경에서도 생물의 사체가 분해될까요? 분해되지 않은 상태로 그대로 남아있을 듯한데, 과학적 증거가 뒷받침되는 사례가 있나요?

답 만년설이나 빙하에는 생물이 살지 않는다는 것이 거의 정설로 알려졌었다. 그러나 고등동물이나 고등식물이 거의 없을 뿐이지 미생물은 존재한다. 소위 '빙하생물학'이라는 학문 영역이 있을 정도이다(☞ 057). 그러한 환경에는 양분이 거의 없으므로 세균이나 곰팡이가 생장生長, growth한다고는 볼 수 없지만 생존生存, survival한다는 것은 사실이다. 미생물이 활동할 수 없는 환경에 놓인 생물의 사체는 분해될 수 없다.

1991년 9월 19일 오스트리아와 이탈리아 국경의 알프스에서 냉동 미라 한 구가 발견되었다. 약 5,300년 전에 눈 속에 파묻힌 것으로 추정되는 이 남자는 그 장구한 세월 동안 전혀 분해되지 않은 상태였다. 『곰팡이가 없으면 지구도 없다』(2015, 신현동, 지오북)에 소개되어 있다.

이와 유사하게, 1950년 5월 6일 덴마크의 이탄泥炭, peat 습지에서 미라 한 구가 발견되었다. 강한 산성 환경에다 산소가 없는 2m 깊이에 파묻혀 2,400년 이상을 분해되지 않은 상태로 보존되었다. 톨룬드인간Tollund Man으로 명명된 이 사람은 피부 주름까지 그대로 남아있고 생물학적 분해의 흔적은 발견되지 않았다.

대체로 동물의 사체는 세균에 의해 분해되고, 식물의 사체는 곰팡이에 의해 분해된다. 이탈리아 베네치아 산타루치아 역에서 산마르코 광장으로 가는 대운하 사이에 있는 리알토 다리는 1100년 경 약 12,000개의 나무 말뚝을 박은 뒤에 그 위에다 폭 28m의 아치형으로 지어졌다. 갯벌에 박힌 나무 말뚝이 900년 이상이나 썩지 않은 것은 목재부후균이 살 수 있는 환경이 아니기 때문이다. 이 다리뿐만 아니라 이 도시의 건물은 대부분 이런 나무 말뚝 위에서 세워졌다.

마찬가지로, 주춧돌 위에 세워져 땅의 습기로부터 격리된 나무 기둥은 천 년 이상이나 건재하다. 수분이 부족하여 어떤 목재부후균도 살 수 없기 때문이다. 물론 외부에서 수분을 조달하여 이러한 나무 기둥이나 목조건물을 썩히는 *Serpula lacrymans*라는 특별한 목재부후균이 있기는 하지만, 아주 예외적인 사례이다.

057

문 북극의 빙하가 녹으면서 얼음 속에 갇혀 있던 곰팡이들이 속속 발견된다는 기사를 보았습니다. 이것이 어떤 의미로 가치 있는 발견이고, 앞으로는 어떤 연구와 활용이 이루어져야 할까요?

답 빙하가 형성된 시기는 빙하 속에 갇힌 생물 사체나 유기 퇴적물의 탄소연대炭素年代, carbon dating를 측정함으로써 알 수 있다. 초기에는 빙하에서 발견되는 생물 사체에 집중하였는데, 연구가 진행될수록 빙하 속에 살아있는 생물도 존재한다는 사실이 연이어 밝혀졌다. 그래서 빙하생물학氷河生物學, glacier biology이라는 새로운 학문영역이 탄생하였다. 일단, 기사에 등장한 곰팡이에 관해서만 언급한다.

오스트리아 스발바르, 이탈리아 알프스, 러시아 알타이, 캐나다 엘즈미어, 남미의 파타고니아 등의 빙하와 만년설에서 효모류가 꾸준히 발견되고 있다. 이런 곳에서 채취된 얼음과 눈은 4°C에서 서서히 녹여 효모 군집을 정량적 및 정성적으로 분석한다. 정량분석에서는 최대 10^4cfu/ml이었으므로, 물 1ml에 최대 1만 개체의 효모가 존재한다는 것이다.

정성분석을 위해서는 배지에서 배양하여 각각의 집락集落, colony을 종 수준에서 동정한다. 즉, 어떤 종의 효모가 존재하는지 알아내는 일이다. 대체로 로도토룰라*Rhodotorula* 효모가 많이 검출된다. 이러한 효모류는 −3~20°C의 범주에서 자랄 수 있다. 20°C 이상에서는 생장을 멈추며, 최적 생장온도는 대체로 10°C이다. 그래서 이러한 효모류를 cold-adapted yeasts라고 통칭하여 저온에 적응한 결과로 해석하고 있다.

빙하생물학 연구팀은 생태학적인 우려를 나타내고 있다. 지구온난화의 영향으로 빙하가 녹아내리면 이러한 저온성 효모들이 서식지를 잃고 사라질 가능성이 있기 때문이다. 빙하의 유실로 드러난 토양에서 새로운 생물을 발견할수록 이들이 적응한 터전이 줄어든다는 의미이기도 하다. 그로 인해 생태계에 부정적인 영향을 끼칠 수 있음을 우려하고 있다.

한편, 이러한 저온성 효모를 비롯한 새로운 생물군들을 생물산업에 이용하는 방안도 함께 연구되고 있다. 일반적으로 빙점 이하에서는 곰팡이와 효모의 효소 반응속도와 물질 수송효율이 감소하므로 생장이 거의 불가능하다. 그래서 빙점 이하에서 활성을 나타내는 효소에 대한 기작과 이용에 관심이 쏠리고 있다.

058

문 식물은 종자로, 곰팡이는 포자로 번식합니다. 종자를 맺지 않고 번식하면서 살아가는 식물이 알려졌듯이, 포자를 형성하지 않는 곰팡이도 있을 듯합니다. 정말로 그러한지, 어떤 예가 있는지요?

답 감자처럼 종자種子, seed를 맺지만 실제로는 영양체로 번식하는 식물이 의외로 많다. 자연 상태에서 영양체로 번식하는 경우도 있고, 인위적으로 어떤 목적을 갖고 영양체로 번식시키는 경우도 있다. 이를 영양번식營養繁殖이라 하여 종자번식種子繁殖과 구분된다. 실제로 대부분 고등식물은 종자를 통하여 번식하므로 '종자식물seed plants'이라는 용어도 쓴다.

곰팡이가 포자胞子, spore로 번식한다는 것은 잘 알려져 있다. 그런데 학술적으로 자세히 따지면 곰팡이의 포자와 관련된 지식은 매우 복잡하다. 즉, 포자 형성 과정, 구조, 명칭, 기능 등에서 서로 다른 면이 많다. 식물 종자의 종류는 몇 가지에 불과하지만, 곰팡이 포자의 종류는 수백 가지라서 곰팡이 전공학자들도 다 이해하기 어려울 정도로 복잡하다.

포자를 만들지 않고 살아가는 곰팡이들이 있으며, 이들을 '무포자균류無胞子菌類'라고 한다. 영어로 sterile fungi는 직역하면 '생식生殖하지 않는 균류'이다. 라틴어로 된 학술용어로는 mycelia steilia라고 하는데, mycelia는 명사로서 균사를 의미하고 steilia는 형용사로서 생식하지 않는다는 뜻이다. 정리하면, 무포자균류 = sterile fungi = mycelia steilia이다.

무포자균류를 불완전균문門에 속한 무포자균목目(order Mycelia Sterilia)에 소속시키므로 특정한 분류군으로 오인될 수도 있다. 그러나 과거나 지금이나 무포자균류는 분류학적 소속을 정할 수 없어 일단 편의적으로 묶은 집단일 뿐이다. 과거에는 형태적 특징에 따라 분류하였지만, 지금은 분자생물학적 기법을 도입하여 계통학적 위치를 결정한다. 따라서 무포자균류에 속했던 곰팡이가 특정한 분류군으로 옮겨갈 수 있다.

가장 대표적인 무포자균류로는 리족토니아*Rhizoctonia* spp.와 흰비단병균류*Sclerotium* spp.를 들 수 있다. 두 종류 모두 토양에 서식하면서 여러 목본식물과 초본식물을 침해하는 다범성 병원균으로 매우 유명하다. 한편, 가위개미가 키우는 곰팡이로 유명한 *Leucoagaricus gongylophorus*는 포자를 만들지는 않지만(☞ 090), 계통유전학적 분석을 통해 주름버섯목目에 소속시키고 학명을 부여하였다.

059

문 곰팡이 생장에 빛이 꼭 필요한지 궁금합니다. 사람도 광합성을 하지는 않지만, 빛이 없으면 살 수 없습니다. 곰팡이도 생장과 생존에 빛이 꼭 필요한지, 이를 뒷받침하는 증거가 있는지요?

답 흔히 '어둠 속에서 자라는 곰팡이'라는 표현이 있을 정도로 곰팡이는 빛과 무관하게 자라는 것으로 인식되어 있다. 곰팡이 종류가 무척 많고 빛에 대한 생리적 반응도 다양하므로 일률적으로 이야기하기는 어렵다. 일반적으로 영양생장에서는 빛이 필수적이지 않지만, 생식생장에서는 빛이 필수적인 경우가 많다.

영양생장營養生長, vegetative growth이란 생물체가 양적으로 늘어나는 생장이며, 생식생장生殖生長, reproductive growth이란 생물체가 질적으로 변화하는 생장이다. 때로는 영양생장과 생식생장이 동시에 진행되기도 하고 뚜렷이 구분하기 어려운 경우도 있다. 그래서 생장에 대한 좀 더 포괄적인 이해가 필요하다. 여기서는 빛과 관련된 사항만 설명한다.

곰팡이가 자랄 때 양분과 수분 등 필수적인 조건이 만족하면 계속 균사로 생장한다. 균사는 영양세포로 구성되며, 나중에 포자를 만들 때 쓰이는 양분을 저장하는 기능을 갖는다. 이런 균사 생장은 먹이기질substrate의 내부, 즉 빛이 없는 곳에서도 일어난다. 먹이기질 자체가 빛이 없는 곳에 놓였더라도 곰팡이는 그 기질을 분해하도록 진화하였다.

그래서 땅속의 곰팡이와 균근곰팡이가 빛이 없어도 잘 자란다. 버섯 병재배(☞ 124)에서 균사생장 단계는 빛이 필요없다. 균사로 자라는 영양생장 단계에서 빛이 꼭 필요한 곰팡이는 없다. 많은 곰팡이는 도리어 특정 파장의 빛에 의해 영양생장이 저해되기도 한다.

반면에, 생식생장에서는 거의 대부분 빛이 필요하다. 여기에서 빛이 의미하는 것은 밖으로 열려있는 공간이다. 즉, 생식생장의 목적은 포자를 만드는 것이며, 최종적으로는 포자가 외부로 퍼져나가 새로운 삶의 기회를 가져야 한다. 빛의 자극으로 외부공간이 열려있음을 인지하였을 때 드디어 포자를 만들고, 포자가 밖으로 퍼져나갈 수 있게 된다. 따라서 대부분의 곰팡이는 빛의 자극에 의해 성적 변화가 일어나며, 그 결과로 포자를 만들고, 빛이 있는 방향으로 포자를 퍼뜨린다. 거시적으로는 생존을 위한 생물학적 적응適應, adaptation이다.

060

문 생물학 교과서에서 곰팡이는 '균사에서 양분을 흡수한다'라고 합니다. 구체적으로 양분을 어떻게 흡수하는지는 설명되어 있지 않아 궁금합니다. 곰팡이는 입이 없는데, 어떻게 먹이를 먹을까요?

답 동물은 먹이를 입을 통해 몸 안으로 들여보낸 후에 소화 과정을 거쳐서 양분을 흡수한다. 곰팡이는 동물과 매우 비슷하지만 크게 두 가지 점에서 다르다. ①몸 안에서 소화를 할 수 없다. 대신에, 균사 밖으로 효소와 산을 분비하여 먹이를 몸 밖에서 분해한다. 실제, 동물의 '소화消化, digestion'와 곰팡이의 '분해分解, decomposition'는 표현만 다를 뿐이지 실제는 동일한 현상이다. ②'입'이 없어 삼키지 못한다. 대신에, 균사의 끝부분에서 세포벽과 원형질막을 통해 양분을 흡수한다. 동물과 곰팡이의 양분 흡수 방식은 다른 듯하면서 근본적으로는 거의 같다. 이것은 곰팡이가 진화적으로 동물과 매우 가까운 존재라는 증거 중의 하나이다.

그럼 곰팡이는 체외에서 분해한 물질을 어떻게 체내로 흡수할까? 이러한 분해산물이 원형질막을 통과할 때는 수송단백질輸送蛋白質, transport protein의 도움을 받는다. 원형질막을 관통하는 단백질로 이루어진 통로를 만들어줌으로써 물질이 원형질막을 통과할 수 있게 한다. 이런 수송단백질은 저마다 이동시킬 수 있는 물질이 다르다.

수송단백질은 물질을 이동시키는 방식에 따라 크게 3가지 종류로 나눈다. ①'ATP 구동 펌프'가 있다. ATP를 분해할 때 나오는 에너지를 이용해서 이온이나 작은 분자를 이동시킨다. ②원형질막에 친수성 단백질로 이루어진 터널이 있다. 이 터널을 통해 물이나 이온 같은 작은 친수성 분자들은 농도 차이에 따라 이동될 수 있다. 이는 삼투압滲透壓, osmotic pressure의 원리에 의해 이루어진다. ③다양한 물질을 이동시키는 수송체가 있다. '단일수송체'는 한 가지 물질을 그 농도 차이에 따른 방향으로 이동시킨다. 포도당이나 아미노산 같은 물질이 주로 수송된다.

결국, 곰팡이가 물과 양분을 흡수하는 것은 최종적으로 원형질막原形質膜, plasma membrane을 통과시키는 것이며, 이는 사람이 위장에서 물과 양분을 흡수하는 과정과 동일하다. 다만, 그 '흡수吸收, absorption'가 이루어지는 위치가 다를 뿐이다. 동물은 체내體內에서, 곰팡이는 체외體外에서 흡수가 이루어진다.

061

문 동물의 사체가 다 분해될 때까지도 털은 남아 있습니다. 사람의 머리카락도 그렇고요. 이런 털은 왜 분해되지 않은 채로 오래 남아 있는 건가요? 이를 분해하는 곰팡이는 없을까요?

답 동물에서 털·발굽·뿔은 모두 피부의 변형으로 진화된 것이며, 기본적으로 케라틴keratin이 주성분이다. 케라틴 분해는 '케라틴분해효소keratinase'에 의해 이루어진다. 이 효소는 곰팡이와 세균에 의해 분비되며, 이들을 케라틴분해생물이라고 부른다. 실제 거의 다 곰팡이라서 '케라틴분해균류'라고 부르는데, 대부분 토양에 서식한다.

케라틴분해균류 중에는 살아있는 동물의 피부에 서식하여 피해를 주는 피부사상균이 있다. 사람의 무좀균을 비롯한 각종 피부질환을 일으키는 병원균이기도 하다. 사실 무좀균을 박멸하기 위하여 얼마나 많은 노력과 비용을 지불하였는가? 병원균으로서의 케라틴분해균류는 물리쳐야 할 대상이다 (☞ 187).

반면에, 적극적으로 찾아서 이용해야 할 케라틴분해균류도 있다. 바로, 죽은 동물의 케라틴을 분해하는 부생균이다. 분해가 무척 어려운 '난難분해성' 물질의 대명사처럼 취급되는 닭털의 주성분이 케라틴이다. 우리가 사는 지구의 역사에서 현재의 인류세人類世, Anthropocene를 대표하는 화석이 닭뼈라는 이야기의 뒷면에는 닭털이 있다. 닭털을 분해하는 케라틴분해균류가 중요한 연구대상이 되는 이유이다.

케라틴은 질소가 너무 많고 탄소가 너무 적은 기질이다. 따라서 세균이나 곰팡이에게는 영양학적으로 불량한 먹이자원이다. 그러므로 케라틴 분해를 위해서는 주변에 탄소를 많이 함유한 양분물질이 함께 존재해야 한다. 게다가 케라틴은 단단하게 결합되어 있으므로 몇 가지 케라틴분해효소가 순차적으로 작용해야 완전한 분해가 가능하다. 그래서 케라틴 분해에는 오랜 시간이 소요된다.

케라틴분해균류는 어떻게 발견할까? 닭털을 땅속에 묻어두고 정기적으로 꺼내서 닭털에 정착하여 살고있는, 즉 케라틴을 분해하고 있는 곰팡이를 분리한다. 그러니까 일종의 낚시질인데, 이러한 방법을 '먹이법baiting method'이라고 한다. 실제로 능력 있는 케라틴분해균류를 찾기 위해 수많은 과학자가 이런 낚시질을 계속하는 중이다.

062

문 세균과 달리, 곰팡이 중에는 냉장고에서도 잘 자라는 부류가 있다고 합니다. 실제, 곰팡이가 선호하는 온도, 생장 가능한 온도 범주, 생존이 가능한 최고 온도와 최저 온도를 알 수 있을까요?

답 냉장고에 음식을 방치하여 잘못 관리하면 쉬지는 않는데 곰팡이는 핀다는 이야기를 한다. 음식이 쉬는 것은 세균에 의한 부패이므로 냉장고 속은 세균이 자라기 어렵다는 뜻이다. 반면에, 곰팡이는 어느 정도 자랄 수 있다는 의미이다. 실제 우리가 일상생활에서 경험하고 목격하는 모습이다.

일반적으로 곰팡이는 20~30°C, 세균은 30~40°C에서 잘 자란다고 하면 이해가 쉽다. 먹다 남은 음식을 실내에 두면 한여름(30°C)에는 한나절 만에 쉬어 버리지만, 기온이 살짝 떨어진 초가을(20°C)에는 하루 정도는 쉬지 않는다. 냉장고에 보관한 음식은 열흘이 되어도 쉬지 않는다. 세균은 저온에 매우 취약하여 냉장고에서는 거의 자라지 못한다.

반면에, 곰팡이는 저온에서도 비교적 잘 자란다. 냉장고(4°C)에서 잘 자라는 곰팡이 종류는 일일이 나열할 수 없을 정도로 많다. 대부분의 사람들은 냉장고 속의 음식에 곰팡이가 핀 것을 경험했을 것이다. 결빙온도(0°C)에서도 자라는 곰팡이도 여러 종이 알려져 있다. 설부병균雪腐病菌, snow mold이라는 곰팡이는 눈에 파묻힌 곡류나 잔디류를 썩히는 병균으로서 한번 발생하면 큰 경제적 피해를 준다.

그럼 고온에서 자라는 곰팡이를 살펴보자. 정확하게는 고온에서 잘 자라는 '호열성好熱性 곰팡이thermophile'와 고온에서 견디는 '내열성耐熱性 곰팡이thermotolerant'로 나누기도 한다. 그러나 명확하게 구분하기 어렵거나 계통에 따른 차이가 있으므로, 통칭하여 '고온성 곰팡이'로 부르는 편이 좋다. 대체로 45°C 이상에서도 자랄 수 있는 곰팡이를 의미한다. 고온성 곰팡이는 퇴비에서만 발견되었고, 겨우 수십 종에 불과하다.

지금까지는 *Thermomyces lanuginosus* (= *Humicola lanuginosa*)라는 곰팡이가 62°C에서 생장한 것이 최고 기록이다. 70~80°C에서 생장하는 세균들이나 113°C에서도 자라는 고세균 *Pyrolobus fumarii*의 기록에는 한참 못 미친다. 고온성 곰팡이 유래의 지방분해효소lipase는 바이오디젤 생산과 관련하여 특별한 주목을 받고 있다. 고온성 곰팡이의 발견과 이용은 새로운 도전을 기다리고 있는 블루오션이다.

063

문 식물에 질병을 일으키는 식물병원성 곰팡이 종류는 대단히 많은데, 동물에 질병을 일으키는 동물병원성 곰팡이 종류는 매우 적습니다. 동물병원성 곰팡이가 이렇게 적은 이유는 무엇인지요?

답 곰팡이는 약 10만 종이 알려져 있다(☞ 051). 배양이 가능한 종을 약 5만 종, 배양이 불가능한 종을 약 5만 종으로 보면 무리가 없다. 배양 가능한 곰팡이 중에서 실제 몇 °C의 온도 범주에서 생육하는지 조사된 종은 아마도 1만 종을 넘지 않을 것이다. 생장에 적당한 온도 범주는 대략 20~30°C이다. 30°C 이상의 온도에 견디는 곰팡이는 좀 있지만, 최적 생장 온도가 30°C 이상인 곰팡이는 매우 드물다(☞ 062).

한편, 세균은 약 1만 종이 알려졌지만 같은 종에서도 계통에 따라 배양 온도가 다를 수 있다. 여하튼, 지금까지 기록되어 정식 학명이 부여된 세균은 실제 모두 배양이 가능하고 생장 온도가 알려져 있다. 생장에 적당한 온도 범주는 대략 25~40°C이다. 특히, 동물의 위장관에 살고있는 세균들은 해당 동물의 체온과 밀접한 관계가 있다.

동물에는 정온동물定溫動物, endotherm과 변온동물變溫動物, poikilotherm이 있다. 평생 일정한 체온을 유지하는 정온동물(=항온동물恒溫動物)에는 모든 포유류와 조류가 속한다. 체온이 36~42°C의 범주에 있으므로, 일반적인 곰팡이의 생육 적온보다 훨씬 높다. 이러한 체온에 적응한 곰팡이가 매우 적으므로 동물병원체로 진화한 곰팡이가 매우 적다. 동물병원성 곰팡이라도 대부분 체온이 상대적으로 낮은 피부 각질층에 머무르며 피부병균으로 진화하였을 뿐이다(☞ 176).

동물병원성 곰팡이로 유명한 박쥐흰코증후군 병원균 *Pseudogymnoascus destructans*는 4~16°C가 생장 온도이고 20°C가 넘으면 생장을 정지한다. 이는 동굴의 기온과 박쥐의 피부에 적응한 결과로 본다. 항아리곰팡이병(☞ 187)이나 물곰팡이병을 일으키는 곰팡이들도 수온이 25°C를 넘지 않는 환경에서 발병한다.

한편, 기온 50°C에서 자라는 나무라도 식물체의 체온은 30°C를 넘는 일이 없다. 대부분 식물은 15~30°C에서 최적의 광합성 효율을 보인다. 식물의 체온과 곰팡이의 생장 온도는 거의 일치하며, 그런 이유로 곰팡이가 식물의 병원체로 정착하여 진화할 수 있었다.

064

문 사람이 상처를 입으면 핏줄이 터져 피가 흐릅니다. 마찬가지로, 곰팡이도 실 모양의 균사가 잘리거나 부러지면 원형질이 밖으로 흘러나오는지요? 피의 응고처럼, 곰팡이도 자기보호 체계가 있는지요?

답 곰팡이菌의 몸은 실絲처럼 생겨서 '균사菌絲, hypha'라고 부른다. 대부분의 곰팡이 균사는 지붕이 둥근 기차처럼 생겼다. 기차의 객차 하나는 곰팡이 세포 하나에 해당한다. 기차는 객차 사이가 막혀 있고, 가운데에는 네모난 문이 있다. 이와 비슷하게, 곰팡이 균사도 각각의 세포 사이가 막혀 있고, 그 가운데에는 동그란 통로가 있다. 곰팡이 균사에서 가로막힌 세포벽을 '격벽隔壁, septum'이라고 하며, 그 중간에 뚫린 동그란 통로를 '단순공單純孔, simple pore'이라고 한다.

이 단순공은 늘 열려 있으므로 핵을 비롯하여 미토콘드리아나 리보솜 같은 세포소기관이 세포 사이를 드나들 수 있다. 이러한 이동은 균사를 따라 존재하는 미세한 팽압 차이에 의해 추진되는 원형질의 흐름에 실려서 수동적으로 이루어진다. 대체로 균사의 끝부분을 향해, 즉 균사가 생장하는 방향으로 끊임없이 흐르듯 천천히 이동한다.

이런 균사에 상처가 생겨 세포벽과 원형질막이 파괴되면 어떻게 될까? 세포벽 덕분에 팽압을 유지하며 갇혀 있던 원형질은 압력 차이에 의해 빠른 속도로 누출漏出, leaking, 즉 밖으로 흘러나올 것이다. 이러한 원형질 누출을 막아주는 기작이 없다면 아무리 큰 몸체를 이룬 곰팡이라 할지라도 바람 빠진 풍선처럼 축 늘어지면서 이내 죽고 말 것이다.

균사 세포의 세포질 속에는 동그란 모양의 '보로닌체Woronin body'가 있다. 이 구조체를 처음 발견한 러시아학자 보로닌Mikhail Stepanovich Voronin을 기려 붙여진 이름이다. 크기는 0.1~1μm이므로 가장 작은 세균보다도 더 작아, 해상도가 높은 광학현미경으로도 겨우 볼 수 있을 정도이다. 각 세포에는 이러한 보로닌체가 여러 개 존재한다.

균사의 세포벽과 원형질막이 파괴되어 원형질이 소실되기 시작하면 바로 인접한 세포의 보로닌체가 단순공에 모여 쌓이면서 구멍을 막는다. 마치 구멍 난 물통에 있던 무거운 고무공이 구멍을 막아 더 이상 물이 새지 않도록 마개 역할을 하는 것과 같다. 보로닌체 덕분에 더 이상의 원형질 누출을 막을 수 있다. 상처를 스스로 치유하는 기작을 가진 셈이다.

065

문 버섯은 균사로, 균사는 세포로 구성되어 있습니다. 버섯에 상처가 나면 세포가 파괴되면서 원형질이 누출될 것 같은데, 실제 상처가 나거나 칼로 썰어도 즙액이 흐르지 않는 이유가 무엇인지요?

답 버섯은 수많은 균사로 이루어진 구조체이다. 버섯을 구성하는 균사도 일반 균사와 똑같이 세포와 세포 사이에 격벽이 있다. 대부분의 버섯이 속하는 담자균의 격벽에도 구멍이 있다. 이 구멍을 통해서는 세포소기관의 출입이 이루어지지 않는다. 이 구멍孔, 공은 주위의 세포벽이 두꺼워진 장식緣, 연을 가지므로有, 유, '유연공'이라고 한다. 일반 균사에 있는 '단순공'(☞ 064)에 비해 구조적으로 복잡하고 기능적으로 향상된 것이다. 균사의 격벽에 유연공이 있다는 것은 담자균 버섯류라는 증거이다. 같은 담자균류에 속하는 녹병균류와 깜부기병균류는 유연공을 갖지 않는다.

이런 버섯의 균사에 상처가 생겨 세포벽과 원형질막이 파괴되면 어떻게 될까? 세포벽 덕분에 팽압을 유지하며 갇혀 있던 원형질은 압력 차이에 의해 빠른 속도로 밖으로 흘러나올 것이다. 아무리 큰 몸체를 이룬 버섯이라 할지라도 각 세포의 원형질은 유연공으로 서로 연결되어 있다. 따라서 이러한 원형질 누출을 막아주는 기작이 없다면 상처받은 균사에서는 원형질이 계속 흘러나갈 것이므로, 버섯 전체는 팽압을 잃고 시들면서 이내 죽고 말 것이다.

원형질 누출을 어떻게 막아내는가? 버섯 균사의 격벽에 있는 유연공을 덮고 있는 호상체弧狀體, parenthesome라는 일종의 덮개cap가 내려앉으면서 열려 있는 부분을 막는다. 마치 욕조의 배수구를 배수구 직경보다 큰 덮개로 막을 수 있는 상태를 연상하면 딱 맞을 것이다. 이런 방식으로 손상된 세포만 폐쇄되면서 격리되므로 나머지 부분의 세포는 피해 없이 생존할 수 있다. 마치 방화벽이 완벽하게 작동되어 옆방으로 불길이 번지는 것을 막아주는 방화 구획화 시스템과 유사하다.

수백만이나 수억 개의 세포로 구성된 버섯은 생장하는 동안 물리적으로 긁히거나 동물에 의해 상처를 입을 가능성이 크다. 따라서 손상된 세포를 격리하는 기작이 없었다면, 담자균류가 버섯처럼 큰 구조체를 형성하는 방향으로 진화할 수도 없었을 것이다. 곰팡이가 만드는 가장 큰 구조체인 버섯은 이러한 손상 복구 시스템을 갖추고 있다.

066

문 젖버섯에 상처가 나면 흰 유액이 흐릅니다. 사람의 상처에서 피가 흐르는 것과는 다른 원리인지요? 일부 부류의 버섯에서만 유액이 흐르는 이유는 무엇이고, 일정량만큼 흐르고 멈추는 이유는 무엇인지요?

답 젖버섯은 상처가 나면 흰 유액이 스며 나와서 마치 젖이 흐르는 듯하다. 젖버섯의 속명 *Lactarius*에서 lac은 '동물의 젖'을 의미하는 라틴어이고, '-arius'는 '관련성'을 나타내는 라틴어 어미語尾이다. 그러니까, 동물의 젖처럼 흰 유액이 흐르는 버섯이라는 의미이다. 이 버섯의 일반명은 milk cap인데, milk는 '동물의 젖'이고 cap은 '갓이 있는 버섯'(☞ 008)이다.

젖버섯은 전 세계에 널리 분포하고 무려 450종이나 알려진 큰 분류군인데, 갓이 손상되면 흰 유액이 흐른다는 공통점이 있다. 버섯의 갓cap에서만 유액이 나오고, 버섯의 대stipe에서는 유액이 나오지 않는다. 이는 갓을 구성하는 균사 중에 특별히 '유액균사乳液菌絲, lactiferous hypha'라는 분비세포를 갖고 있기 때문이다.

젖버섯의 유액은 대부분 흰색인데, 노란젖버섯이나 향기젖버섯을 비롯한 몇몇 종의 유액은 노란색을 띤다. 연어색젖버섯*Lactarius salmonicolor*은 이름처럼 주황색의 유액이 특징적이다. 남색젖버섯*Lactarius indigo*은 버섯 자체도 남색이고 유액은 더 진한 남색이다.

이러한 유액의 성분과 기능에 관한 연구는 의외로 미진하다. 이 분류군에 속하는 종은 모두 균근성菌根性이므로 인공배지에서 배양되지 않는다. 따라서 연구 수행이 귀찮고도 어렵고 오랜 시간을 요구한다. 최근에 젖버섯류 유액의 생태적 기능을 연구한 논문이 있다. 이에 따르면, 유액이 있는 젖버섯류*Lactarius*와 유액이 없는 무당버섯류*Russula*의 갓에 모여드는 균식동물(대부분 곤충류 및 민달팽이류)과 관련되어 있다는 것이다. 즉, 유액의 기본적인 기능은 균식동물(☞ 070)의 공격으로부터 스스로를 보호하기 위한 방어물질이라는 것이다.

최근에는 이러한 유액의 생리활성 기능에 관한 연구가 더 활발하다. 즉, 특정 종의 젖버섯에서 분비되는 유액 속에 어떤 특정 성분이 항산화성을 갖는지 항미생물 활성을 갖는지를 실험적으로 증명하고, 이러한 물질을 의약용 또는 산업용으로 활용하려는 응용적 연구는 비교적 활발하게 이루어지고 있다. 아직 산업화에 성공한 사례는 없다.

067

문 버섯은 모두 또는 대부분 우산 모양으로 생긴 줄 알았는데, 매우 다양한 모양이 있다는 것을 알게 되었습니다. 왜 대부분 우산 모양인지요? 다른 모양의 버섯도 나름대로 이유가 있겠지요?

답 버섯이란 생식기관이다. 즉, 일부 곰팡이가 특징적으로 큰 유성생식기관을 만드는데, 맨눈으로 인지할 만큼 크면서 종 특이적인 모양과 색깔을 가진다. 우리가 식용으로 접하는 대부분 버섯이 기본적으로 우산 모양이다. 버섯은 약 90%가 담자균류이고, 10%가 자낭균류이다. 이런 우산 모양의 버섯은 모두 담자균류에 속한다.

버섯이란 유성생식의 결과물인 포자를 만들고 퍼뜨리는 역할을 담당한다. 땅에서 자라는 버섯은 대부분 우산 모양이다. 우산대에 해당하는 부분을 대stipe, stalk라고 한다. 때로는 줄기 또는 기둥이라는 표현도 쓰이지만, 문학적이나 비유적으로만 가능하다. 우산 지붕에 해당하는 부분을 갓cap, pileus이라고 한다. 기본적으로 버섯은 갓과 대로 구성되어 있으며, 종에 따라 턱받이annulus, ring나 대주머니volva를 갖기도 한다.

버섯의 포자는 갓 아래쪽에 있는 주름살gill, lamella에서 만들어진다. 포자가 바람에 실려 흩어지기 위해서는 지표면으로부터 일정 거리만큼 떨어져야 한다. 약한 바람에서는 지표면에 무풍지대가 형성된다. 하지만 버섯은 대가 있으므로 갓은 무풍지대를 벗어나서 위치하고 미풍에도 포자를 날릴 수 있다. 대의 길이는 그 버섯이 생장하는 환경과 관련된 진화과정에서 결정되었으며, 개체 간 차이는 버섯이 나는 장소에 따라 결정된다.

나무에서 자라는 버섯은 대체로 대가 없거나 짧다. 구름버섯이나 간버섯은 대가 없이 둥글넓적한 갓만 있다. 야생에서 자라는 표고버섯이나 팽나무버섯은 대가 짧다. 아교버섯이나 고약버섯처럼 아예 갓도 없이 자실층만 있는 부류도 있다. 땅에서 자라는 말불버섯(☞ 198)이나 방귀버섯은 빗방울이나 동물의 물리적 접촉에 의존하여 포자를 퍼뜨린다. 뱀버섯이나 말뚝버섯(☞ 093)은 냄새로, 발광성 버섯(☞ 031)은 빛으로 곤충을 유인하여 포자를 산포시키기도 한다.

그 외에도 다양한 방법으로 포자를 퍼뜨리는 버섯들이 있다. 모두 포자를 효과적으로 퍼뜨리기 위하여 진화과정에서 결정된 서로 다른 선택이며, 유리와 불리 또는 좋고 나쁨은 없다.

068

문 트러플버섯 냄새도 수퇘지 성호르몬 냄새도 맡아 본 적이 없지만, 좋지는 않아도 무언가 특별한 냄새일 듯합니다. 트러플버섯이 왜 하필 수퇘지의 성호르몬 냄새가 나도록 진화하였을까요?

답 트러플버섯(☞ 100)은 땅속에 형성되므로 포자가 성숙하였을 때는 밖으로 흩어질 궁리를 해야 한다. 소리를 지를 수 없으니 냄새를 풍기는 것이 아마도 유일한 전략일 것이다. 성숙한 트러플버섯은 냄새를 풍김으로써 야생동물에 의해 파헤쳐지는 전략을 선택했다. 냄새는 흙 알갱이 사이의 공간인 공극孔隙, pore을 통해 서서히 퍼져 나간다.

어떤 냄새가 가장 효과적일까? 맛있는 냄새라면 버섯이 야생동물에 의해 먹힐 가능성이 높고 위장관을 통과한 후에도 포자가 살아남아야 한다. 그래야 야생동물의 배설물을 통해 널리 퍼져나갈 수 있다. 실제 이런 맛있는 냄새 전략은 여러 버섯은 물론 식물 종자에서도 증명된 바 있다. 그런데, 트러플버섯은 수퇘지의 성호르몬 냄새라는 기상천외한 전략으로 진화하였다. 다른 생물군에서는 알려진 바 없는 독보적인 전략이다.

멧돼지는 온대 지역에 널리 분포하고 숲에서 밀도가 높으며, 주둥이로 땅을 파서 먹이활동을 한다. 암컷의 발정기는 늦가을이므로 트러플버섯의 성숙기와 딱 들어맞는다. 발정기를 맞은 암퇘지는 특별히 수퇘지의 성호르몬 냄새를 인지하고 땅을 주둥이로 판다.

트러플버섯을 주둥이로 문지르는 스킨십은 물론이고 일부는 먹기도 한다. 주둥이나 몸에 묻은 포자는 먹이활동을 하는 암퇘지를 따라 역시 숲의 여러 곳으로 흩어진다. 먹힌 트러플버섯 포자는 암퇘지의 배설물을 통해 숲의 여러 곳으로 퍼져나갈 수 있다. 이런 방식으로 멧돼지에 의존하여 포자를 산포한다.

잡식성이면서 도토리나 개암 열매를 특히 좋아하는 멧돼지의 습성에 맞추어 트러플도 진화하였다. 참나무류*Quercus* spp.나 개암나무류*Corylus* spp.를 비롯한 여러 활엽수의 뿌리는 트러플버섯*Tuber* spp.과 균근을 형성하는 공생관계를 맺으면서 공진화共進化, coevolution하였다. 이에 착안하여 블랙트러플black truffle, 검정덩이버섯을 이런 수종의 뿌리에 인공접종하여 대량재배하는 방식이 큰 성공을 거두었다(☞ 163). 아직은 보편화되지 않은 기술이라 트러플버섯 가격이 비싸지만 곧 대중화될 것으로 기대된다.

069

문 순록이 겨울 동안 지의류를 먹고 산다고 알려졌는데, 이것이 사실인가요? 툰드라 지역에는 순록 이외에도 지의류를 먹이로 삼아 생활하는 동물이 있을 듯 합니다. 이들도 균식동물에 포함하나요?

답 지의류地衣類, lichens라는 생물군과 연계되어 떠오르는 단어 중에 순록이 있다. 얼어붙은 툰드라 동토凍土에서 순록이 커다란 발굽으로 눈을 헤치며 지의류를 찾아 먹는 교과서의 그림은 아직도 생생하다. 지의류는 거의 2만 종에 이르는 거대한 생물군이고, 지의체地衣體는 거의 곰팡이 균사로 되어 있으므로 구성성분은 버섯과 크게 다를 바 없다. 그러니까 순록 이외에도 지의체를 먹고사는 동물이 상당히 많을 것이다.

순록馴鹿, reindeer은 북유럽에 서식하는 사슴과科의 동물로서 크리스마스 상징인 '루돌프사슴'이란 별명으로 잘 알려져 있다. 이들은 초식동물로서 봄부터 가을까지는 풀과 나뭇잎을 먹지만 겨울에는 주로 지의체를 먹고산다. 그 지역에 우점하는 *Cladonia rangiferina*라는 지의류가 가장 중요한 먹이로 알려졌다. 종소명 *rangiferina*는 순록의 속명 *Rangifer*에서 유래되었다. 이 지의류는 '사슴지의'가 옳은 이름이지만, 한때는 꽃이끼 또는 순록이끼라는 잘못된 이름으로도 불렸다. 필자의 생각으로는 '순록지의'가 가장 논리적인 이름이다.

그 외에도 여러 동물이 지의체를 먹이로 삼는다. 캐나다와 그린란드의 툰드라 지역에 서식하는 북극토끼arctic hare도 순록처럼 겨울에는 지의체에 의존하여 살아간다. 캐나다순록이라고도 불리는 카리부caribou도 긴 겨울 동안 지의체를 먹으며 견딘다. 툰드라에 사는 사향소musk ox, 나그네쥐lemmings, 들쥐voles 종류들의 주요 먹이에 지의체가 포함된다. 이들을 모두 넓은 의미의 균식동물에 포함할 수 있다.

온대와 열대지역에서도 여러 잡식동물이 지의체를 섭식하는 것으로 알려졌다. 염소, 라마, 낙타, 마못, 다람쥐, 아라비아가젤 등은 먹잇감이 부족할 때 지의체에 의존하는 경향을 보인다. 레드크랩red crab으로 알려진 게 무리가 인도양 크리스마스섬에서 나무지의류를 섭식하는 광경이 소개된 적도 있다. 『곰팡이가 없으면 지구도 없다』(2015, 신현동, 지오북)에 소개된 석이石耳(☞ 092)는 아마도 인간이 식용하는 유일한 지의류로 유명하다는 사실은 매우 흥미롭다.

070

문 초식동물이나 육식동물의 먹잇감은 1년 내내 있지만, 균식동물의 주요 먹이가 되는 곰팡이와 버섯은 특정한 시기에만 집중적으로 나오는 경향이 있습니다. 균식동물들이 어떻게 살아가는지요?

답 동물의 먹이 습성에 따라 초식草食, 육식肉食, 잡식雜食으로 나누어 왔다. 최근에는 곰팡이나 버섯을 주요 먹이로 삼는 것을 균식菌食, fungivory으로 따로 떼어 총 4가지로 구분한다. 적어도 균식동물이라고 불리려면 먹이의 대부분을 곰팡이나 버섯에 의존해야 한다. 사람을 균식동물에 포함할 수는 없지만, 최근에 버섯으로 건강을 지키는 균식건강법菌食健康法이 일본에서 높은 인기를 모으고 있다.

균식동물 중에 곤충류를 균식곤충이라고 부르는데, 다양한 분류군에 분포한다. 다음과 같은 중요한 3그룹이 있다. 첫째, 약 220종의 가위개미류는 '농사짓는 개미'나 '곰팡이정원을 가꾸는 개미'라고 불리며 곰팡이를 주요 먹이로 삼는다(☞ 090). 둘째, 약 330종의 버섯흰개미류는 '버섯농사꾼'으로 불리며 버섯을 키워 먹이로 삼지만, 버섯은 먹이의 일부분이다. 셋째, 알에서 부화한 암브로시아나무좀Ambrosia beetles의 유충幼蟲, 애벌레, larva은 거의 전적으로 곰팡이를 먹고 성장한다.

그 외에 균식성 혹파리gall midge도 있는데, 알에서 부화한 유충이 곰팡이를 먹고 자란다는 사실이 알려졌다. 이 균식성 혹파리류에 대한 연구는 초보 단계라서 정보가 매우 부족하다. 한편, 노랑무당벌레는 흰가루병균을 먹는 독특한 섭식습관이 있다(☞ 116).

바나나민달팽이를 비롯한 소형 토양동물들은 대부분 잡식성으로서 버섯이나 곰팡이를 먹이로 취하는 종류가 많다. 특히 버섯이 왕성하게 자라는 시기에는 버섯이 주요 먹이가 되므로 균식동물의 목록에 올라가 있다. 민달팽이류의 섭식활동이 특히 빈번하게 관찰되는 버섯으로는 젖버섯, 느타리버섯, 그물버섯이 알려져 있다.

포유동물 중에는 청설모, 땅다람쥐, 하늘다람쥐 등이 대표적인 균식동물이다. 영장류에서는 버빗원숭이vervet monkey가 먹이활동 시간의 5% 정도를 버섯에 소비한다. 남미 아마존에 서식하는 괼디원숭이Goeldi's monkey는 우기에는 소형동물을 잡아먹는 육식성이지만 건기에는 먹이활동 시간의 63%를 버섯에 투자하는 균식성을 보인다.

071

문 지의류는 거의 2만 종에 이르는 거대한 생물군이라고 합니다. 그런데, 지의류 자료에 독성 지의류에 관한 소개가 없습니다. 버섯류 중에 독버섯이 있듯이, 지의류 중에도 독성 지의류가 있겠지요?

답 인터넷 검색해 보면, 독버섯에 관한 자료는 엄청나게 많다. 그런데, 독성 지의류에 관한 자료는 찾지 못할 것이다. 한글로 된 자료는 전혀 없고, 영어로 쓴 자료와 논문 몇 편이 있을 뿐이다. 그럼 왜 그런지 차근차근 검토해보자.

버섯류 중에는 크고, 부드럽고, 색깔과 모양이 먹음직스러운 종들이 많다. 역사를 통해 일부 버섯류가 독성을 갖는다는 사실이 지식으로 전승되었다. 반면에 지의류는 거의 모두 작고, 단단하고, 색깔이나 모양도 먹음직스럽지 못하다. 역사를 통해 지의류를 식용하려는 시도 자체가 거의 없었을 것이다. 따라서 어떤 지의류가 독성을 갖는지 축적된 지식이 없다.

어떤 이가 지의체를 먹고 죽었다던가 심한 설사를 하였다는 기록이나 경험이 사실상 없다. 그러니까 어떤 과학자도 지의체와 독성물질을 연계하여 연구할 결정적인 기회를 얻지 못하였다. 다만, 늑대지의에 포함된 불핀산 vulpinic acid이 독성을 나타내기에 늑대나 여우 사냥에 이용되었다는 흥미로운 기록은 있다(☞ 009).

그러다가 적조赤潮현상과 독성조류의 관계를 통해, 어쩌면 지의체를 구성하는 조류나 시아노세균 중에도 독성물질을 분비하는 종이 있을 것이라는 합리적 의문을 갖게 되었다. 노스톡*Nostoc*이라는 시아노세균은 마이크로시스틴microcystins이라는 독성물질을 생성한다고 알려져 있다. 노스톡은 자유생활을 하는 종보다 곰팡이와 공생하여 지의체를 형성하는 종이 훨씬 더 많다. 그래서 803개의 지의체를 조사하였더니 98개 시료에서 마이크로시스틴을 생성하는 'mycE 유전자'가 확인되었으며, 42개 시료에서는 직접 마이크로시스틴이 검출되었다. 이로써 지의류 중에도 독성 지의류가 있다는 사실이 과학적으로 증명되었다.

일부 지의류가 왜 독성물질을 함유하게 되었는지에 대한 과학적 연구는 거의 없다. 다만, 유독식물이나 독버섯의 경우와 마찬가지로 섭식하는 동물로부터 자신을 보호하는 방어 기작으로 해석된다. 이러한 해석에 별로 동의하지는 않지만 뚜렷이 마땅한 답도 없다.

072

문 세균을 공격하는 바이러스를 박테리오파지라고 하는데, 곰팡이를 공격하는 바이러스는 어떻게 부르는지요? 바이러스에 감염된 곰팡이와 버섯도 병 들거나 죽을 텐데, 어떤 질병이 있는지요?

답 모든 바이러스virus는 병원체病原體, pathogen이다. 사람부터 세균까지 모든 세포성 생물은 바이러스의 숙주宿主, host가 될 수 있다. 바이러스에 감염된 모든 숙주는 정상 상태를 벗어나게 되므로 '병病, disease'에 걸린 상태가 된다.

곰팡이를 공격하는 바이러스를 mycovirus라고 하는데, 곰팡이를 의미하는 myco-와 virus의 합성어이다. 이를 균류바이러스, 곰팡이바이러스, 마이코바이러스로도 부르는데, 필자는 '균물바이러스菌物-'라고 부를 것을 주장한다. 식물바이러스나 동물바이러스에 대비해서 훨씬 늦게 발견되었고 연구도 미진하므로, 균물바이러스에 대해서는 잘 알려지지 않았다.

1948년 미국 펜실베이니아의 농장에서 양송이버섯이 기형으로 변해 큰 경제적 피해를 보았고, 원인이 밝혀지지 않은 채 농장주 La France 형제의 이름을 따서 '라프랑스병La France disease'이라 불렀다. 이 질병의 원인이 바이러스로 밝혀진 것은 1962년의 일이었다. 이로써 바이러스가 곰팡이의 병원체라는 사실이 처음 확인되었다. 이후 여러 종류의 버섯에서 바이러스가 검출되었다. 우리나라에서도 한때 바이러스에 감염된 버섯 종균이 유통되어 큰 사회적 문제를 일으키기도 하였다.

북미와 유럽의 밤나무에 큰 피해를 준 줄기마름병균*Cryphonectria parasitica*이 있다. 이 곰팡이를 연구하던 중에 어떤 계통은 밤나무에 거의 피해를 주지 않는다는 사실에 주목했다. 이런 계통의 줄기마름병균은 사실 바이러스에 감염되어 병균으로서의 활력을 나타내지 못한 탓이었다. 이로써 바이러스를 이용하여 병원성 곰팡이를 제어할 수도 있다는 사실이 처음 확인되었다. 그 외에도 수많은 곰팡이에서 바이러스의 존재가 확인되었다.

한편, 술효모*Saccharomyces cerevisiae*를 공격하는 바이러스는 킬러독소killer toxin라는 단백질을 생성하여 바이러스를 가지고 있지 않은 효모의 생장을 억제하거나 죽이는 매우 독특한 특성을 가졌다. 그래서 이 바이러스를 가진 효모를 '킬러효모killer yeast'라고 부른다. 이는 양조산업에서 매우 중요하고도 심각한 문제이므로 많은 연구가 이루어지고 있다.

073

문 인간 사회에서 비정상이 옳고 정상이 그른 것으로 취급되는 판단 오류가 늘 있었다고 합니다. 곰팡이와 관련되어, 이렇게 정상과 비정상이 뒤바뀌어 인식됨으로써 혼란을 준 사례가 있는지요?

답 생물에서 정상normal과 비정상abnormal을 구분하는 것이 쉬울 듯하지만, 구분 자체가 어렵거나 잘못 구분하여 오해를 일으킨 경우도 있다. 어떤 생물종의 특성을 파악할 때는 정상 개체를 기준으로 삼아야 하지만, 드물게 기형 개체가 포함되기도 한다. 그런데, 곰팡이에 감염된 부위를 정상적인 것으로 오인하여 그 식물의 특징으로 기재한 유명한 사례 하나를 소개한다.

여러 종의 석죽과石竹科, Caryophyllaceae 식물의 꽃에 병을 일으키는 *Microbotryum violaceum*이라는 깜부기병균이 있다. 이 깜부기병균은 꽃을 찾는 방화곤충訪花昆蟲에 의해 옮겨져서 전염된다. 그 결과, 수술의 꽃밥anther에 깜부기병균의 겨울포자가 들어찬다. 겨울포자는 색깔이 짙으므로 꽃밥의 색깔이 흑자색으로 변한다. 그래서 이 병을 '식물의 성병性病, STD'이라고도 부른다.

식물학적으로 꽃밥이란 꽃가루花粉, pollen를 가진 구조체이다. 석죽과식물의 꽃가루는 직경 40μm 내외의 구형이다. 이 깜부기병균의 겨울포자는 직경 6~12μm의 구형이다. 크기는 차이가 있지만, 모두 둥근 공 모양이고 표면에 돌기가 있다는 점에서는 매우 유사하다. 무엇보다도 꽃밥 속에 들어있는 유일한 존재이므로 의심할 여지 없이 이 깜부기병균의 겨울포자를 식물의 꽃가루로 오인했다.

그 결과 여러 종의 석죽과식물에서 꽃밥의 색깔이 흑자색이나 진갈색으로 기록되었다. 어떤 종은 꽃밥이 흑자색, 자색, 갈색으로 기록되었다. 물론, 정상적인 꽃밥의 색깔은 미색米色, ivory이다. 이후에 이러한 오류가 발견되기까지 또 하나의 난관이 있었다. 흑자색으로 기록된 꽃밥을 가진 식물의 기준표본基準標本, type specimen이 오래되면 색이 바래서 미색으로 보인다는 점이었다.

이러한 오류가 오랫동안 밝혀지지 않았던 중요한 이유는 과학자가 갖추어야 할 자세인 skepticism(건전한 의심)이 부족했기 때문이다. 사실 더 중요한 이유는 식물학자와 곰팡이학자 사이의 교류가 부족했기 때문이다. 이러한 사례에서 학제간 연구의 중요성을 새삼 깨닫는다.

074

문 물건이나 생물을 세는 단위는 다양하고도 복잡합니다. 하지만, 자세히 들여다보면 아주 논리적이면서도 역사와 문화까지 담겨 있기도 합니다. 곰팡이, 버섯, 효모를 세는 단위는 어떠한지요?

답 사람을 개체個體 individual로 세는 단위는 열 가지도 넘고 각각 서로 다른 의미와 용도를 갖는다. 우리는 미생물을 세는 단위에 대하여 심각하게 논의한 자료를 찾기 어렵다. 곰팡이를 세는 단위를 세부적으로 곰팡이, 버섯, 효모로 나누어 살펴보자. 참고로, 세균에 관련된 단위는 효모의 경우와 매우 유사하므로 효모의 단위를 그대로 공유하여 쓰기를 제안한다.

곰팡이에서 개체는 하나로 연결된 세포(들)이다. 죽은 세포와 살아있는 세포가 공존하는 개체도 있다. 미국 오리건의 유명한 꿀버섯*Armillaria gallica*은 하나의 개체로 여겨지는 균사의 무게가 최소 605톤이니, 이를 구성하는 세포 수는 가히 천문학적이다. 포자는 단세포이든 다세포이든 '개'로 셀 수 있다. 포자 용액을 배양하면 '생균수(cfu)'로 표시할 수 있다. 균사로 된 개체는 '개' 또는 '집락'이란 단위를 붙여 셀 수 있다.

버섯은 뚜렷이 개체를 인지할 수 있으므로 '개'를 단위로 쓴다. 1등급 송이버섯처럼 길고 늘씬한 버섯을 강조하거나 문학적으로 표현할 경우에는 '자루'를 단위로 쓸 수 있다. 시장에서 판매되는 버섯은 포장에 따라 '봉'이나 '상자'를 단위로 쓸 수 있다. 물론 g과 kg이란 무게 단위를 사용할 수 있음은 당연하다. 그러나 일부 언론에서 사용했던 '버섯 한 송이'나 '버섯 한 무리' 또는 '버섯 한 다발' 등은 아주 특별한 경우나 문학적 표현에서만 가능하다.

효모는 단세포 생물로서 세는 단위는 cfu와 cell이 있다. cfu는 colony forming unit의 공식적인 약어이다. 우리말로는 '집락형성단위集落形成單位' 또는 '생균수生菌數'로 번역된다. 즉, 효모를 평판배지에서 키울 때 하나의 집락은 하나의 효모 세포로부터 형성된 것이라는 전제로 하면, 형성된 집락의 수는 원래 살아있던 효모 세포의 수를 나타낸다. 여기에서 unit은 '단위'로 번역되어 쓰이지만, 기호로 표시되는 단위가 아니라 '개체수'에 가까운 뜻을 가진 단어이다. 한편, cell은 세포 자체이므로 효모가 살아있는지 죽어있는지에 상관하지 않는다. 따라서 '세포수'의 의미를 가진 단어로서 '생균수'와 구분되는 개념이다.

075

문 사람의 학명 *Homo sapiens*의 의미에 대하여 설명을 듣고 수긍이 갔습니다. 곰팡이 학명 중에서 그 뜻을 잘 새겨서 이해해야 할 것도 있을 것 같은데, 대표적인 몇 가지를 소개해 주실 수 있나요?

답 곰팡이학자가 아니더라도 교양인으로서 기억해야 할만한 가치 있는 곰팡이 학명을 몇 가지 소개한다. 술효모 *Saccharomyces cerevisiae. Saccharo*는 설탕, *myces*는 곰팡이를 가리키므로 '당분을 먹는 곰팡이'라는 의미이다. *cerevisiae*는 맥주를 가리키는 cerevisia의 형용사형이다. 이 효모가 맥주효모, 포도주효모, 술효모, 빵효모 등 여러 이름으로 부르지만, 역시 대표 이름을 꼽으라면 어원대로 '맥주효모'를 선택해야 할 것이다.

인체병원균으로 유명하고 흔히 칸디다라고 부르는 *Candida albicans. Candida*도 흰색, *albicans*도 흰색을 의미한다. 이 효모는 생장하는 집락콜로니, colony도 희지만, 감염 부위도 흰색으로 변하므로 이런 학명을 붙였다. 호흡기 질병을 일으키는 인체병원균 *Aspergillus fumigatus. Aspergillus*는 성수聖水뿌리개라는 뜻으로 이 곰팡이의 분생포자경과 분생포자 모양을 비유적으로 가리키며, *fumigatus*는 연기처럼 피어난다는 의미로서 수많은 포자가 날려서 흩어지는 모습을 나타낸다.

식물병원균으로 유명한 밀·줄기녹병균 *Puccinia graminis* f.sp. *tritici. Puccinia*는 이탈리아 과학자 Tommaso Puccini (?~1735)를 기념하고, *graminis*는 벼과식물에 산다는 의미이다. *tritici*는 밀의 속명 *Triticum*의 형용사형으로서 밀을 감염한다는 의미이다. 잿빛곰팡이병균으로 알려진 *Botrytis cinerea. Botrytis*는 포도를 의미하는 *botrys*에 질병을 뜻하는 어미 *-itis*가 붙어 포도송이 모양의 병균임을 나타낸다. *cinerea*는 잿빛회색이란 뜻이다.

양송이버섯 *Agaricus bisporus. Agaricus*는 오늘날의 우크라이나와 남부 러시아에 해당하는 지역명 Agaria에서 유래하여 넓은 들판이란 의미로도 쓰인다. 들판에 나는 버섯으로 '들버섯'으로 칭한다(☞ 098). *bisporus*는 2개(bi)의 포자(sporus)를 가졌다는 뜻이다. 영지버섯 *Ganoderma lucidum. Ganoderma*는 ganos(광택)와 derma(피부)의 합성어로서 반들거리는 버섯을 표현한다. *lucidum*은 빛난다는 의미로서 버섯이 반짝임을 나타낸다. 영지버섯이 유난히 반들거리고 반짝이는 특징을 잘 표현하고 있다.

076

문 린네의 이명법을 공부함으로써 모든 생물의 학명이 속명과 종소명으로 이루어졌음을 알았습니다. 어떤 자료에서는 종소명이 아니라 종명으로 표기하였던데, 어느 것이 옳은 학술용어인지요?

답 생물의 이름에는 일반명一般名, common name과 학명學名, scientific name이 있다. 인간의 일반명은 사람(한국어), 人(중국어), human(영어), Mensch(독일어) 등 언어마다 서로 다르다. 그래서 전 세계인이 공통으로 사용할 수 있는 이름을 처음 제안하여 세계 공통어로 만든 사람이 바로 스웨덴의 린네Carl von Linne이다.

인간의 학명을 *Homo sapiens* L.라고 쓰는 것을 모르는 이는 없을 듯하다. 여기에서 *Homo*는 속명屬名, generic name인데, 라틴어 명사이므로 첫 글자를 대문자로 쓴다. *sapiens*는 종소명種小名, specific epithet인데, 라틴어 형용사이므로 소문자로 쓴다. L.는 명명자 Linne를 의미한다. 모든 생물은 린네의 이명법에 따라 학명을 쓰며, 원칙적으로 단 하나의 학명을 가진다. 'One Fungus, One Name'一菌一名, 일균일명처럼 곰팡이도 무성세대와 유성세대 관계없이 하나의 학명을 가진다.

그럼, 종소명에 대하여 자세히 알아보자. '종'은 글자 그대로 생물의 종種, species을 나타낸다. '소명'은 epithet를 번역한 일본어로서 어떤 특성을 나타내는 형용사 상당어구를 가리킨다. 그러니까 소명은 명사가 아니라 형용사의 지위를 갖는다. 다시 말해, 종소명은 어떤 종을 규정짓는 '형용사 상당어구'이지 '이름'이 아니다.

곰팡이 학명 *Aspergillus oryzae*를 살펴보자. 속명 *Aspergillus*는 성수聖水 뿌리개를 의미하는 aspergillum에서 온 명사이다. 종소명 *oryzae*는 쌀을 의미하는 명사 *Oryza*에서 유래하였지만 이를 형용사형으로 바꾸어서 *oryzae*가 된 것이다. 뜻풀이로 하자면, '쌀에서 피어나는' 특징을 가장 중요하게 여겨 이 곰팡이를 규정짓는 형용사로 채택하였다.

한편, 가끔 '종명'과 'species name'이란 용어가 등장하기도 한다. 비전문적인 자료나 언론 기사에서 종종 쓰이는 경우가 있는데, 개념이 모호하다. 이러한 용어는 개념적으로도 맞지 않을 뿐만 아니라 과학에 존재하지 않으며 권장되지도 않는다. 종소명을 영어로 'specific name'으로 표기하기도 하지만, 역시 바람직하지는 않다.

077

문 우리 교재에서 *Metarhizium* 곰팡이를 녹강균으로 공부하였는데, 뉴스에서는 다른 이름으로 보도되었습니다. 곰팡이 학명을 우리말로 표기하는 방식에서 혼란이 있는 듯한데, 따로 정해진 규정이 있나요?

답 푸른곰팡이를 모르는 이는 거의 없을 것이다. 푸른곰팡이의 속명은 *Penicillium*이다. 즉, *Penicillium*에 속하는 여러 종의 곰팡이를 '00푸른곰팡이'처럼 푸른곰팡이 앞에 형용사 상당어구를 붙이면 생물명이 된다(☞ 099). 이러한 이름짓기 방식은 이미 식물과 동물에서 보편화 되었으며, 논리적으로도 '형용사+명사'의 형태를 갖추게 된다.

2019년 5월 뉴스에 등장한 이 곰팡이는 '메타히지움 핑샤엔스'로 표기되어 연합뉴스에서 각 언론에 배포되어 그대로 보도되었다. 이 곰팡이 학명은 *Metarhizium pingshaense*이므로 굳이 그대로 읽더라도, 라틴어 학명 읽는 법에 따라 '메타리지움 핑샤엔세'가 된다. *Metarhizium*은 meta + rhiz + -ium으로 구성되어 있다. 즉, '사이'를 뜻하는 meta, '뿌리'를 뜻하는 rhiz, 그리고 유사성을 의미하는 접미사 -ium이 붙은 것이다. 라틴어 발음체계에서 zh는 z로 발음한다. 따라서, 어원적으로나 음성학적으로나 '메타리지움'이 옳은 표기이다.

*Metarhizium*은 이미 '녹강균綠殭菌'으로 잘 알려져 있다. *pingshaense*는 중국 광동성의 지명 Pingsha平沙, 평사에다 지명에 붙이는 어미語尾 -ense가 결합된 형용사이다. 따라서 이 곰팡이의 우리말 표기는 두말할 것도 없이 '핑샤녹강균'이 정답이다. 이것은 생물의 이름을 표기하는 기본적 지식이며 지켜야 할 규범이다. 식물과 동물에서는 비교적 잘 지켜지고 있으므로 모범으로 삼을 만하다. 곰팡이학자들도 이를 잘 배워 곰팡이 이름 표기에 정확하게 활용해야 한다.

한편, 2016년에는 어느 국립 연구기관에서 보도자료를 내놓았다. 독도에서 채집한 '메타리지움 큐하우엔스'라는 곰팡이에 관한 것이었다. 이 곰팡이 학명 *Metarhizium guizhouense*에서 종소명 *guizhouense*는 이 곰팡이가 최초로 발견된 중국 지명 Guizhou貴州, 귀주에서 유래되었으며, 지명에 붙이는 어미 -ense를 붙여 합성어를 만든 것이다. 따라서, 이 종소명의 옳은 발음은 '구이조우엔세'이다. 또한, 이 곰팡이의 우리말 이름을 '구이저우녹강균'으로 하는 것이 논리적이며, '귀주녹강균'도 고려해야 할 이름이다.

078

문 **글을 쓰면서 늘 국어사전을 가까이 두라는 교수님의 말씀에 따르고 있습니다. 우연한 기회에 '진균류'를 찾았더니 강의시간에 배운 것과 사뭇 달라 당황스러웠습니다. 어찌된 일인지요?**

답 국립국어원에서 제작한 <표준국어대사전>에서 그대로 옮겨 쓴다. "**진균류**(眞菌類) 『생명』 균류의 한 문(門). 보통 세균류와 점균류를 제외한 세균을 통틀어 이르나 격막이 있는 고등 균류를 이르기도 한다. 후자의 경우에는 자낭균류와 담자균류로 나눈다. 몸이 균사로 되어 있고 엽록소가 없어 기생 또는 부생 생활을 하여 포자나 영양 생식으로 번식한다. ≒진균 식물. (Eumycetes)"

과학적 시각에서는 수정이 불가피하다. 일단 문제점을 들추고 해결책을 제시한다. ①"균류의 한 문(門)" → 균류는 병꼴균문, 접합균문, 글로메라균문, 자낭균문, 담자균문의 5문으로 나눈다. 따라서 진균류가 하나의 문이 될 수 없다. ②"보통 세균류와 점균류를 제외한 세균을 통틀어 이르나" → 논리적으로 모순된 표현이다. 뒤의 '세균'을 '진균'으로 바꾸어야 겨우 뜻이 통한다. 문구 자체가 비과학적이다. ③"격막이 있는" → '격막'도 쓰이지만 '격벽'이 정확한 용어이다. 이 구조는 세포막이 아니라 세포벽이기 때문이다. ④"고등 균류를" → 고등균류만 진균류로 보는 견해는 과학적으로 옳지 못하고 실무적으로도 그렇게 쓰인 적이 없다.

⑤"몸이 균사로 되어 있고" → 진균류의 약 2%는 균사를 형성하지 않는 효모이므로 표현의 개선이 필요하다. ⑥"엽록소가 없어" → 불필요한 사족에 불과하므로 삭제되어야 한다. 동물을 사전적으로 정의할 때 '엽록소가 없어'라는 표현이 불필요한 것과 같은 이치이다. ⑦"기생 또는 부생 생활을 하여" → 진균류의 생활양식은 뚜렷이 3가지이다. 즉, 기생, 공생, 부생이다. 따라서 공생생활이 추가되어야 한다.

⑧"포자나 영양 생식으로 번식한다" → 번식, 즉 개체 수를 늘리는 방법으로 포자생식과 영양생식을 제시한 것으로 보인다. 뜻은 통하고 이해는 되지만, 생물학에서 거의 쓰지 않는 용어라서 낯설고 모호하다. '포자 또는 영양체를 통해 번식한다'로 고쳐야 정확하다. ⑨"≒진균 식물. (Eumycetes)" → '진균식물' 및 'Eumycetes'라는 용어는 물론 개념까지도 이미 1960년대에 국제적으로 사라져서 그 이후에는 아무도 사용하지 않는다.

079

문 중국산 건강식품에 보니까 '灵芝孢子粉'이 있던데, 영지버섯의 포자를 모은 제품이라고 합니다. 우리는 곰팡이 포자를 '胞子'로 쓰는데, 중국어 '孢子'도 같은 뜻으로 보입니다. 어떤 차이가 있는지요?

답 한국, 일본, 대만에서는 번체자를 사용하므로 영지버섯을 靈芝영지로 쓴다. 중국에서는 간체자를 사용하므로 灵芝영지로 쓴다. 영어명은 중국 발음에 따라 lingzhi이다. 국립국어원 <우리말샘>에는 '영지'와 '영지버섯'이 모두 등재되어 있지만, 우리말의 특성과 전달력을 위해서는 '영지버섯'을 표준으로 사용하는 것이 바람직하다.

곰팡이의 번식체 conidium은 먼지를 뜻하는 고대 희랍어 konis에서 유래하였으나, 생명을 품은 존재이므로 일본에서 胞子포자로 번역하였다. 한국은 일본을 따라 胞子로 쓰지만, 중국과 대만에서는 孢子포자로 쓴다. 예를 들어, 대만에서 생산되는 건강식품으로 靈芝破壁孢子粉膠囊영지파벽포자분교낭이 있다. 즉, 가루粉처럼 생긴 영지버섯靈芝의 포자孢子를 모아 포자의 세포벽을 깨뜨리고破壁(注: 소화흡수를 돕기 위함) 캡슐膠囊에 담은 제품이다.

胞子에서 胞는 '한배 포'로 읽으며, 어머니의 같은 배(注: 胎衣태의로서 자궁을 의미함)에서 태어난 형제자매를 의미하는 글자이다. 같은 민족을 뜻하는 同胞동포에서 의미의 확장성을 알 수 있다. 孢子에서 孢는 '애밸 포'로 읽으며, 새끼胎兒, embryo를 가졌음을 의미하는 글자이다. 한자의 쓰임새를 생물학적으로 해석하자면, 胞는 결과에 중점을 두고 유전적 동질성을 가진 번식체의 집단을 의미하고, 孢는 과정에 중점을 두고 발생학적 관점에서 본 후대 집단을 의미한다. 子는 씨앗을 의미하는 글자이기도 하고, 어미語尾로 쓰인 글자이기도 하다.

비슷한 예를 하나 들어보자. 편모를 가진 포자를 zoospore라고 한다. 일본은 遊走子유주자, 한국은 游走胞子유주포자, 중국은 游动孢子유동포자, 대만은 游孢子유포자를 표준으로 쓰므로 동양 4국이 서로 다른 글자를 쓰는 셈이다. 遊는 '놀 유'로 읽으며, 돌아다님을 의미하는 글자이므로 이 포자의 운동성에 중점을 두었다. 游는 '헤엄칠 유'로 읽으며, 이 포자가 편모를 이용하여 물에서 움직일 수 있는 유영에 중점을 두었다. 사실은 4가지 용어 모두 같은 뜻이지만 글자만 다를 뿐이다. 한자문화권에서 이러한 학술용어의 통일이 필요하다고 생각된다.

080

문 곰팡이를 영어로 fungus, mold, mildew라고 합니다. 각 단어는 개념적으로 어떤 차이가 있는지요? 곰팡이에 관한 학문 mycology가 myco+logy라면, myco도 곰팡이란 의미인가요?

답 생물학적으로 진핵생물을 3부류로 나눈다. 즉, 식물계植物界(kingdom Plantae), 동물계動物界(kingdom Animalia), 균물계菌物界(kingdom Fungi)이다. 분류군의 명칭으로 쓸 때는 Fungi로서 대문자로 표기하고, 일반명으로 쓸 때는 fungus(복수형 fungi)로서 소문자로 쓴다.

가장 널리 쓰이는 fungus는 고대 희랍어 σπόγγος(spongos)에서 유래하였으며, sponge를 의미한다. 이 단어는 14세기 중세영어에서 해면동물海綿動物을 뜻하는 sponge와 곰팡이를 뜻하는 fungus로 세분되었다. 이 시기에 fungus라는 단어와 개념이 정립되기 시작하였다. 이후에 생물학이 발달하면서, 식물 및 동물과 뚜렷이 구분되는 제3의 진핵생물로서 '균물' 전체를 의미하는 단어로 굳어졌다.

한편, mold는 13세기 중세영어에서 세 가지 뜻으로 쓰였다. 첫째, 틀이나 형상을 의미했는데, 현대어의 model모델이나 mold몰드로 이어졌다. 둘째, 형상을 만드는 재료로서 흙이나 모래를 의미했는데, 이후에 소멸하였다. 셋째, '작고 털 같이 피어나는 존재'를 의미하는 단어로 쓰였다. 지금도 이런 의미로 쓰여서 보송보송하게 피어나는 곰팡이를 뜻하거나 효모yeast에 대응하는 사상균絲狀菌, filamentous fungi이라는 의미로 쓰인다. 한편, mildew에 관해서는 흰가루병균이나 노균병균과 관련되어 쓰인다(☞ 084).

곰팡이를 연구하는 학문인 mycology를 균학菌學 또는 균류학菌類學이라고 하고, 의학 분야에서는 세균학과 구분하여 진균학眞菌學이라고 한다. 영어 mycology는 어원적으로 fungus곰팡이를 뜻하는 희랍어 μύκης(mukēs)와 study학문를 뜻하는 어미 -λογία(-logia)가 합쳐진 단어이다. 따라서 글자 그대로 '곰팡이학'이다.

그러니까 균학, 균류학, 곰팡이학, 진균학은 모두 같은 뜻으로 혼용되어 쓰인다. 필자는 mycology를 식물학과 동물학에 대등하게 균물학菌物學으로 부른다. 중국에서는 菌物學, 일본에서는 菌學이 가장 널리 쓰인다. 우리나라에서는 1972년 설립된 '한국균학회'가 학술단체로 대표성이 있고 '한국균학회지'가 있으므로 '균학'이 표준일 수도 있다.

081

문 얼룩말과 얼룩소는 무늬가 사뭇 다른데 '얼룩'을 함께 쓰는 것이 옳지 않다는 의견이 있습니다. 곰팡이 이름도 잘못 붙여져 논란거리가 되는 경우가 있을 듯합니다. 거론될 만한 사례가 있는지요?

답 생물의 이름은 그 생물이 가진 특성에 따라 붙여진다(☞ 076). 흔히 사용되는 특성으로는 모양, 색깔, 서식지나 숙주생물, 생산물질 등이 있다. 얼룩말의 무늬는 얼룩무늬가 아니라 줄무늬이므로 줄말이라고 부르는 것이 좋다는 의견이 있다. 바닷고기 중에 줄돔이 있는데, 얼룩말 무늬와 매우 유사하다. 얼룩말에서 줄말로 바꾸는 것이 논리적으로는 맞다.

곰팡이 중에도 적당하지도 정당하지도 못한 이름으로 늘 거론되는 종이 있다. *Neurospora crassa*라는 곰팡이는 1958년 비들Beadle과 테이텀Tatum에게 노벨생리의학상을 안겨준 유명한 모델생물이다. 이 곰팡이의 영어 이름이 'red bread mold'이다. 2005년 미국 스탠퍼드대학의 퍼킨스 교수는 'Fungal Genetics Newsletter'에 이 이름의 부적절성을 지적하는 논문을 실어 더욱 널리 회자되었다.

즉, 이 곰팡이 색깔은 red빨간색가 아니라 orange주황색이다. 생물의 색깔을 기재하는 용어로서 빨간색과 주황색은 뚜렷이 구분되므로, 이 곰팡이 이름에 red가 들어간 것은 적당하지 못하다. 또한, bread빵를 서식지로 여겨 이름에 넣은 것도 옳지 않다. bread가 만들어지기 훨씬 이전부터 이 곰팡이는 지구에 존재하였고 빵이 원래의 서식지도 아니고 주요 서식지도 아니다. 이 곰팡이가 처음 기록될 때에는 우연히 제빵 공정에서 발견되는 오염균으로 취급되었으므로 bread가 들어갔다.

그러나 실제 빵에 오염되는 곰팡이는 푸른곰팡이*Penicillium*, 아스페르길루스*Aspergillus*, 클라도스포리움*Cladosporium*, 거미줄곰팡이*Rhizopus*, 털곰팡이*Mucor*, 알타나리아*Alternaria* 등이다. 퍼킨스 교수조차 평생 red bread mold가 빵에서 핀 것을 본 적이 없다고 하였다. 필자도 이 곰팡이가 핀 모습을 수백 번이나 보았지만, 그 기질이 빵인 적은 한 번도 없었다.

이 곰팡이 영어 이름을 직역하여 한국에서는 '붉은빵곰팡이', 일본에서는 'アカパンカビ(赤パン黴)아카팡가비', 중국에서는 '粉色麵包黴菌분색면포미균'으로 부른다. 따라서 이 곰팡이의 영어 이름이 바뀌면 동양 3국에서도 이름을 바꿀 가능성이 커 보인다.

082

문 제가 좋아하는 마카롱에 곰팡이가 가득하다는 뉴스를 보고 깜짝 놀랐습니다. 해당 뉴스를 자세히 보니까 황색포도상구균이란 세균이 검출된 것이었습니다. 뉴스에서는 왜 곰팡이라고 나왔을까요?

답 세균은 원핵생물이고, 곰팡이는 진핵생물이다. 식물, 동물, 곰팡이를 3대 진핵생물이라고 한다(☞ 080). 생물학적 입장에서 세균은 아주 원시적이고 하등한 단세포 생물군이고, 곰팡이는 상당히 진화한 다세포 생물군이다. 사실, 곰팡이는 세균보다 동물에 훨씬 더 가까운 생물군이다. 그런데도, 세균과 곰팡이가 혼동되어 쓰이는 경우를 보면 매우 안타깝다.

2019년 5월 22일에 배포된 한국소비자원 보도자료를 보니, 곰팡이는 언급조차 되지 않았다. 이 보도자료에 따르면, 일부 마카롱 제품에서 황색포도상구균 또는 사용기준을 초과하는 타르색소가 검출되었다. 그런데, 어떤 매체에서 '말이 좋아 천연색소지 곰팡이 가득'이란 제목으로 보도하였다. 아마도 세균과 곰팡이를 구분조차 하지 못한 탓으로 보인다.

이처럼 세균과 곰팡이를 혼동한 보도자료가 또 있다. 2005년 8월에 '지하철 곰팡이균 돼지우리 수준. 서울 11개 역 여름철 오염도 조사. 국제기준 크게 초과'라는 제목으로 일간신문에 보도되었다. 즉, 조사된 것은 곰팡이인데, 보도자료의 그래픽에는 3가지 유형의 대표적인 세균이 그려져 있고 곰팡이는 없어서 실소를 금치 못했다. 가끔 강의시간에 학생들에게 보여주면서, 우리 언론에서조차 세균과 곰팡이가 이렇게 혼동되기도 한다고 일러주는 소재로 활용하고 있다.

2019년 4월에는 C에어컨 광고에도 오류가 있었다. 이 에어컨의 공기청정 기능을 설명하는 그래픽은 여과 장치를 통하여 미세먼지와 미생물을 걸러준다는 내용이었다. '곰팡이' 로고에는 정체불명의 아메바(注: 원생동물에 속함)를, '세균' 로고에는 짚신벌레(注: 원생동물에 속함)가 그려져 있었다. 미생물에 대한 기본적인 이해도 없이 어떻게 이런 황당한 로고가 버젓이 대기업의 광고에 들어갔는지 의아스럽고도 걱정스러웠다.

최근에 '세균'이란 용어를 포기하고 '박테리아'로 쓰자는 의견이 제시되고 있다. 세균과 진균이 유사한 이름으로 서로 혼동되고, 세균이란 글자가 병균으로 인지되는 경향이 있기 때문이라고 한다. 세균학자들과 곰팡이학자들이 함께 고민해야 할 문제이다.

083

문 수많은 식물병 중에서 벼 · 도열병이 가장 큰 피해를 줍니다. 도열병에서 도열이 무슨 뜻인지 설명을 듣기 전에는 추정조차 할 수 없었습니다. 병명을 알기 쉽게 개명할 필요가 있지 않을까요?

답 세계 인구의 절반 이상을 부양하는 벼는 100종 이상의 곰팡이에게 공격을 당하여 병에 걸린다고 알려졌다. 그런데, 벼의 일생에서 가장 무서운 병은 도열병이다. 벼 · 도열병은 *Pyricularia oryzae*라는 곰팡이에 의해 발생하며, 벼를 재배하는 곳이면 어디든 발생한다.

도열병稻熱病이라는 병명은 벼稻, 도가 벌겋게 타는熱, 열 듯이 병病든 모습을 나타낸다. 즉, 병원균의 침입으로 인하여 벼 잎과 줄기에 점무늬가 생겨나서 점차 커지고, 각각의 점무늬가 합쳐져서 큰 병반을 형성한다. 멀리서 보면 전체적으로는 벌겋게 보인다. 일본, 중국, 한국에서 모두 도열병으로 부른다. 중국에서는 稻瘟病도온병으로도 부르는데, 瘟온은 장티푸스를 이르는 글자이며 급속히 전염되는 질병을 나타낸다.

영어 병명은 rice blast인데, blast는 '폭탄이 터진듯한 폭발'을 의미한다. 즉, 전염속도가 무척 빠르므로 이 병이 발생한 논은 마치 폭탄을 맞은 듯이 군데군데 움푹 들어갈 정도로 잎과 줄기가 말라버린다. 이 병명을 직역한다면 폭탄병이 적당할지도 모르겠다.

우리나라 벼 재배는 기원전 10세기부터 시작되었으므로, 이 병을 이르는 우리말 병명이 없을 리 없다. 1918년 朝鮮興農會조선흥농회에서 발간한 '改良 · 實驗朝鮮農業大典개량실험조선농업대전'에 '스느병'으로 기록되어 있다. 원형동사 '슬다'는 '식물이 습기로 물러서 썩거나 진딧물 같은 것이 붙어서 시들어 죽어가다'는 의미이다 <우리말샘>. 따라서 습한 날씨에 잘 발생하고, 일단 발생하면 벼가 말라 죽는 도열병의 특징을 잘 말해주고 있다.

도열병처럼 한자로 된 병명은 일본에서 들여와 그대로 쓰는 것이다. 위조병萎凋病 → 시듦병, 백분병白粉病 → 흰가루병, 입고병立枯病 → 모잘록병, 백견병白絹病 → 흰비단병, 회색미병灰色黴病 → 잿빛곰팡이병, 적미병赤黴病 → 붉은곰팡이병, 적성병赤星病 → 붉은별무늬병 등 일본어 병명이 우리말 병명으로 순화된 사례도 많다. 그러나 아직도 많은 병명이 한자어를 그대로 쓰는 것이 현실이다. 스느병처럼 옛 이름의 복원과 함께 우리말 병명으로의 순화가 필요하다.

084

문 **보르도액과 포도나무 · 노균병의 역사를 흥미롭게 공부했습니다. 노균병이란 용어를 처음 접했을 때 '늙은 곰팡이'가 떠올랐습니다. 한자어로 된 병명을 알기 쉽게 개명할 필요가 있지 않을까요?**

답 노균병은 노균병균과Peronosporaceae에 속하는 곰팡이에 의해 식물에 흔히 발생하는 질병이다. 영어 병명은 downy mildew 또는 downy mildew disease인데, 직역하면 '솜털 같은 곰팡이에 의한 병'이다. 일본에서 이 병명을 직역하지 않고 의역하여 '이슬露 같은 곰팡이菌에 의한 병病'이란 의미로 노균병露菌病으로 썼다. 그래서 일본·중국·대만·한국에서 모두 오랫동안 露菌病으로 불렀다.

이후에, 일본은 노균병을 べと病베토병으로 바꾸었다. 즉, '끈적끈적하게 들러붙는 털'에 중점을 두었다. 노균병균은 다른 균류에 비하여 상대적으로 분생포자경分生胞子梗이나 포자낭경胞子囊梗이 긴 편이라 털처럼 보이고 습한 환경에서 발생하므로 어떤 물체에 쉽게 들러붙는 특성이 있다. 따라서 べと病은 균학적으로나 식물병리학적으로 타당한 표현이다.

중국과 대만에서는 모두 露菌病 대신에 霜霉病상매병으로 쓴다. 霜은 서리, 霉는 곰팡이를 가리킨다. 직역하면, '서릿발 같은 곰팡이'를 의미한다. 곰팡이를 가리키는 여러 한자 중에서 霉는 습한 환경에서 털이 밀생하듯이 보송하게 자란 곰팡이를 의미한다. 따라서 霜霉病은 우리가 인지하는 노균병균의 모습과 잘 어울리는 병명이다.

우리나라는 계속 노균병으로 사용하고 있다. 필자는 1977년에 식물병리학을 수강할 때 노균병이란 용어를 처음 접했으며 현재도 사용하고 있으니 무척 친근한 이름이다. 개인적으로는, 1990년부터 균류학과 식물병리학을 강의하면서 노균병을 '이슬병' 또는 '이슬곰팡이병'으로, 노균병균을 '이슬곰팡이'로 바꿔 부르는 것이 좋겠다는 의견을 개진해 왔으나 아직 공식적으로 제안한 적은 없다.

양파·노균병과 오이·노균병은 한번 발생하면 사실상 농약으로도 제어하기 힘든 병이므로 '왔다병'이라는 별명으로도 불린다. 한국식물병리학회 '식물병명심의위원회'에서 이러한 문제를 공론화하여 토의해야 한다. 시대의 흐름에 맞추어, 한자보다는 한글을 사용하여 병명만으로도 이 질병을 누구나 쉽게 이해할 수 있도록 개정되기를 희망한다.

085

문 우리나라 산림에서 매우 중요한 참나무류에 발생하는 시들음병에 대하여 공부하였습니다. 뉴스에서는 시들음병이 아니라 시듦병으로 보도되었습니다. 어느 것이 옳은지, 어떤 의견이 있는지요?

답 참나무류*Quercus* spp.의 수목이 갑자기 시들어 죽는 질병에는 두 가지가 있다. 영어로는 sudden oak death (SOD)와 Japanese oak wilt (JOW)가 있다. SOD는 *Phytophthora ramorum*이라는 곰팡이에 의한 병으로 북미와 유럽에서 발생한다. 반면에, JOW는 *Raffaelea*류 곰팡이에 의한 병으로 일본을 비롯한 동아시아에서 발생한다. 우리나라에서는 SOD를 '참나무 급사병'으로, JOW를 '참나무 시들음병'으로 부르고 있다.

최근 우리나라 산림에 '시들음병'이 매우 심각하게 발생하여 큰 피해를 주고 있다. 피해를 받는 수종은 신갈나무를 비롯하여 모두 참나무류에 속하므로 '참나무 시들음병'이라고 통칭하고 있다. 연구기관과 학술단체에서는 '시들음병'으로 자료를 내고 논문을 출판하고 있는데, 언론에서는 '시듦병'이 옳은 어법이므로 '참나무 시듦병'으로 보도하고 있다.

영어로 wilt, 한자문화권에서 萎凋病위조병에 해당하는 우리말 병명으로 시들음병은 언제 어떻게 생겨났을까? 필자가 조사한 바에 의하면, 1958년 박종성 교수의 논문에서는 *Fusarium*류에 의해 농작물이 시드는 질병을 처음으로 'Wilt(Tsidurum byong)'로 표기하였다. 그 이후에 다른 원인에 의해 시드는 질병도 모두 '시들음병'으로 통용되었다. 1962년 한국식물보호학회로 출발하고 1984년 한국식물병리학회로 독립하여 지금에 이르기까지 60년 이상이나 모든 논문과 학술자료에 시들음병으로 표기하여 왔으니 사실상 60년 이상이나 사용되어 굳어진 병명이다.

국립국어원의 국어사전 <우리말샘>에서 '시들다'는 '꽃이나 풀 따위가 말라 생기가 없어지다'로 정의한다. '시들다'의 명사형은 '시듦'이다. 어법에 따라 시듦병으로 쓰는 것이 옳다고 본다. 식물병 전체로 보면, *Fusarium*류에 의한 '유관속시들음병'도 '유관속시듦병'으로, *Verticillium*류에 의한 '반쪽시들음병'도 '반쪽시듦병'으로, 여러 세균에 의한 '세균성시들음병(세균시들음병)'도 '세균성시듦병(세균시듦병)'으로 고쳐 부르는 것이 옳다. 이 문제가 한국식물병리학회 '식물병명심의위원회'에서 조속히 토의되어 '시듦병'으로 통일되기를 희망한다.

086

문 곰팡이에 의한 식물병을 공부하고 있습니다. 병명 중에서 Dutch elm disease가 특이하다고 생각됩니다. 어떤 연유로 Dutch라는 국가 이름이 병명에 들어갔는지, 유사한 사례가 또 있는지요?

답 유럽에서 느릅나무는 매우 중요한 가로수이자 공원수이다. 1910년부터 중부유럽의 느릅나무들이 말라죽기 시작하여 남쪽으로는 그리스 그리고 북쪽으로는 핀란드에까지 유럽 전역으로 퍼졌다. 이 병의 병원균을 처음 배양한 사람은 네덜란드의 쉬바르츠Schwarz였다. 이 병의 연구는 쉬바르츠의 지도교수였던 베스터딕Westerdijk과 동료 부이스만Buisman과 더불어 3인의 여성 과학자에 의해 이루어졌다.

네덜란드 수도 암스테르담은 elm city느릅나무도시라는 별명이 있을 정도로 느릅나무가 많고 자랑스럽게 여겼다. 북미대륙의 느릅나무도 똑같은 증상으로 시들어 죽기 시작한 것은 바로 네덜란드로부터 수입한 목재 때문이었다. 이런 여러 연유로 네덜란드를 의미하는 형용사 Dutch가 들어가서, 이 병을 Dutch elm disease로 부르게 되었다.

일본에서는 이 병을 ニレ立枯病입고병으로 부른다. 선立 채로 말라죽는 枯 병病이라는 의미이다. 중국에서는 荷兰榆树病하란유수병으로 부르는데, Dutch荷兰 elm榆树 disease病를 직역하였다. 우리나라는 느릅나무·시들음병 또는 느릅나무·마름병으로 부르지만, 느릅나무·시듦병이 옳은 이름이다(☞ 085). 일부 비전문 서적이나 자료에서 '네덜란드 느릅나무병'으로 쓴 것은 의미 없는 오역일 뿐이다.

이처럼 국가명 또는 지역명이 질병명에 들어간 경우가 있다. 아프리카수면병, 중동호흡기증후군(메르스), 발칸신장병증 등 인체 질병에서도 몇 가지 예를 찾을 수 있다. 바나나를 위협하는 Panama disease(바나나·시듦병)은 병원균이 처음 분리된 국가가 파나마였기에 붙여진 이름이다. 스페인독감으로 알려진 Spanish flu는 스페인의 항의로 역사 속으로 사라지고 이제는 '1918 influenza pandemic'이 공식적인 병명이다. 반대로, 네덜란드 사람들은 Dutch elm disease라는 병명을 자랑스러워한다. 네덜란드에 있는 세계 최대의 곰팡이연구소 Westerdijk Fungal Biodiversity Institute (☞ 119)가 느릅나무·시듦병을 연구한 베스터딕을 기념한다는 사실에도 상당한 자부심을 갖고 있다.

087

문 빵이 부푸는 것은 효모의 역할 때문이라고 배웠습니다. 그런데 효모 이외에도 이스트, 베이킹이스트, 이스트파우더, 베이킹파우더, 베이킹소다 등 다양한 용어가 쓰입니다. 이들 용어의 정체는 무엇인지요?

답 효모酵母, yeast는 술酉, 유을 빚는 근원母, 모이란 의미로서 酵母이고, 술이 끓는다boil는 의미의 희랍어 zein에서 네덜란드어 gist로 발전하여 영어 yeast가 되었다. 전체 곰팡이가 약 10만 종인데, 효모가 약 1,500종이니까 곰팡이의 약 1.5%를 차지하는 작은 부류이다. 효모 중에 술효모 또는 양조효모라고 부르는 *Saccharomyces cerevisiae*가 있다. 이 술효모가 맥주 제조에 쓰이면 맥주효모, 포도주 제조에 쓰이면 포도주효모, 빵 제조에 쓰이면 빵효모라고 부른다. 용도에 따라 이름을 달리 부르지만, 생물학적으로는 한 종이다.

빵 제조에 야생 효모(☞ 088)를 이용해도 어느 정도 부풀지만, 품질은 그리 만족스럽지 못하다. 그래서 실질적으로 상업적인 제빵에서는 모두 배양된 빵효모를 이용한다. 야생 효모와 배양 효모는 좋고 나쁨을 비교할 수는 없고, 그냥 다를 뿐이다. 빵을 부풀리는 효과와 제품의 균일성에서는 배양효모가 압도적으로 우수하다. 이런 배양된 빵효모를 줄여서 흔히 '효모'라고도 부른다. '이스트'는 효모의 영어명 yeast를 우리말 표기법에 따라 쓴 것이니, 이스트가 곧 효모이다.

'베이킹이스트'는 baking yeast를 우리말 표기법에 따라 쓴 것이지만, 옳지 않은 영어이다. 옳은 영어는 baker's yeast베이커즈 이스트이다. 이런 이스트를 대부분 건조하여 제품화하면 가루powder처럼 보이므로 '이스트파우더'로도 불린다. 우리말로는 '건조 효모' 또는 '가루 효모'라고도 부른다. 여러 단어가 쓰이지만, 결국 모두 같은 의미이다.

한편, 제빵에서 쓰이는 베이킹파우더와 베이킹소다는 효모가 아니라 식품첨가물이다. baking powder는 글자 그대로 제빵baking에 쓰이는 가루powder이다. 곡물 반죽에 섞으면 이산화탄소를 발생시켜 빵을 부풀게 하므로 효모 대용으로 쓰인다. 흔히 쓰이는 베이킹파우더는 '탄산수소나트륨($NaHCO_3$)'이다. 이 물질은 중탄산나트륨, 중탄산소다, 베이킹소다, 중조 등의 이름으로도 불린다. 따라서 제빵 현장에서 쓰이는 베이킹파우더와 베이킹소다는 같은 의미이다.

088

문 **최근에 '천연 효모빵'이 건강식품으로 인기가 높습니다. 천연 효모가 어디에서 유래된 것이며, 일반적인 제빵 효모와 다른가요? 그리고 천연 효모로 만든 빵이 일반 제빵 효모 빵보다 우수한가요?**

답 우선 '천연 효모'라는 단어는 비과학적이므로 사용하지 말아야 한다는 것을 강조한다. 시중에서 소비자를 현혹하는 상술의 '단어單語, word'에 불과할 뿐이지 과학에서 사용되는 '용어用語, term'는 아니다. '천연'의 사전적 정의는 '사람의 힘이 가하지 아니한 상태'이다<우리말샘>. 천연 보석은 사람이 가공하지 않은 보석이고, 천연 요새는 사람이 짓지 아니한 요새이다. 생물에는 천연을 쓸 수 없다. '천연 장미'나 '천연 돼지'가 없듯이 '천연 효모'도 없다.

천연 효모를 외치는 사람들은 인공 효모와 비교하면서 천연을 숭배하고 인공을 힐난하고 있다. 그럼 '인공 효모'는 무엇일까? 천연 효모가 없듯이, 인공 효모라는 용어도 없다. 생물에는 '인공'을 쓸 수 없다. '인공 장미'나 '인공 돼지'가 없듯이 '인공 효모'도 없다.

제빵에 사용되는 대부분의 효모는 전문업체에서 생산된다. 즉, 경험을 통해 선발된 균주로서 빵을 잘 부풀리는 특성을 가진 효모이다. 이 균주는 분명히 야생 균주보다 뛰어난 제빵 성능을 발휘한다. 이를 자의적으로 인공 효모라고 표현한 듯하다. 반면에, 제빵업자가 스스로 선발하여 사용하는 균주도 있다. 아마도 이를 천연 효모라고 표현한 듯하다. 전문업체의 산업적인 효모이든 제빵업자의 개인적인 효모이든, 모두 천연도 아니고 인공도 아니다. 효모는 효모일 뿐이다.

그럼 제빵에 사용되는 '진짜 야생 효모'는 무엇일까? 이탈리아 남부 마테라에 있는 오래된 빵집에서는 '마테라 파네Pane di Matera'라는 전통 빵을 만든다. 당도가 높은 무화과와 포도알을 물에 불린다. 과실 표면의 당분과 야생 효모가 물에 섞인다. 48시간이 지나면 당분을 먹은 효모가 증식하여 개체 수가 늘어난다. 여기에 듀럼밀가루와 소금을 섞어 반죽을 만들면 맛있는 빵이 탄생한다. 이 물 속에는 효모가 충분히 들어있으므로 빵을 한껏 부풀린다. 어떤 종의 효모인지, 어떤 다른 미생물이 함께 포함되어 있는지도 모른다. 이런 효모를 학술적으로는 '야생 효모野生酵母, wild yeast'라고 부르고, 시장에서는 '자연 효모'라고 부를 수도 있다.

089

문 식혜는 탄산음료가 아니라서 즐겨 마십니다. 우연히 식혜를 단술이나 감주라고도 부른다는 것을 알았습니다. 분명히 식혜에는 에탄올이 없어 술이 아닌데, 왜 그런 이름으로도 불리는지요?

답 엿기름을 우린 웃물에 쌀밥을 말아 독에 넣어 더운 방에 삭히면 밥알이 뜨는데, 단맛이 나는 이 음료를 식혜食醯라고 한다. 때로 꿀이나 설탕을 넣어 단맛을 보충하거나, 생강이나 계피를 넣어 특별한 맛을 내기도 한다. 상업적으로는 과당을 첨가하여 더 강한 단맛을 내는 경향이 있다. 여하튼, 식혜는 쌀로 만든 전통음료임에 틀림없다.

쌀로 만든 또 다른 대표 음료로 막걸리가 있다. 막걸리 제조의 첫 단계는 쌀을 삭히는 과정이며, 이를 과학적으로는 '당화糖化, saccharification'라고 한다. 즉, 쌀의 전분을 효소로 분해하여 당분으로 만드는 과정이다. 이 효소를 가진 것이 엿기름이다. 엿기름가루를 우려낸 물에는 이 당화효소가 들어있다. 이 당분을 효모가 먹고서 에탄올발효를 진행하면 막걸리가 된다.

식혜를 만드는 원리는 막걸리 제조의 첫 단계와 동일하다. 다만, 막걸리에 비교하여 식혜는 훨씬 묽고 효모에 의한 에탄올 발효를 진행하지 않는다. 즉, 물에 당분이 존재하는 상태에서 더 이상의 변화를 일으키지 않고 차게 식혀서 음료로 이용한다. 우리가 밥을 오래 씹으면 밥의 전분이 분해되어 당분으로 변해서 단맛을 느끼는 것과 같은 원리이다.

이처럼 식혜의 제조 과정이 막걸리의 첫 단계와 같으므로 술에 비유할 수 있다. 게다가 색깔도 옅은 막걸리처럼 보이므로 단맛이 나는 술이란 의미로 단술이라 하며 한자어로 감주甘酒로 쓴다. 굳이 구별하여 밥알이 있는 상태를 식혜, 밥알이 없는 상태를 감주로 부르기도 한다. 하지만, 이런 구분은 상업적으로 통용될 뿐이고, 과학적으로는 그러하지 않다.

일본의 아마자케あまざけ는 글자 그대로 甘酒감주이다. 제조법에 따라 약간의 에탄올이 함유되기도 하지만 1% 미만이라 주세법의 적용을 받지 않는다. 편의점의 음료 진열대에서도 쉽게 발견할 수 있다. 중국 주周나라 시대의 예기禮記에도 상류계급에서 마시는 음료 중 하나로 감주甘酒가 소개되어 있다. 이처럼 쌀문화권에서 오랫동안 널리 이용된 음료이다. 한편, 김칫국물을 닮은 안동식혜安東食醯는 일반 식혜와 상당히 다르며 경상도 안동 지방의 겨울철 향토음식이다.

090

문 '농사를 짓는 개미가 있다?', '곰팡이를 재배하는 가위개미', '농사의 신 잎꾼개미, 나뭇잎 잘게 씹어 버섯 재배한다' 등이 검색되는 대표적인 제목입니다. 같은 주제인데, 모두 옳은 표현인가요?

답 2017년 10월 어느 기관에서 '개미세계탐험전'을 열어 대대적으로 홍보하였고, 2018년 10월에는 붉은불개미가 항만의 보관창고에서 발견되어 살인개미란 이름으로 불리면서 온 나라가 떠들썩했다. 그런 이유로 개미와 관련된 기사나 칼럼이 대중매체에 속속 등장하였다. 그중에서 인기리에 전시되었던 개미에 관한 질문이 많아 최근의 자료를 바탕으로 정리한다.

개미, 가위개미, 잎꾼개미라고 쓰여 있는데, 혼동된다. 영어명은 leafcutter 또는 leafcutter ant이다. 일본어는 ハキリアリ하끼리야니이므로 葉切蟻엽절의이다. 중국어는 切叶蚁(切葉蟻절엽의)이다. 모두 잎葉, 엽을 자르는切, 절 개미蟻, 의라는 뜻이다. 우리나라도 가위개미라고 쓴다. 그냥 '개미'라고 쓰는 것은 마땅치 않다. 잎꾼개미는 나무꾼과 상응하는 멋진 우리말 이름이지만, 혼동을 줄 수 있어 필자는 동의하지 않는다.

어떤 종류의 개미가 그러한가? 지금까지 기록된 12,500종의 개미류 중에서 아타개미*Atta*와 아크로미르멕스개미*Acromyrmex* 라는 47종의 개미가 주인공이다. 이들은 중남미의 열대우림에만 서식하는 특별한 분류군으로서 곰팡이를 키워서 먹이로 삼는다. 그래서 '곰팡이 농사짓는 개미fungus growing ants, fungus farming ants'나 '곰팡이정원을 가꾸는 개미fungus gardening ants'라는 표현을 쓴다.

가위개미가 키우는 대상은 무엇인가? 2017년까지만 해도 *Leucoagaricus gongylophorus*(= *Leucocoprinus gonglylophorus*)라는 단일종의 곰팡이로 알려졌었다. 그런데 Mueller 교수가 이끄는 국제공동연구팀이 2017년과 2018년의 논문을 통하여 다른 곰팡이들의 존재를 확인했다. 그러나 이제 막 시작되는 조사의 일부일 뿐이다.

이 곰팡이는 계통학적으로는 주름버섯목Agaricales에 속하지만, 버섯을 만들지도 않고 포자를 만들지도 않으며, 오직 균사 상태로만 생장한다. 균사 끝에 공길리디아gongylidia라는 둥근 세포를 만든다. 그래서 '곰팡이를 키운다', '곰팡이정원을 가꾼다' 등의 표현은 가능하지만, '버섯을 재배한다'라는 어귀는 이치에 맞지 않는다.

091

문 자연에서 채취하는 귀한 약재인 '송라'를 소개하는 프로그램을 보았습니다. 송라는 대표적인 지의류로 잘 알려져 있는데, 방송에서는 어떤 연유로 인하여 '소나무겨우살이'라고도 부르는지요?

답 松蘿송라라는 글자는 소나무松, 송에 사는 겨우살이蘿, 라를 뜻하므로 '소나무겨우살이'로도 부르지만, 생물학적 입장에서는 못마땅하면서도 잘못된 별명이다. 송라는 소나무에서 자라는 것이 아니라 어떤 나무이든 어떤 바위이든 어떤 기질이든 몸을 기댈 곳이면 자랄 수 있다.

겨우살이는 기생성 상록식물로서 엄연한 종자식물이다. '동백나무겨우살이'는 동백나무를 비롯한 여러 난대성 수종에 기생하여 살아가는 식물이다. '참나무겨우살이'는 참나무류를 비롯한 각종 온대성 및 난대성 수종에 기생하여 살아가는 식물이다. 그러나 '소나무겨우살이'라는 식물은 없다. 식물체가 아니라 지의체인 송라를 잘못 부르는 이름에 불과하다. 따라서 '소나무겨우살이'라는 명칭은 쓰지 않도록 권장한다.

羅라는 원래 물고기나 새를 잡는 그물을 의미한다. 그래서 蘿라는 풀艸, 초이 그물羅, 라 모양으로 자란 것이거나 풀로 엮은 그물을 의미한다. 글자의 뜻이 확장되어 소나무 가지에 걸려 있어 마치 겨우살이처럼 보이는 송라에도 쓰였다. 소나무는 가장 흔한 나무일 뿐만 아니라 겨울에도 잎이 달려 있고 가지 표면에 거친 피목皮目이 발달하여 바람에 날린 송라가 소나무 가지에 쉽게 걸린다. 따라서 사실 소나무에서 채취한 송라의 대부분 또는 모두는 소나무에 기대어 자란 것이 아니라 바람에 날려 소나무 가지에 걸려 말라버린 것이다.

중국에서 생물명으로는 髯鬚地衣호발지의라고 하고, 생약명으로는 松蘿송라라고 한다. 髯호는 수염을 뜻하고 鬚발은 터럭을 가리키니, 마치 나무에 수염이 달린 듯한 모습을 잘 표현한 이름이다. 일본에서는 우리나라와 마찬가지로 생물명과 생약명 모두 松蘿송라라고 쓴다.

참고로, 송라와 관련하여 널리 회자되는 두 가지 오류를 더 언급하고자 한다. 송라의 약효 성분은 usnic acid이므로 '우스닌산'으로 쓰는 것보다는 '우슨산'으로 표기하는 것이 바람직하다. 송라는 '홀씨'가 아니라 '분아粉芽, soredium'로 번식한다. 송라뿐만 아니라 모든 지의류에서 조류 세포를 균류 세포가 둘러싼 분아로 번식하며, 홀씨는 존재하지도 않는다.

092

문 석이버섯은 버섯이 전혀 아니다. 복령은 버섯과 관련이 있으나 진짜 버섯은 아니다. 차가버섯은 절반만 진짜 버섯이다. 버섯에 대한 설명에서 '진짜 버섯'이란 표현이 나오는데, 무슨 뜻인지요?

답 우리말에서 '버섯'은 '균류의 자실체子實體 중에서 맨눈으로 인지할 수 있는 크기를 가지며, 종種 특이적인 모양과 색깔을 가진 유성생식기관有性生殖器官'으로 정의될 수 있다. 그런데, 버섯이란 이름으로 소통되는 존재 중에서 생물학적 의미로는 진짜 버섯이 아닌 것이 있어 종종 혼동을 일으키기도 한다. 이러한 이름이 옳게 쓰이기를 바라는 마음에서 논리적으로 설명한다. 홍차버섯(☞ 121)이나 티벳버섯(☞ 122)이 진짜 버섯은 아니라는 사실은 비교적 잘 알려져 있다.

석이石耳는 *Gyrophora esculenta*라는 지의체이다. 넓적한 모양의 지의체는 나뭇잎을 빗대어 엽상체葉狀體라고도 부른다. 이는 균사가 조류를 싸고 있는 상태의 영양체營養體로서 생식체生殖體가 아니다. 즉, 생식기관이 아니라 영양기관이다. 따라서 버섯이 아니다. 그래서 '석이버섯'이라고 부르는 것은 옳지 않다. '석이'가 옳은 이름이다.

복령茯苓은 소나무 뿌리에 기생하는 약재이다. 생물학적으로 이 둥근 덩어리는 영양균사의 집합체로서 균핵菌核 sclerotium이다. 즉, 복령은 생식기관이 아니라 영양기관이다. 따라서 복령을 복령버섯으로 부르거나 땅속의 버섯으로 취급하는 것은 옳지 않다. 마찬가지로, 저령豬苓도 땅속에 형성된 균핵을 가리키는 용어이다. 저령의 균핵에서는 버섯이 올라오는데, 이 버섯을 '저령버섯'이라 부른다. 따라서 약재로 사용되는 복령과 저령에는 버섯을 붙이지 않는다. 苓령은 '굳은 똥'을 의미하며, 복령과 저령에서 균핵이 똥 덩어리와 유사하여 붙은 이름이다.

차가버섯은 거친 나무토막이 불에 그을린 듯한 모양이다. 이는 자작나무에 기생한 병원균이 나무조직에 이상비대異常肥大를 일으킨 것으로, 병환부는 거칠게 부풀어 오른 모습으로 변한다. 여기에서 검게 보이는 표면의 조직만 버섯이고, 나머지 조직의 대부분은 나무 세포들이며, 일부만 차가버섯의 균사이다. 이 버섯은 대와 갓이 없이 배착성背着性으로 자라므로 이런 모습을 띤다. 따라서 약재로 사용되는 부분 전체를 차가버섯이라고 부르지만, 실제는 표면에만 버섯이 있을 뿐이다.

093

문 넓은 의미로 버섯을 지칭하는 영어로서 mushroom, fungus, toadstool, bolete, stinkhorn 등 여러 단어가 쓰이는데, 어떤 차이가 있는지요? 아울러, 우리말 '버섯'의 어원도 알려졌나요?

답 mushroom은 라틴어 mussirio에서 프랑스어 mousseron를 거쳐 15세기 후반에 중세영어 mushroom으로 정착된 단어이다. 라틴어에서 영어까지 모두 fleshy fruiting body를 가리키므로 '살집이 있는 갓'을 가진 버섯을 지칭하였다. 특히 프랑스에서 mousseron은 좁게는 양송이버섯을, 넓게는 식용버섯을 의미하였다. 프랑스어의 영향을 받아 영어에서도 mushroom이 양송이버섯만 의미하거나 살집이 있는 버섯을 의미한다.

구름버섯처럼 대가 없이 갓만 넓적한 버섯은 bracket fungus 또는 shelf fungus라고 부른다. 이런 버섯류에는 mushroom이란 단어를 붙이지 않는다. 우리말로는 '선반버섯류'가 된다. 즉, 고목에서 작은 선반처럼 자라는 버섯으로, '잔나비걸상'이란 버섯도 여기에 속한다.

광대버섯을 비롯한 넓은 의미의 독버섯을 toadstool이라고 부른다. 글자대로 풀이하면, 두꺼비toad가 올라앉아 쉬는 의자stool란 뜻이다. 두꺼비의 이미지는 독성이 있는 동물이고, stool은 등받이 없는 의자를 가리킨다. 따라서, 이 단어는 먹을 수 없는 독버섯을 가리킨다. 그래서 야생버섯 도감의 제목을 'Mushrooms and Toadstools'로 쓴 경우가 많은데, '식용버섯과 독버섯'의 의미로 쓰였다.

쓰임새가 비교적 제한적인 이름들도 있다. 대가 굵고 갓도 두꺼워 뚱뚱한 이미지를 가지면서, 갓 아래에 주름살gill(☞ 067)이 아니라 관공pore을 가진 버섯류는 bolete라고 부른다. 어원적으로는 식용버섯을 뜻하는 희랍어 bolites에서 유래하였으며, 지금은 그물버섯*Boletus edulis*(☞ 013)을 비롯한 몇몇 버섯류를 지칭하는 단어로만 쓰인다. 또한, 뱀버섯이나 말뚝버섯 같은 부류는 stinkhorn으로 부른다. 글자 그대로 악취stink를 풍기며, 뿔horn처럼 생긴 버섯을 널리 이르는 이름이다.

한편, 버섯이란 단어는 15세기부터 출현하였고, 18세기에는 '버슷'과 '버섯'의 형태가 공존하다가 19세기부터는 '버섯'의 형태로만 쓰였다. '버슷'이 '버섯'의 형태가 된 것은 제1음절의 모음에 영향을 받아 제2음절의 모음이 동화된 것으로 보인다[출처: 국립국어원 21세기 세종계획 누리집].

094

문 송이, 양송이, 새송이, 능이, 목이, 털목이, 흰목이 등과 같이 이름에 '이'가 붙은 버섯이 많습니다. 송이를 찾아보니 '이'의 한자 표기도 다양하던데, 글자에 따른 차이가 있거나 옳고 그름이 있는지요?

답 송이버섯은 예로부터 문헌에 松耳송이, 松茸송이, 松栮송이, 松蕈송심, 松菌송균, 松花蕈송화심 등으로 기록되었다. 일본에서는 マツタケ마쯔타케와 松茸를 표준어로 쓴다. 중국에서는 松口蘑송구마를 표준어로 쓰고, 속칭으로 松茸와 松菌을 쓴다. 우리나라 국립국어원 <우리말샘>에서는 송이(松耳/松栮)와 송이버섯(松耳-)을 표제어로 제시하고 있다. 학계에서는 송이와 송이버섯을 함께 허용하여 쓰고 있다. 용어 정리가 필요하다.

茸는 대부분 뿔'용'으로 쓰이지만, 드물게 돋아나는 풀(++)을 뜻하는 '이'로도 읽는다. 사슴뿔처럼 둥글고 힘차게 돋아나는 버섯에 붙인다. 그래서 松茸이다. 栮는 나무(木)에서 돋는 버섯인 木生菌목생균을 가리키므로 땅에서 나는 버섯인 地生菌지생균에는 어울리지 않는다. 耳는 귀(耳)를 뜻하며, 나무에서 나는 木耳목이나 돌에 붙어 자라는 石耳석이에 붙인다. 따라서 松茸로 쓰고 송이로 읽는 것이 논리적으로 맞고, 일본과 중국의 용례와도 일치한다. 이에 따라, 새송이버섯은 '새松茸버섯', 양송이버섯은 '洋松茸버섯'으로 써야 한다는 것이 필자의 생각이다.

능이는 곰이 엎드린 모습으로서 곰버섯으로 불렸고 한자로 熊茸웅이가 되었다. 能능이란 글자가 능하다는 뜻과 곰이라는 뜻으로 함께 쓰이므로, 이후에 能茸능이로 표기하게 되었다. 한편, 일부 문헌에 能耳와 能栮로 표기된 것은 송이의 경우와 같이 음에 따른 표기였을 것으로 추정되며, 논리적으로는 맞지 않다. 한편, 眞茸진이는 느타리, 鳥足茸조족이는 싸리버섯을 이르는데, 지금은 거의 쓰이지 않는다.

목이는 나무木, 목에 귀耳, 이처럼 넓적하게 딱 붙어있다는 의미이므로 木耳로 쓴다. 木茸 또는 木栮는 한때 잘못 쓰였던 글자이다. 털목이와 흰목이에도 똑같이 적용된다. 한편, 덩이버섯을 '덩이'라고 표기한 자료는 잘못이다. '덩이'는 '작게 뭉쳐서 이루어진 것'을 의미하며 버섯과는 아무런 관련이 없다. 팽이버섯을 '팽이'라고 표기한 자료도 옳지 않다. 어원적으로는 '팽이'가 팽나무에서 나는 버섯을 의미하지만, 아이들 장난감인 팽이와는 아무런 관련이 없다.

095

문 '참송이버섯'이나 '이슬송이버섯'이란 이름으로 판매되는 버섯이 있습니다. 진짜 송이버섯이 아니라는 자료가 있고, 송이버섯의 개량종이라는 자료도 있습니다. 이런 버섯의 정체는 무엇인가요?

답 인터넷에서 검색해 보면, 송고버섯, 송화버섯, 고송버섯, 송이향버섯, 참송이버섯, 이슬송이버섯 등 '송'이나 '송이'가 들어가서 마치 송이버섯과 관련된 듯한 이름을 가진 버섯들이 많다. 이들은 어떤 버섯을 이르는 한자명이거나 특정한 모양의 표고버섯을 이르는 별명이다. 한국에서 어떤 이름으로 부르든 결론적으로는 모두 표고버섯이다.

심지어는 송이버섯과 표고버섯의 잡종雜種이라거나 교잡종交雜種이라는 낭설도 있다. 우리만의 고유기술, 특허기술, 유일한 품종, 독자적 개발 등 각종 미사여구가 있으나 모두 근거 없는 과장 광고일 뿐이다. 송이버섯과 표고버섯은 계통학적으로 먼 관계이므로 잡종이나 교잡종이 나온 적도 없고 앞으로도 나올 수 없다.

야생 표고버섯은 갓이 크고 넓적하고 식감이 좋으며, 대는 가늘고 길며 씹을 수 없을 정도로 질기다. 시중의 표고버섯 품종들은 이러한 야생의 형질을 그대로 가졌으므로 갓은 식용하고 대는 국물용으로 쓰인다. 대까지 먹을 수 있는 특성을 가진 계통이 나와 참송이버섯이나 이슬송이버섯이란 이름으로 포장지에 솔잎까지 넣어 판매하여 소비자를 현혹한다.

이슬송이버섯 자료에 보니, '송이버섯 향과 식감에 표고버섯의 영양성분과 풍미를 가진 품종 개량 버섯'이라고 소개하고 있다. 송이버섯 향이란 표현은 과장되었지만, 송이버섯처럼 갓이 퍼지지 않고 대가 질기지 않은 특성을 가졌다는 것은 충분히 인정할 수 있다. 즉, 새로운 형질을 가진 표고버섯의 한 계통이다. 가능한 한 좋은 이름을 붙이려는 욕심에서 '송이'라는 단어를 넣은 것으로 보인다.

이러한 이름들이 소비자를 기만할 적극적 의도가 없고, 이로 인해 소비자가 뚜렷이 피해를 본 증거를 제시하기 어려우며, 농가소득과 행복추구와 관련되어 있으므로 정부가 직접 관여하지는 않는 것으로 보인다. 다만, 지나친 과장과 과도한 광고는 과학적으로 옳지 않고 자칫 소비자의 신뢰를 저버릴 수 있음을 잊지 말아야 한다. 표고버섯의 다양한 유형으로 '○○표고버섯'으로 쓰이는 것이 바람직하다.

096

문 **최근 '해송이버섯'이란 것이 여러 방송에 소개되어 화제가 되었다고 합니다. 이름에서 보듯이 진짜 바다(해, 海)와 관련이 있거나 송이버섯의 한 종류인지요? 과연 이 버섯의 정체는 무엇인가요?**

답 결론부터 말하면, '만가닥버섯'에 나름대로 멋진 이름을 붙인 것이다. 그러니까 시중에서 판매되는 만가닥버섯과 다를 바 없고, 바다와는 아무런 관련이 없으며, 송이버섯과도 전혀 연관성이 없다. 만가닥버섯은 일본에서는 팽이버섯과 표고버섯에 이어 세 번째로 많이 소비되는 유명한 식용버섯인데, 우리나라에서는 비교적 낯선 버섯이라 널리 소개하고 광고하는 중에 이런 이름을 붙인 듯하다. 하지만, 소비자들이 오해할 수도 있으므로 바람직한 이름은 아니다.

이 버섯을 생산하여 판매하는 업체의 홈페이지에는 '동해안 해풍을 품고 소나무 숲에서 자란 버섯'이란 표현이 있다. 모든 만가닥버섯은 팽이버섯이나 느타리버섯처럼 폴리프로필렌 플라스틱병에 담긴 톱밥에서 재배한다(☞ 124). 다만, 이 업체의 버섯농장이 강원도 동해안 소나무숲에 위치한다는 뜻일 것이다. 버섯을 재배할 때 아무래도 동해안 해풍이 들어올 것이다. 하지만 이 버섯이 깨끗한 동해안 바닷바람을 맞으면서 송이버섯처럼 소나무숲에서 자란다는 뜻으로 이해될 수도 있으므로 '의도된 거짓'으로 보일 수 있다.

만가닥버섯은 '백만송이버섯'이나 '해송이버섯'이란 이름으로도 판매된다. 사실 만가닥버섯류는 학술적으로 아주 복잡한 상황이라 교통정리가 쉽지 않다. 학자들 사이에 의견이 서로 달라 학명과 일반명 모두 여러 개가 존재하고, 학자들조차도 정확하게 파악하기 어려운 실정이다. 재배되어 식용되는 '느티만가닥버섯'까지 모두 포함하여 '만가닥버섯'으로 통칭하는 것이 가장 현명한 선택일 것이다.

시중에 판매되는 만가닥버섯은 연하면서도 사각거리는 식감도 좋고, 화장품 원료로 널리 쓰일 만큼 피부 탄력에 효능이 있으며, 항염 활성이 있어 피부 트러블을 예방하는 효과를 기대할 수 있는 데다가 할인행사의 단골 품목이라 더욱 반갑다. 아직 대중적이지는 않아 판매처에 재고가 쌓이면 1+1 행사를 하는 경우가 많다. 필자는 가정에서 버섯전골을 즐겨 먹는데, 늘 만가닥버섯이 들어간다. 대량재배로 값싸게 이용할 수 있는 버섯 중에서 그나마 만가닥버섯이 '버섯향'을 제대로 풍긴다.

097

문 애완용 사슴벌레를 사육하는 먹이로서 '오오히라균'이라는 버섯 균사를 배양한 톱밥이 널리 쓰입니다. 이 균이 느타리버섯의 한 종류라고만 소개되어 있는데, 구체적으로 어떤 버섯인지요?

답 애완용 곤충 사육에 관한 대부분의 정보가 일본에서 유래되어 '오오히라'라는 일본어가 널리 쓰이고 있다. '오오オオ'는 크다는 의미이고, '히라'는 느타리버섯을 의미하는 히라타케ヒラタケ의 앞글자이다. 이를 직역하면 큰 느타리이지만, 큰느타리버섯(새송이버섯)*Pleurotus eringii* 이 아니라 전복느타리버섯*Pleurotus abalonus*을 의미한다. 사슴벌레를 키우는 사육농가와 동호인들에게 유명한 오오히라균은 고온성이라 상온에서는 균사만 자라므로 곤충 먹이로 선호된다.

전복느타리버섯은 우리나라에서는 잘 알려지지 않았지만, 대만(타이완)을 중심으로 일부 아열대 지역에서 재배된다. 이 버섯은 오랫동안 대만에서 중요한 식용버섯으로 재배되었으며, 느타리버섯의 한 계통으로 여겨졌었다. 이 식용버섯에 대한 학명을 찾으면 다소 혼동되는 부분이 있으므로 이 기회에 해설할 필요가 있다.

1974년 대만 학자들이 이 버섯을 느타리버섯과 다른, 독립된 종으로 취급하여 *Pleurotus abalonus* Y.H. Han, K.M. Chen & S. Cheng이라는 학명을 붙였다. 1993년 독일 학자는 이 버섯을 *Pleurotus cystidiosus* subsp. *abalonus* (Y.H. Han, K.M. Chen & S. Cheng) O. Hilber라는 아종亞種, subspecies으로 취급하였다. 이후에 이 버섯은 1969년 미국학자 Miller에 의해 발표되었던 *Pleurotus cystidiosus* O.K. Mill.의 계통 중 하나에 불과하다는 것이 밝혀졌다. 즉, 신종도 아니고, 아종으로 취급하는 것도 옳지 않다는 뜻이다. 따라서, 전복느타리버섯은 학술적으로는 *Pleurotus cystidiosus*로 쓰인다. 그러나 재배와 이용 분야에서는 여전히 *Pleurotus abalonus*라는 옛이름으로 통용된다. 그러니까 이 두 학명은 서로 다른 버섯으로 오해될 수도 있지만, 같은 종의 버섯이다.

한편, 굼벵이(흰점박이꽃무지 애벌레) 사육에는 표고버섯 폐목廢木, 새송이버섯 폐배지廢培地, 잎새버섯 폐배지 등이 흔히 쓰인다. 사슴벌레 사육과 마찬가지로 균사에 축적된 물질이 중요한 영양공급원이 된다. 곤충산업은 자원 재활용 측면에서도 매우 바람직한 6차산업이다.

098

문 건강식품으로 유명한 아가리쿠스 버섯의 학명이 바뀌었다는 자료를 보았습니다. 생물의 학명은 왜 바뀌어야 하는지요? 학명이 변경되어야 하는 타당한 이유가 있겠지만, 어떤 연유가 있는지요?

답 매스컴을 통하여 또는 약국 유리창에 붙은 광고문구를 통하여 비교적 잘 알려진 약용버섯으로 아가리쿠스가 있다. 국립국어원 <우리말샘>에 "**아가리쿠스-버섯**「001」「명사」『생명』 북아메리카나 남아메리카에 자생하는 버섯. 표면은 담갈색으로 엷은 인편으로 덮여있고, 항암 작용이 있는 것으로 알려져 있다. ⇒ 규범 표기는 미확정이다.(*Agaricus blazei*)"로 소개되어 있다.

아가리쿠스라는 이름은 이 버섯의 속명 *Agaricus*를 그대로 부른 것이다. 이 속屬, genus에는 양송이버섯을 포함하여 무려 300종 이상이 포함되므로 이 버섯만 아가리쿠스라고 부르는 것은 마땅하지도 않고 정당하지도 않다. 학계에서 정한 우리말 이름은 '흰들버섯'이고, 업계에서는 '신령神靈버섯'으로 부른다. 정작 <우리말샘>에 흰들버섯과 신령버섯이 모두 등재되지 않아 관련 학자로서 책임감을 통감하고 있다. 악화가 양화를 구축한다는 말이 여기에도 적용된 듯하다.

이 버섯은 브라질 등 남미에서 오랫동안 약용과 식용으로 널리 이용되었는데, 학계에서 이 버섯을 *Agaricus blazei* Murrill이라는 학명으로 북미와 일본에 소개하였다. 특히 일본에서 선풍적 인기를 끌면서 여러 편의 연구논문과 자료에 이 학명이 쓰였다. 그러나 1945년 명명된 *Agaricus blazei* Murrill은 전혀 다른 버섯의 학명이었고, 브라질에서 오랫동안 이용되어온 버섯은 1893년 명명된 *Agaricus subrufescens* Peck이었다. 쉽게 설명하면, 고양이라고 부르며 키웠는데 알고 보니 삵이었다는 뜻이다. 따라서, 신령버섯의 학명을 바꾼 것이 아니라 바로잡은 것이니 변경變更(☞ 097)이 아니라 정정訂正이다.

이처럼 생물의 정체를 잘못 파악하는 것을 오동정誤同定, misidentification이라고 한다. 생물학에서 일어날 수 있는 일이므로 오동정을 인정하고 정정하는 논리적 기록을 남기는 것이 일반적이다. 이렇게 유명한 버섯이 오랫동안 오동정 상태로 통용된 사례는 사실상 없었다. 이 버섯의 이름과 학명을 국어사전부터 전문자료까지 모두 바로잡는 작업이 시급하다.

099

문 말똥버섯이란 이름이 정겹습니다. 말똥에서 자란다는 의미인지, 말똥처럼 생겼다는 의미인지, 말똥 냄새가 난다는 의미인지, 말똥 색깔이라는 뜻인지 어떻게 아나요? 버섯 이름은 어떻게 짓나요?

답 세계에서 기록된 버섯은 약 15,000종인데, 우리나라에서 알려진 버섯은 약 1,500종이다. 버섯 이름은 학명과 일반명이 있다(☞ 076). 이 버섯의 학명은 *Panaeolus papilionaceus*이고, 우리말 일반명은 말똥버섯이다. 기본적으로 모든 생물에는 단 하나의 학명이 있고, 그 생물의 일반명은 각각의 언어마다 서로 다르다.

우리나라 버섯 일반명을 어떻게 짓는지 살펴보자. 1978년 한국균학회에서 '한국말 버섯 이름 통일안'을 제정하였다. 제정원칙 제1항에 "기준종의 우리말 또는 학명을 속명으로 정하고, 그 이름을 전 종명에 넣는다"고 결정하였다. 예를 들어, *Panaeolus*속의 기준종基準種, type species은 *Panaeolus papilionaceus*이며, 우리말 이름은 말똥버섯이다. 그러니까, *Panaeolus*속屬에 속하는 다른 종種들은 긴대말똥버섯, 잔디말똥버섯, 계란말똥버섯, 좀말똥버섯, 검은띠말똥버섯, 말똥버섯아재비처럼 모두 이름에 '말똥버섯'이 들어간다. 말똥버섯 앞에 각각 종의 특징을 나타내는 형용사 상당어구를 넣거나, 뒤에 '아재비'나 '붙이' 같이 유사성을 의미하는 어미를 넣어서 이름을 짓는다. 이는 동물이나 식물에서도 마찬가지로 적용된다(☞ 077).

'말똥'은 자라는 기질일 수도 있고, 생긴 모양일 수도 있고, 냄새나 색깔을 나타낼 수도 있다. 달리 규정할 수도 없고, 규정해도 안 된다. 상황에 따라 충분히 이해되고 이해할 수 있기 때문이다. 마늘낙엽버섯은 마늘 냄새가 나고, 당귀젖버섯은 당귀 냄새가 난다. 꾀꼬리버섯을 별명으로 오이꽃버섯, 북한에서는 살구버섯으로 부르는데, 모두 샛노란 색깔에서 유래한다. 말똥버섯은 주로 말똥에서 자란다는 의미이지 오직 말똥에서만 자란다는 의미는 아니다.

실무적으로 버섯 일반명 중에는 영어명이나 일본명을 그대로 직역한 것도 있고, 북한명을 가져다 쓴 것도 있다. 또한, 버섯 학명에 근거하여 우리말 이름을 붙이기도 한다. 버섯 분류체계가 최근에 크게 변하고 있으므로 버섯 학명도 변경되고 있다. 게다가 과거에 잘못 붙이거나 마땅하지 않은 이름도 있다. 버섯의 우리말 이름을 정비할 때가 왔다.

100

문 음식과 요리에서는 트러플, 학술자료와 논문에서는 덩이버섯, 일반자료와 매스컴에서는 송로버섯이란 이름으로 불리는 버섯이 있습니다. 이 버섯이 한 부류인데, 왜 그렇게 다른 이름으로 불리나요?

답 흔히, '세계 3대 진미'로 땅에는 트러플truffle, 물에는 캐비아caviar, 하늘에는 푸아그라foie gras를 일컫는다. 이는 일본에서 만든 말이고, 서양에서는 이런 개념이 존재하지도 않는다. 여하튼, 한국에서는 누구나 다 아는 상식처럼 되어버렸다. 안타깝게도, 트러플을 '송로버섯'이라 잘못 부르는 경우가 너무 많아 상세한 해설이 필요하다.

영어 truffle, 프랑스어 truffe, 이탈리아어 tartufo로 통칭되는 버섯류가 있다. 넓은 의미로는 *Tuber*속屬에 속하는 버섯류를 통칭하며, 변종까지 합치면 무려 677종이나 되는 거대한 분류군이다. *Tuber*는 둥근 덩어리나 혹을 의미하는 라틴어 명사 tuber에서 유래한 속명屬名, generic name이다. 이름처럼 모두 둥근 덩어리 모양의 버섯을 땅속에 형성한다.

몇 종이 식용으로 알려졌지만, 실제 식품으로 가치가 있어 거래의 대상이 되는 것은 2종에 불과하다. *Tuber magnatum*이란 종은 white truffle로 불리고, *Tuber melanosporum*이란 종은 black truffle로 불린다. 이런 버섯이 유럽에서 일본으로 도입되면서 '西洋松露서양송로'라고 명명되었다. 즉, 일본에서 松露송로라고 부르는 버섯과 유사하지만, 서양에서 들여온 버섯이라는 의미이다.

송로*Rhizopogon rubescens*는 글자 그대로 소나무松, 송와 공생하면서 자실체를 땅속에 둥글게 맺는露, 로 식용버섯이며, 한국에서는 '알버섯'이라 부른다. 모양으로 보나 땅속에 맺는 특성으로 보나 white truffle과 유사하다. 그래서 트러플버섯을 일본에서는 서양송로라고 부른다. 최근 일본에서는 프랑스어 truffe를 음역한 이름 トリュフ토뤼프가 더 흔히 쓰이는 추세이다.

한편, 한국에서는 *Tuber*속의 버섯을 덩이버섯으로 통칭한다. 그래서 white truffle을 '흰덩이버섯', black truffle을 '검정덩이버섯'으로 부르는 것이 옳은 이름이다. 다만, 요리나 식품에서는 영어식으로는 트러플, 프랑스어식으로는 트뤼플로 부르는 경향이 있다. 국립국어원 <우리말샘>에 덩이버섯은 아예 등재되지도 않고, 송로버섯은 잘못 해설되어 있어 무엇부터 고쳐야 할지 참으로 난감한 상황이다.

101

문 포도 주스와 포도주는 모두 포도즙으로 만드는데, 에탄올 함유 여부로 구분된다고 생각합니다. 포도즙으로만 만들어진 포도 주스를 오래 두면 포도주가 되기도 한다는데, 진짜 그럴 수 있을까요?

답 포도주는 원칙적으로 포도즙만 사용한다. 즉, 물을 첨가하거나 당분을 넣지는 않는다는 의미이다. 반면에, 포도 주스는 제조 방법도 다양하고 원료도 여러 가지이다. 그러나 포도 주스 속에 포도즙이 일정 부분 함유된 것은 틀림없는 사실이다. 포도즙 100%로 만든 포도 주스의 경우에 오래 보관하면 포도주가 된다는 이야기가 회자되고 있다. 이는 일부 맞을 수도 있고 그를 수도 있다.

자연 상태의 포도알을 눌러 즙액을 짜내면 포도즙이 된다. 그 즙액 속에는 포도알 표면에 존재하던 미생물도 함께 들어간다. 포도알 표면에 존재하는 하얀 분粉은 대부분 포도알에서 석출된 포도당葡萄糖, glucose과 과당果糖, fructose이다. 그리고 이런 당분을 먹으며 자라는 효모도 포함되어 있다. 옛날에는 포도즙 속에 혼입되는 효모가 자연적으로 에탄올발효를 일으키도록 잘 관리하는 기술이 바로 양조기술의 핵심이었다.

이렇듯 포도즙을 그대로 두면 반드시 미생물에 의한 변화가 일어난다. 그러한 변화 중 하나가 바로 에탄올발효이다. 따라서 포도즙을 그대로 담은 포도 주스의 경우에는 시간의 경과에 따라 부패할 수도 있고 에탄올발효가 일어날 수도 있다. 실제는 부패와 발효 중 하나가 일어난다기보다는 부패와 발효가 동시에 일어나서 괴괴한 냄새와 함께 시큼한 술 냄새가 공존하는 상태가 될 것이다.

그래서 시판되는 포도 주스는 반드시 멸균滅菌, sterilization 과정을 거친다. 즉, 포도 주스에 어떤 미생물도 생존하지 못하도록 완전히 죽인다. 이런 멸균 과정에서 맛의 변화와 유효성분의 파괴를 최소화하는 것이 음료회사의 고민이자 기술이다. 그러니까 시판되는 어떤 포도 주스도 오래 둔다고 해서 포도주가 될 수는 없다.

시판되는 포도 주스에 당분을 추가하고 술효모를 넣으면 에탄올발효가 일어날 수 있다. 홈브루잉home brewing 전문점에서 효모와 발효조 세트를 구입하여 포도 주스로 포도주를 만들 수 있다. 다만, 마실 만한 품질의 포도주가 된다고 기대하기는 어렵다.

102

문 위스키는 몇 년 산인지 표시가 되어 있고, 표시된 햇수에 따라 가격차가 상당히 큽니다. 12년산 위스키를 구입하여 5년간 보관한다고 17년산으로 되지는 않을 것 같은데, 왜 그런지요?

답 위스키whisky는 곡물을 발효시켜 만든 발효주醱酵酒를 증류하여 만든 증류주蒸溜酒이다. 쉽게 설명하면, 마치 맥주를 만들듯이 맥아麥芽와 곡물을 효모로 발효하여 약한 술(발효주)을 만들고, 이 술을 증류蒸溜, distillation하면 강한 술(증류주)이 만들어진다. 이렇게 만들어진 대략 40도 이상의 강한 술은 우리의 전통 소주燒酎나 중국의 백주白酒와 같은 성격의 술이다. 이러한 술은 그냥 마시기에는 에탄올 특유의 역한 맛이 있으므로 '숙성熟成, aging'을 거쳐 개성 있는 술로 재탄생한다.

위스키의 숙성은 참나무로 만든 오크통oak桶에서 이루어진다. 역사적으로는 세금을 피하려고 도수가 높은 술을 몰래 오크통에 숨겨 놓은 세렌디피티serendipity가 위스키 탄생의 비화이다. 이후에 오크통을 바꿔가면서 위스키의 색깔과 풍미를 내는 기법이 발달하였다.

이러한 숙성 과정이 길수록 대체로 좋은 색깔과 풍미를 낸다. 즉, 위스키의 색깔은 호박琥珀의 투명함을 연상시켜 고급스러운 분위기를 자아내고, 에탄올 고유의 쓴맛은 숙성 과정에서 감소하며, 오크통의 참나무에서 유래한 폴리페놀polyphenols이 술에 녹아들어 독특한 풍미를 제공한다.

숙성 과정은 그냥 햇수만 채우는 것이 아니라 계획에 따라 전통 주기적으로 오크통을 바꿔주고, 냄새와 맛을 보면서 많은 의사결정을 하고, 숙성 비법에 전통까지 더해져서 최종 제품이 탄생한다. 12년산은 12년 동안 숙성시킨 것이고, 30년산은 30년 동안 숙성시킨 위스키이다. 따라서 12년산으로 출고된 위스키는 영원히 12년산이고, 가정에서 5년간 보관한다고 17년산으로 변신하는 것은 아니다.

우리나라에서 인기 있는 B위스키의 가격을 대략 살펴보니, 12년산 7만 원, 17년산 13만 원, 21년산 20만 원, 그리고 30년산 50만 원 정도로 숙성 햇수가 높을수록 가격은 크게 오른다. 가격이란 여러 요인에 의해 결정되는 것이므로 과학적 입장에서의 물질분석이나 숙취와 관련된 지표로써 직접 비교하기는 어렵다. 희소성이나 보유효과保有效果, endowment effect까지 반영된 것이 가격이다.

103

문 맥주 중에 무알코올맥주가 있습니다. 어떻게 제조되는지, 알코올이 전혀 포함되지 않았는지, 먹어도 전혀 취하지 않는지요? 일반 보리 음료와 비슷할 것도 같은데, 어떤 점에서 다른지요?

답 무알코올맥주無...麥酒는 국제적으로 NAB라고 통칭되는데, non-alcoholic beer 또는 non-alcoholic beverage의 약어이다. 진짜 맥주는 아니라는 의미로 near-beer라고도 불린다. NAB는 색깔·냄새·거품·이산화탄소는 물론 포장까지도 맥주와 거의 구분할 수 없게 만드는데, 글자 그대로 에탄올만 없다. 술을 금지하는 국가의 국민, 술을 마실 수 없는 운전자, 임산부 등 특정한 수요층이 있다.

무알코올맥주를 제조하는 방식에는 두 가지가 있다. 일반 맥주 제조공정에서 효모에 의한 에탄올발효 과정을 거치지 않는 방식이 있다. 맥주는 물·맥아·홉·효모의 작품인데, 효모의 작용을 생략한 것이다. 이렇게 만든 제품은 소비자들에게 별로 인기가 없다. 효모가 에탄올을 만드는 작용 이외에도 맥주의 풍미를 결정하기 때문이다.

두 번째 방식은 일반 맥주의 제조공정을 모두 거치고서, 최종적인 병입 단계 직전에 진공증발법眞空蒸發法, vacuum evaporation으로 에탄올을 제거한다. 잔류 에탄올 함량을 가능한 한 최소화하지만, 0.5%까지 잔류하도록 허용된다. 그래도 제품에는 non-alcoholic으로 표기할 수 있다. 이 방식으로 제조된 NAB는 풍부한 거품부터 이산화탄소의 청량감까지 맥주와 구분하기 어려울 정도로 호평을 받고 있다.

한편, 발포주發泡酒라는 맥주도 있다. 일반 맥주에는 당질 재료로서 맥아麥芽, malt가 50% 이상 포함되지만, 발포주에는 맥아 함량이 대략 10% 이하이다. 이는 세금 부과와 관련된 것으로서 발포주가 맥주에 비해 훨씬 저렴하다. 우리나라에서 발포주는 2017년 4월에 처음 출시되어 아직 대중적이지는 않으나, 일본에서는 발포주 시장이 매우 크고 다양하게 발달하였다.

또한 보리 음료로 통칭되는 음료가 있는데, 맥주와는 전혀 다르다. 특히, 맥주의 꽃이라고 할 수 있는 홉hop이 들어가지 않는다. 맥주에서 홉은 방부防腐, 상쾌한 쓴맛, 풍부한 거품이라는 3대 효과를 발휘하는데, 에탄올이 함유된 음료에서 가치를 발휘한다. 그래서 보리 음료는 나름대로 독자성을 가진 것이며, 맥주를 흉내낸 것은 아니다.

104

문 옥수수술빵 또는 막걸리빵이라고 부르는 식품이 있습니다. 막걸리를 반드시 사용하기에 특유의 술내가 난다고 합니다. 이런 빵은 먹어도 취하지 않는데, 어떻게 술(에탄올)이 없어진건가요?

답 국어사전에 술빵은 '밀가루에 막걸리를 섞어 반죽하여 발효한 뒤에 쪄 낸 빵'으로 풀이되어 있다. ”은 '밀가루에 막걸리를 섞어 반죽하여 발효한 뒤에 찌거나 불에 구운 빵'으로 풀이되어 있다. 밀가루 대신에 옥수숫가루를 쓰면 옥수수술빵으로 부른다. 쌀가루를 이용하면 빵이 아니라 떡이라고 부른다.

여하튼, 술빵에는 다른 술이 아닌 막걸리를 넣는다. 그 이유는 막걸리에는 살아있는 효모가 많이 들어있기 때문이다. 밀가루에 포함된 소량의 당분과 손상전분損傷澱粉은 효모의 먹이가 되어 에탄올과 이산화탄소로 전환되는 '에탄올발효ethanol fermentation'가 일어난다. 막걸리에 들어있는 효모는 발효과정에서 이산화탄소를 생성하므로 술빵은 다공성多孔性의 구조를 형성하여 폭신폭신한 조직감이 생긴다. 술빵은 기본적으로 증편(☞ 135)과 같은 원리로 만들어진다.

그럼 에탄올, 즉 술의 행방은 어떻게 될까? 제빵 과정은 반드시 찌거나 굽는다. 찌는 것은 '뜨거운 김으로 익히거나 데우다'는 뜻이다. 뜨거운 김은 상압常壓에서 100°C이다. 물을 상압에서 끓이면 증기로 변하는데, 이때 온도가 100°C이다. 한편, 빵을 굽는 온도는 빵의 종류와 제빵 목적에 따라 다르지만, 대체로 200°C 내외이다.

이러한 제빵 과정에서 에탄올은 휘산揮散, 즉 액체 상태의 에탄올이 기체 상태로 날아간다. 에탄올의 휘산 온도는 78°C이므로 제빵 과정에서 찌든 굽든 모두 날아가 버린다. 따라서, 완성된 술빵에는 에탄올이 남지 않는다. 가끔 술빵에서 술내가 난다고 하는 경우가 있다. 즉, 막걸리 특유의 향과 풍미가 남아있다는 뜻이지 에탄올이 남아있다는 의미는 아니다.

한편, 옥수수술빵은 늘 노란색이고, 밀가루술빵은 흰색이 특징이다. 그런데, 옥수수술빵을 만드는 옥수숫가루도 전분이며 흰색이다. 옥수수를 상징하는 노란색의 술빵은 식용색소를 첨가하기 때문인데, 필자는 노란색의 천연색소이자 건강식품인 울금을 추천하고 싶다. 최근에는, 보라색이나 녹색의 술빵도 등장하여 인기가 높다.

105

문 초파리는 과일 냄새에 유인된다고 합니다. 그런데, 자연계의 물질 중에서 초파리를 유인하는 가장 강력한 자극은 술 냄새라고 합니다. 초파리는 왜 술 냄새가 나는 먹이기질로 유인되는지요?

답 '초파리'는 vinegar fly의 번역어인데, 이 곤충이 이름처럼 식초食醋, vinegar에 유인되는 것은 아니다. 초파리는 과일 냄새에 유인된다고 하는데, 사실은 산란産卵을 위해 에탄올이 함유된 먹이기질에 유인되는 것이다. 산란 후 7~10일 만에 알이 부화하여 애벌레가 된다. 이때 애벌레는 단시간에 영양을 섭취하고 이내 번데기가 된다.

초파리의 이런 생활사를 완성하기 위해서는, 애벌레가 포도당이나 과당처럼 소화되기 쉬운 당분이 풍부한 먹이를 섭취해야 한다. 하지만 그런 조건을 갖춘 곳은 효모도 살기 좋은 곳이다. 효모가 그곳에 살면서 에탄올발효를 수행하므로 술 냄새가 난다. 따라서 술 냄새가 나는 곳이 애벌레의 먹이가 풍부하고 살기 좋은 곳이 된다.

당분에 대하여 잠깐 설명하는 것이 좋겠다. 당분糖分, sugars이란 어떤 기질에서 당류가 차지하고 있는 부분이란 의미이다. 대부분 과일에는 당분이 들어있다. 대추야자에는 과육 100g당 당분이 65g에 이를 만큼 엄청난 양이 포함되어 있다. 코카콜라 350ml 캔에는 38g의 당분이 들어있고, 맥주에는 원칙적으로 당분이 0g이다. 포도주에는 당분이 약 1~2% 정도 들어있으므로 포도주를 흘린 곳은 끈적끈적해진다.

포도는 100g당 14~20g의 당분을 가져서 매우 높은 편이다. 포도에는 과당과 포도당이 대략 절반씩 들어있다(☞ 101). 과당과 포도당은 모두 단순당이므로 분해 없이 바로 이용될 수 있다. 그래서 단순당이 풍부한 기질에는 효모와 세균이 급속하게 번성할 수 있다. 포도즙은 산도가 3~4 범주이므로 효모는 살 수 있어도 세균이 살기는 어렵다. 이러한 이유로 포도즙 속의 효모가 에탄올발효를 일으켜 술이 되는 것이다. 술 냄새가 있다는 것은 그곳에 당분이 '아주 풍부하게' 존재한다는 것을 의미한다.

그럼 초파리 애벌레는 에탄올이 함유된 먹이를 먹을 텐데, 술에 취하거나 에탄올 독성으로 죽지는 않을까? 초파리는 진화적으로 알코올탈수소효소가 강력하게 발달해 있기에 소량의 에탄올을 섭취하는 즉시 분해하므로 취하지 않는다(☞ 106).

106

문 술 냄새에 의해 유인되는 초파리는 먹이활동을 통하여 기질에 함유된 에탄올을 섭취할 것으로 생각됩니다. 그렇다면, 진짜로 초파리가 에탄올을 섭취하는지, 왜 섭취하는지, 취하지는 않는지요?

답 초파리fruit fly, vinegar fly가 과일의 단맛과 향기에 의해서도 유인되지만, 술 냄새에 의해 강력하게 유인된다는 것이 최근의 학설이다(☞ 105). 술이란 에탄올을 함유한 음료이다. 따라서 정확하게 표현하면, 초파리는 에탄올이 함유된 먹이에 유인된다. 효모가 과일의 당분을 에탄올로 전환하는 '에탄올발효ethanol fermentation'를 일으켰기 때문에 과일에 에탄올이 축적된 것이다. 따라서 에탄올이 있다는 것은 그곳에 당분이 '아주 풍부하게' 존재한다는 것을 의미한다.

그럼, 에탄올에 유인된 초파리가 에탄올을 섭취할까? 즉, 초파리가 술을 먹을까? 정답은 '그렇다'이고, 그것도 엄청난 술꾼이다. 약 430만 년 전에 분화되어 등장한 초파리는 남다른 독특한 전략으로 진화하였다. 즉, 술을 찾아다니면 당분이 풍부한 먹이가 존재한다는 사실을 인지하였다. 그러다 보니 에탄올을 많이 섭취하게 되었고, 살아남기 위해서 에탄올을 분해하는 효소가 활성화되는 전략적 진화를 거듭하였다.

2012년에 흥미로운 연구결과가 과학잡지 사이언스SCIENCE에 실렸다. 하루 3번씩 4일간 반복해서 짝짓기를 거부당한 수컷 집단과 하루 6시간씩 4일간 짝짓기할 수 있도록 허용된 수컷 집단의 행동을 분석하였다. 이 두 집단에 보통 먹이와 에탄올 15%가 들어있는 먹이를 제공하였다. 그 결과 짝짓기를 거부당한 수컷 초파리들은 자신의 몸무게의 2배에 해당하는 에탄올 함유 먹이를 섭취하였다. 사람으로 치자면, 체중 70kg의 사람이 750ml짜리 포도주(에탄올 12.5%)를 약 200병이나 마신 셈이다. 그러나 짝짓기가 허용된 집단의 초파리들은 에탄올이 함유된 먹이를 먹지 않았다.

초파리가 스트레스를 받으면 특정 신경전달물질 NPFneuropeptide F의 수준이 낮아지고, 이것은 에탄올을 섭취하는 경향과 관련이 있다는 것이 최근에 발표된 학설이다. 초파리가 에탄올 독성으로 인해 즉사할 것으로 생각되지만, 최고의 술꾼인 초파리는 끄떡도 하지 않는다. 초파리에는 알코올분해효소로 알려진 알코올탈수소효소alcohol dehydrogenase(ADH)가 진화를 통해 강력하게 발달해 있기 때문이다.

107

문 술 취한 새에 관한 기사를 매우 흥미롭게 읽었습니다. 에탄올발효가 일어난 열매를 먹은 새가 술에 취해서 이상한 행동을 한다는 내용인데, 자연계에서 이런 일이 정말 일어날 수 있나요?

답 일반인들에게는 매우 낯설고 믿기 어려운 이야기이지만, 조류학자나 조류애호가의 관찰 기록을 통하여 소위 '술 취한 새'에 대한 이야기는 많이 전해져 온다. 2011년 8월 영국 컴브리아 카운티에서 12마리의 지빠귀가 초등학교 운동장에서 죽은 채로 한꺼번에 발견되었다. 이 떼죽음은 에탄올발효가 일어난 열매를 많이 먹은 어린 지빠귀에서 나타난 에탄올 독성ethanol toxicity에 의한 것으로 결론 내려졌다.

2018년 10월 워싱턴 포스트에도 술 취한 새 이야기가 실렸다. 미국 미네소타주 길버트 경찰서에 새들이 이상 행동을 보인다는 신고가 여러 건 접수되었다. 경찰 당국은 전문가의 조언을 빌어 꼬까울새, 애기여새, 개똥지빠귀를 비롯한 일부 조류들이 에탄올발효가 일어난 열매를 먹고서 일시적으로 술에 취한 상태였다고 했다.

오스트레일리아 남동부 지역에서도 매년 겨울이면 사향오색앵무새가 술 취해 휘청거리는 모습이 목격된다. 이 새가 즐겨 먹는 유칼립투스 꿀이 에탄올발효를 일으킬 때 이런 현상이 일어날 수 있다. 또한, drunken parrot tree술 취한 앵무새나무라는 별명을 가진 스코티아나무의 꽃에 있는 꿀에서 에탄올발효가 일어나면 이를 빨아먹은 앵무새들이 술에 취한다.

캐나다 환경부에서는 술 취한 새들을 위한 작은 쉼터를 만들어준다. 술 취한 새들이 비틀거리며 위태롭게 날아가다가 상처를 입기 때문이다. 쉼터를 마련해 주면 그 속에서 잠시 쉬는 동안 술을 깨고 다시 날아간다는 것이다. 언뜻 농담 같아 보이지만 엄연한 사실이다.

하얀 눈에 파묻힌 산사나무 열매를 따 먹는 새가 있다. 산사나무 열매의 당도는 3~20브릭스인데, 평균 10브릭스로 볼 때 충분히 겨울 동안 서서히 에탄올발효가 일어날 수 있다. 이러한 열매를 윈터베리winter berry라고 부른다. 이런 열매는 당도가 높아 종종 에탄올발효가 일어나므로, 열매를 먹으며 겨울을 나는 과식조류果食鳥類, frugivorous birds가 가끔 술에 취한다. 이러한 새들은 에탄올에 특별히 선호성을 보이지는 않지만, 완숙 또는 과숙한 열매를 선호함에 따라 에탄올 중독의 기회가 늘어난다.

108

문 술에는 미량의 메탄올이 함유되어 있다고 합니다. 메탄올이 들어있는 가짜 술로 인한 사망사고 뉴스도 보았습니다. 일반적인 술을 마셔도 미량의 메탄올로 인하여 건강에 해롭지 않을까요?

답 알코올alcohols이라고 통칭하는 물질에는 여러 종류가 있다. 그중에서 에틸알코올(=에탄올ethanol)과 메틸알코올(=메탄올methanol)이 가장 잘 알려져 있다. 술酒類, 주류이란 1% 이상의 에탄올을 함유한 음료로 정의되듯이, 에탄올은 술을 이루는 주체이다. 에탄올과 메탄올이 모두 독성물질이지만, 독성의 정도에서는 현격한 차이가 있다.

일반적인 술은 양조 과정을 통해 술효모가 생산하는 에탄올을 함유한다. 그런데, 양조 과정에서 극미량의 메탄올도 생성된다. 세계보건기구WHO의 발표(2014)에 따르면, 맥주에는 6~27mg/L, 위스키에는 10~220mg/L의 메탄올이 포함되어 있더라도 사람의 건강에는 영향이 없다고 한다.

포도주를 기준으로 조사된 자료가 있다. 보통의 포도주 1병의 용량을 750ml로 볼 때, 포도주 100병에는 3.75~7.5ml의 메탄올이 함유되어 있다. 메탄올의 인체 독성을 표시할 때, 10ml이면 실명失明하고, 30ml이면 사망死亡한다고 한다. 즉, 한 번에 포도주 200병을 마셔야 실명할 수 있는 양의 메탄올을 섭취한 것이다. 따라서 메탄올 독성 이전에 에탄올 독성으로 인해 사망할 것이므로 메탄올 함량이 직접적으로 거론되지 않는다.

메탄올은 에탄올에 비해 절반 이하의 가격이므로 가짜 술 제조에 사용되기도 한다. 메탄올이 함유된 가짜 술로 인하여 2015년 6월에는 인도 뭄바이에서 90명이 사망하는 안타까운 사고도 있었다. 2019년 2월에도 인도에서 메탄올이 함유된 밀주를 마신 후 39명이 사망하고 수십 명이 고통을 받았다. 2019년 6월에 말레이시아에서도 역시 메탄올이 들어있는 가짜 술로 인해 6명이 사망하였다. 이러한 메탄올 독성에 의한 사고가 세계 여러 곳에서 끊이지 않는다.

영화 '취권2'에서 주인공이 메탄올을 마시고 적들을 휩쓸어버리는 모습이 그려졌다. 나중에, 주인공은 정신이 혼미하고 장님이 되어 오락가락하였다. 아무리 코믹영화라지만 메탄올이 소재로서는 부적합하다. 우리나라에서 메탄올은 화학물질관리법 시행령 제11조에 의해 법적으로 환각물질로 지정되어 있다. 따라서 메탄올의 판매 및 이용이 제한되어 있다.

109

문 저장 중의 포도주가 부패하는 부쇼네는 코르크 마개 때문이라고 합니다. 곰팡이와 관련된 현상이라던데, 올바른 해설인가요? 왜 코르크 마개를 사용하여 이런 문제를 일으키는지요?

답 부쇼네를 모르면서 포도주를 안다고 할 수 없다는 말처럼, 흔히 발생하는 문제이다. 부쇼네bouchonne는 코르크로 인하여 변질된 와인을 뜻하는 프랑스어이다. 어원적으로는 프랑스어로 병마개를 bouchon부숑이라고 하며, 곰팡이로 오염된 코르크 마개 냄새가 나는 와인을 bouchonne부쇼네라고 부른다. 그러니까 포도주 자체가 부패腐敗한 것은 아니다.

와인에 TCA2,4,6-trichloroanisole 화합물이 존재하기 때문에 부쇼네가 일어날 수 있다. TCA는 곰팡이가 와인 속의 염소계 또는 페놀계 화합물과 반응함으로써 생성되는 물질이다. 이는 곧, 곰팡이가 있다면 부쇼네는 피할 수 없다는 뜻이다. 곰팡이는 와인 속에서는 자랄 수 없고, 단지 오크통이나 코르크 마개에서 자란다. 그래서 소비자의 입장에서는 코르크 마개가 범인이라고 단정할 수밖에 없다. 이런 이유로, 부쇼네를 코르키corky라고도 부른다.

부쇼네가 발생하면 와인 특유의 풍미는 죽어버린다. 비에 젖은 개털 냄새가 난다거나 축축한 신문지 냄새가 난다는 혹평이 있을 정도로 불쾌한 냄새가 나므로 상품성이 없다. 소믈리에는 미세한 부쇼네가 발생해도 이를 찾아낼 수 있다고 한다.

이런 부쇼네를 일으키는 곰팡이는 대단히 많은 종류가 검출되지만, 대부분 아스페르길루스*Aspergillus* 또는 푸른곰팡이*Penicillium*로 알려져 있다. 곰팡이 종류에 따른 피해 정도나 냄새의 차이는 인정되지 않는다. 계절이나 와인 종류 등도 관련이 없다.

그럼 왜 와인에는 코르크 마개를 사용할까? 포도주를 병에 저장하기 시작한 시절에 마개로 사용할 수 있는 거의 유일한 재료가 코르크였기 때문이다. 전체 와인의 2~3%가 코르크 마개로 인해 변질되기 때문에 최근에는 금속 스크류캡screw cap을 장착한 와인이 늘고 있다. 약 20년 전에 와인 대통령으로 불리던 로버트 파커는 '2015년엔 전체 와인의 95%가 스크류캡으로 바뀔 것'이라 내다봤다. 하지만 2019년 현재에도 대부분의 와인은 코르크 마개를 하고 있다. 스크류캡이 와인의 품질 유지와 더불어 부쇼네를 일으키지 않는 장점은 과학적으로만 칭송되는 듯하다.

110

문 잿빛곰팡이에 감염된 포도알을 이용하여 만드는 귀부포도주는 정말 신기했습니다. 혹시 잿빛곰팡이에서 생성된 독성물질이 곰팡이독소로서 귀부포도주에 잔류할 가능성이 있지 않을까요?

답 가정에서 포도 껍질을 쓰레기통에 넣어두고 하루 이틀만 지내보자. 또는 상처가 있는 딸기나 산딸기를 통에 넣어두고 이튿날 열어보자. 화단의 꽃이 시들어 축 늘어지더니, 어느 날 회색의 곰팡이가 털처럼 피어날 때가 있다. 이런 것들을 손가락으로 툭 건드려 보자. 뽀얀 먼지처럼 포자가 날려 금세 얼굴을 찌푸릴 것이다. 이것이 바로 '잿빛곰팡이*Botrytis cinerea*'로서 우리 주변에 매우 흔하다.

잿빛곰팡이에 감염되어 쪼그라들고 썩어가는 포도알을 이용하여 포도주를 빚는 비법을 발견한 것이 1630년인데, 당시에는 곰팡이독소에 대한 개념이 전혀 없었다. 『곰팡이가 없으면 지구도 없다』(2015, 신현동, 지오북)에 소개된 바와 같이, 식품에서 곰팡이독소菌毒素, mycotoxins의 존재와 위험성을 본격적으로 거론한 것은 1960년대이다. 따라서 무려 300년 이상이나 이 잿빛곰팡이가 독성물질을 만들어내는지 그리고 포함하는지도 모른 채, 그저 호박琥珀색의 신비함과 비싸고 귀한 희소성에 도취되어 있었다.

아직까지 어떤 계통의 잿빛곰팡이든 간에 곰팡이독소를 만든다는 증거가 발견된 적이 없다. 귀부포도주에는 잿빛곰팡이가 어마어마하게 들어간다. 사과 주스에 사용하는 사과들 중에도 일부에는 잿빛곰팡이에 의해 썩은 부분이 있다. 다른 농산물 가공에서도 잿빛곰팡이는 혼입될 가능성이 매우 크다. 그럼에도 불구하고, 잿빛곰팡이는 농산물 가공에서 곰팡이독소나 독성물질의 문제를 일으킨 적이 없다. 매우 다행스러운 일이다.

포도주를 담그기 위해 포도알을 수확하여 보관하고 착즙搾汁하는 과정에서 여러 종류의 곰팡이에 오염되고 순간순간 자라난다. 일부 푸른곰팡이*Penicillium*와 아스페르길루스*Aspergillus*는 오크라톡신ochratoxin이라는 곰팡이독소를 만들어 문제를 일으키기도 한다. 실제로 1996년 포르투갈 포도주에서 오크라톡신이 검출되어 사회문제가 되었었다. 그로 인해, 유럽연합에서는 포도주에서의 오크라톡신 잔류허용기준을 2ppb로 설정하였다. 하지만 잿빛곰팡이에 오염되더라도 곰팡이독소를 생성하지 않으므로 당분만 조금 빼앗을 뿐 달리 피해를 주지는 않는다.

111

문 식물이나 동물은 삶과 죽음을 비교적 쉽게 판정할 수 있습니다. 곰팡이와 효모에서는 살아있는지 죽었는지 어떻게 판단할 수 있나요? 시중에 파는 생버섯은 살아있는 상태라고 할 수 있나요?

답 사망死亡, death의 사전적 정의는 '자연인이 생명을 잃음'으로 사람 중심이다. 죽음은 '생물의 생명이 없어지는 현상'으로 설명되어 모든 생물에 적용된다. 효모와 버섯을 포함하는 모든 곰팡이도 생명이 없어지는 죽음을 맞이한다. 그럼 곰팡이의 죽음에 관하여 알아보자.

맥주를 양조할 때 가장 중요한 공정 중 하나가 바로 맥즙麥汁, wort에 효모를 투입하는 일이다. 이때 효모 개체가 죽었는지 살아있는지 판정하는 절차를 거쳐야 한다. 이는 투입되는 효모 중에서 살아있는 개체들만 에탄올발효를 일으킬 수 있기 때문이다. 효모 샘플에 염색약을 처리하여 생사를 구분하는 간단한 방법이 보편적으로 사용된다.

살아있는 효모 세포의 원형질막은 표면이 음전하陰電荷를 띠므로 음이온성 염색약이 통과하지 못한다. 따라서 어떤 효모 개체가 염색되었다면 원형질막의 기능이 상실된, 즉 죽은 세포라는 의미이다. 이런 목적의 염색약으로는 트리판블루trypan blue 또는 에리드로신 Berythrosine B가 사용된다. 효모는 단세포생물이므로 개체 단위로 생사를 판정할 수 있다. 실제 양조공업에서 사용되는 방법이다. 학술적 목적에서는 핵만 염색시키는 특별한 염색약을 사용하는 경우도 있다.

실 모양의 몸체를 갖는 곰팡이에서는 다소 다르다. 그물망처럼 얽히면서도 가지를 친 몸체 중에서 분지分枝, branch의 끝에서만 생명현상이 일어난다. 즉, 모든 세포가 살아있는 것이 아니라 정단 부위의 세포만 살아있는 것이다. 따라서 효모 염색과 마찬가지로 간단한 염색법으로 생사를 판정할 수 있다. 포자의 경우에도 같은 원리를 적용할 수 있으며, 하나의 다세포 포자에서 살아있는 세포와 죽은 세포가 공존하기도 한다.

한편, 버섯은 분류군에 따라 하나의 버섯이라도 부위에 따라 살아있는 세포와 죽은 세포가 공존할 수 있다. 같은 부위라도 영양균사는 살아있는 세포이고, 골격균사나 결합균사는 죽은 세포이다(☞ 153). 버섯의 구조(☞ 067)는 복잡하므로 일률적으로 말할 수 없지만, 생버섯에는 살아있는 균사와 살아있는 포자가 존재한다.

112

문 이 세상의 술은 모두 *Saccharomyces cerevisiae*라는 효모가 만든다고 합니다. 다른 미생물도 에탄올발효를 수행할 수 있다고 하는데, 어떤 어려움 때문에 양조산업에는 쓰이지 않는지요?

답 수많은 종류의 술이 있지만, 술을 만드는 미생물은 단 한 종이다. 술효모라고 부르는 *Saccharomyces cerevisiae*이다(☞ 114). 이 술효모가 맥주 제조에 쓰이면 맥주효모beer yeast, 포도주 제조에 쓰이면 포도주효모wine yeast, 빵 제조에 쓰이면 빵효모baker's yeast라고 부른다. 용도에 따라 이름을 달리 부르지만, 생물학적으로는 한 종이다.

중·고등학교 교과서에 '알코올발효'가 소개되어 있다. 알코올은 많은 종류가 있으므로, 술을 만드는 발효는 '에탄올발효ethanol fermentation'가 더 정확한 용어이다. 에탄올발효를 일으키는 *Saccharomyces cerevisiae*에 대해서는 너무나도 잘 알려졌지만, 그 외의 미생물 중에도 에탄올발효를 일으키는 종류가 있다는 사실은 그리 잘 알려지지 않았다.

*Zymomonas mobilis*라는 세균이 있다. 원래는 맥주를 비롯한 여러 술의 제조에서 오염을 일으키는 말썽꾼이지만, 이 세균이 독자적으로도 에탄올발효를 일으킨다. 이 세균은 아세트알데하이드acetaldehye와 황화수소hydrogen sulfide를 생성하기 때문에 술맛을 망친다. 그러나 연료용 에탄올 생산에서는 몇 가지에서 술효모를 능가하는 장점이 있다. 그래서 연료용 에탄올을 생산하는 대체에너지 산업에서는 이 세균을 중요하게 여긴다.

효모류 중에는 *Schizosaccharomyces pombe*라는 분열효모分裂酵母, fission yeast가 에탄올발효를 일으킬 수 있다. 술효모에 버금가는 능력이 있어 에탄올을 10~15%까지 생산한다. 그러나 생장 속도가 느리고 황화수소를 생성하므로 상업적인 술 생산에서는 사용되지 않는다. 다만, 말산malic acid을 에탄올과 이산화탄소로 전환하는 능력이 있으므로 포도주 생산의 일부 공정에 사용된다.

아스페르길루스*Aspergillus*, 거미줄곰팡이*Rhizopus*, 초록곰팡이*Trichoderma*, 붉은곰팡이*Fusarium* 등 일부 곰팡이도 미량의 에탄올을 생성하지만, 산업적으로는 아직 이용되지 않는다. 그러나 효모류나 세균류보다 먹이기질substrate 이용 스펙트럼이 넓어서 나름대로의 장점을 가지고 있기에 연구의 한 분야를 차지하고 있다.

113

문 맥주효모, 포도주효모, 빵효모가 모두 *Saccharomyces cerevisiae*라는 학명을 씁니다. 서로 다른 효모이지만 생물학적으로는 같은 종이라는 뜻인가요? 그래도 종 수준에서 구분되지 않을까요?

답 생물을 부르는 이름에는 두 가지가 있다. 린네가 제창하여 전 세계에서 공통으로 사용하는 '학명學名, scientific name'이 있고, 각각의 언어에서 부르는 '일반명一般名, common name'이 있다. 어떤 경우에도 하나의 생물을 이르는 옳은 학명은 단 하나이며, 상황에 따라 부르는 일반명은 한 언어에서도 여러 이름이 있을 수 있다.

먼저, 학명부터 살펴보자. 맥주를 만드는 효모에는 그 동안 무려 600가지 이상의 학명이 붙여졌었다. 특히, 최근까지도 상면발효上面醱酵 맥주효모는 *Saccharomyces cerevisiae*, 하면발효下面醱酵 맥주효모는 *Saccharomyces pastorianus*라는 학명으로 불러 뚜렷이 구분하기도 했다. 게다가, 하면발효 맥주효모는 *Saccharomyces carlsbergensis*가 옳은 학명이라는 주장까지 강력하게 제시되어 더욱 혼란스러웠다.

또한, 포도주를 만드는 효모는 *Saccharomyces cerevisiae*, *Saccharomyces bayanus*, *Saccharomyces ellipsoideus* 등 여러 종이 기록되어 있다. 기타 업체나 학자들은 여러 종의 *Saccharomyces*를 주장하기도 하였다. 그러나 분자생물학의 발달과 '생물종biological species'의 개념에 대한 엄격한 적용으로 이제는 *Saccharomyces cerevisiae*가 유일한 정명正名으로 결정되었고, 다른 학명들은 모두 이명異名으로 취급되었다.

그럼, *Saccharomyces cerevisiae*라는 단 한 종의 효모를 다양하게 부르는 일반명을 살펴보자. 이 효모가 맥주 제조에 쓰이면 맥주효모, 포도주 제조에 쓰이면 포도주효모, 빵 제조에 쓰이면 빵효모라고 부른다. 한국어로 맥주효모를 이르는 영어 beer yeast, 독일어 Bierhefe, 체코어 pivovarské, 중국어 啤酒酵母, 일본어 ビール酵母 등 서로 다른 언어에 따라 각기 부르는 이름이 있다.

빵효모를 맥주 양조에 사용할 수도 있고, 맥주효모를 제빵에 사용할 수도 있다. 다만, 제품의 품질은 원래의 효모를 사용할 때보다 훨씬 못할 것이다. 축구선수에게 농구를 시키고, 농구선수에게 축구를 시킨다면 좋은 경기를 기대하기 어려운 것과 같은 이치이다.

114

문 맥주를 만드는 효모는 여러 계통이 있지만, 생물학적으로는 부르는 학명은 *Saccharomyces cerevisiae*라고 공부했습니다. 그런데, 다른 학명의 효모가 나온 책도 있습니다. 어떤 이유가 있는지요?

답 맥주는 물, 차에 이어 3번째로 많이 마시는 음료이자 술이다. 맥주의 제조에서 에탄올발효를 일으키는 미생물은 맥주효모이다. 전 세계의 수많은 맥주공장에서 맥주를 만드는 효모는 *Saccharomyces cerevisiae*라는 학명(☞ 113)을 가진 단 한 종이다.

그런데, 어떤 책에는 맥주 제조법에 따라 효모가 서로 다른 종이라고 기술되어 있다. 즉, 상면上面발효 방식에는 *Saccharomyces cerevisiae* 효모가, 하면下面발효 방식에는 *Saccharomyces pastorianus* 효모가 이용된다고 뚜렷이 구분하기도 했다. 짙은 향과 쓴맛을 가진 에일ale맥주는 상면발효 방식이고, 맑은 호박琥珀색에 청량감이 있는 라거lager맥주는 하면발효 방식으로 생산된다. 우리나라 제품은 모두 라거맥주이므로 맥주 효모를 *Saccharomyces pastorianus*로 쓰는 것이 옳다는 주장도 있었다.

그러나 학술적으로 *Saccharomyces cerevisiae* 효모와 *Saccharomyces pastorianus* 효모는 같은 종이라는 견해가 지배적이다. *Saccharomyces cerevisiae*라는 학명은 1838년에, *Saccharomyces pastorianus*라는 학명은 1870년에 각각 부여되었다. 따라서 '조류, 균류, 식물에 관한 국제명명규약(International Code of Nomenclature for algae, fungi, and plants)'의 제11조에 규정된 '선취권先取權, priority'에 따라 *Saccharomyces cerevisiae*가 유일한 정명正名으로 인정된다. 즉, 가장 먼저 붙여진 학명을 옳은 학명이면서 유일한 학명으로 인정하는 규약規約, rules에 따른다는 뜻이다. 이 규약은 반드시 준수되어야 하지만, 학문이 발달하면서 개편되기도 한다.

한때 많은 전문서적에 *Saccharomyces carlsbergensis* 효모가 라거맥주를 만드는 종이라고 기재되었고, 전공 분야 시험문제에 출제되기도 하였었다. *Saccharomyces carlsbergensis*라는 학명은 1908년에 명명되어 오랫동안 맥주효모의 대표 학명으로도 사용되었다. 그러나 분자생물학의 발달과 생물학적 종生物學的 種, biological species의 개념에 대한 엄격한 적용으로 이제는 역사 속에 묻힌 학명이 되었다. 이렇게 뒷전으로 밀린 학명이라도 폐기되지는 않고 이명異名, synonym으로 남는다.

115

문 어떤 곰팡이가 다른 곰팡이를 공격하는 경우가 있다고 합니다. 그럼 식물병원균을 공격하는 곰팡이를 이용하면, 살균제(화학농약)를 사용하지 않고 식물병원균을 제어할 수도 있지 않을까요?

답 곰팡이와 곰팡이가 만나면 어떤 일이 벌어질까? 과학자들은 6가지 유형으로 나눈다. ①'상리공생相利共生'이다. 두 곰팡이 모두 상대방으로부터 어떤 이익을 얻는다. ②'편리공생偏利共生'이다. 한쪽은 뚜렷이 좋으나 다른 한쪽은 어떤 이익이나 피해가 발생하는지 알 수 없다. ③'경쟁競爭'이다. 두 곰팡이가 싸우는 상태라서 한쪽 또는 양쪽에 피해가 발생한다. ④'기생寄生'이다. 한쪽이 다른 한쪽을 공격한다. ⑤'편해偏害'이다. 한쪽은 분명히 피해를 받는데, 다른 한쪽이 이익을 취한 증거가 없다. ⑥'중립中立'이다. 양쪽 모두 이익이나 피해의 증거가 없다.

여기에서 ④'기생parasitism'의 한 사례를 소개한다. 식물 종의 약 20%가 흰가루병균에 감염되기에 흰가루병은 가장 흔하고 눈에 잘 띄는 병이다. 그런데, *Ampelomyces quisqualis*(이하 'AQ곰팡이'로 축약)라는 곰팡이는 오직 흰가루병균에만 기생하여 살아간다. 다른 어떤 기질에서도 발견된 적이 없다. AQ곰팡이는 페트리접시의 감자한천배지에서 쉽게 배양되므로 충분히 부생腐生생활을 할 수 있다고 생각되지만, 자연계에서는 오직 기생寄生생활 상태로만 발견되었다.

그러니까 AQ곰팡이는 흰가루병균에만 기생하고, 흰가루병균은 식물에만 기생한다. 따라서 흰가루병균을 '기생균寄生菌, parasite'이라고 하고, AQ곰팡이는 기생균에 기생하므로 '중복기생균重複寄生菌, hyperparasite'이라고 한다. 이러한 특이적인 중복기생균을 이용하면 화학농약을 사용하지 않아도 된다. 이런 유형의 농약을 '생물농약生物農藥, biopesticide' 또는 '녹색농약綠色農藥, green pesticide'이라고 부른다. 관련된 자료가 『곰팡이가 없으면 지구도 없다』(2015, 신현동, 지오북)에도 소개되어 있다.

생물농약을 사용하면 환경보호와 식품안전을 꾀할 수 있다. 생물농약의 사용이 이상적이지만, 화학농약에 대비하여 가격이 비싸고 효과가 늦게 나타나는 등 여러 단점도 있다. 우리는 아직 자연계에서 일어나는 곰팡이끼리의 경쟁이나 기생 같은 현상을 충분하게 파악하지 못하고 있다. 자연에 대한 이해와 연구가 솔로몬의 지혜를 줄 것이다.

116

문 흰가루병균을 먹고 사는 노랑무당벌레를 이용하면 친환경 농산물을 생산할 수 있다는 보도자료를 보았습니다. 화학농약 대신 노랑무당벌레가 흰가루병을 억제하는 생물농약인데, 실용화되었나요?

답 흰가루병은 흰가루병균목Erysiphales에 속하는 곰팡이에 의해 식물에 발생하는 질병이다. 영어 병명은 powdery mildew 또는 powdery mildew disease인데, 직역하면 '가루 같은 곰팡이에 의한 병'이다. 일본에서 이 병명을 직역하지 않고 의역하여 백분병白粉病으로 썼다. 우리나라에서는 이를 우리말로 풀어 '흰가루병'이라고 부른다.

약 700종의 흰가루병균이 각종 식물에 흰가루병을 일으킨다. 농작물에서 대발생하여 큰 피해를 주는 경우도 있다. 특히, 온실이나 비닐하우스에서 키우는 채소에 흰가루병이 발생하면 농약을 사용하기 어렵기 때문에 큰 골칫거리이다. 그래서 흰가루병균만 공격하는 천적생물을 이용하는 천적농법이 개발되었다.

천적농법 중에서 흰가루병균을 먹고사는 곤충을 이용하는 방법이 개발되었다. 이러한 천적곤충은 여러 종이 알려져 있는데, 그중에 '노랑무당벌레 *Illeis koebelei*'가 있다. 우리나라에서는 경기도농업기술원에서 관련 연구를 진행하였고, 천적곤충홍보관을 마련하여 상세하게 소개하고 있다.

노랑무당벌레는 '알→유충→성충→알'의 생활사를 갖는다. 성충으로 월동하는데, 월동성충은 꽃가루를 주요 먹이로 생활하다가 식물에 흰가루병이 발생하면 흰가루병균을 섭식하면서 생활한다. 그 때문에 노랑무당벌레를 온실이나 비닐하우스에서 농작물의 흰가루병 방제용으로 이용하기도 한다. 비용과 효과에서는 화학농약에 뒤지지만, 환경과 식품안전을 고려하면 충분히 경쟁력 있는 친환경농법이므로 농가에 이미 보급되었다.

한편, 가정의 베란다에서 키우는 식물이 흰가루병에 걸렸다면 실망하지 말자. 베란다 문과 함께 마음의 문을 조금만 열어보자. 흰가루병균의 냄새에 이끌려 어디선가 노랑무당벌레가 날아들 것이다. 아마도 우리가 가까이 볼 수 있는 곤충 중에서 가장 귀여운 생물로 꼽힐 정도로 예쁘다. 애벌레幼蟲, 유충와 어미벌레成蟲, 성충 모두 흰가루병균을 섭식한다. 성충이 짝짓기하여 알을 낳고, 알이 깨어나고, 애벌레가 자라서 어미벌레가 되는 과정을 다 볼 수 있다.

117

문 내생균은 숙주식물을 보호하는 기능을 가지므로, 내생균이 있는 목초가 가축에 피해를 줍니다. 그럼, 내생균이 있는 농작물을 식품으로 이용하는 사람도 피해를 받을 가능성이 있지 않을까요?

답 내생균內生菌, endophyte은 식물체 내에 살면서 식물에는 피해를 주지 않으면서 살아가는 공생균이다. 대부분의 내생균은 알칼로이드 물질을 생성해서 숙주 식물체를 초식동물의 섭식으로부터 보호하는 역할을 한다. 즉, 숙주 식물체를 먹이로 삼는 가축이나 곤충에게 피해를 줌으로써 이들 초식동물이 해당 식물체를 기피하도록 만든다(☞ 043).

만약 내생균이 해충을 충분히 물리칠 수 있다면, 즉 '경제적 피해 수준' 이하로만 공격을 받도록 농작물을 보호해 준다면 살충제를 쓸 필요 없이 농장을 관리할 수 있다. 이러한 희망사항이 점차 현실로 되고 있다. 바나나, 카카오나무, 잔디류 등에서 내생균을 친환경적으로 이용하는 연구가 활발하며, 부분적으로 성공을 거두었다.

특별히 관심을 끌고 비교적 성공적인 연구가 진행되는 포도나무를 예로 들어보자. 포도나무는 품질 위주로 육종되었기에 병해충에는 취약하다. 그래서 병해충이 잘 발생하지 않는 환경조건을 갖춘 곳에서만 포도나무를 재배한다. 그렇지 않으면, 농약에 의존할 수밖에 없는데, 농약 사용은 포도주 양조에 부정적 영향을 미친다.

최근에는 여러 해충을 광범위하게 물리칠 수 있는 백강균*Beauveria bassiana*이 내생균으로 발견되었다. 백강균을 활성화한 포도나무는 초록애매미충을 비롯한 여러 해충을 성공적으로 막아낼 수 있다. 현재, 포도나무 재배에서 큰 위협이 되는 노균병균과 흰가루병균에도 효과를 발휘하는 방안을 모색 중이다. 포도는 양조용이든 생식용이든 농약의 사용이 엄격히 제한된다. 그래서 내생균에 거는 기대가 매우 크다.

내생균이 포함된 농작물에서 일반적으로 가식 부위에는 내생균이 없으며 독성 알칼로이드가 검출되지 않는다. 포도알이든 바나나 열매든 간에 모두 저장조직이며 후형질이다. 종자에는 종피種皮, seed coat와 호분층糊粉層, aleurone layer 사이에 내생균이 존재할 수 있지만, 사람의 가식 부위가 아니다. 따라서 내생균을 이용한 병해충 방제전략은 매우 희망적이며 곧 실용화될 것으로 기대된다.

118

문 전갈독과 거미독을 생산하는 유전자 조작 곰팡이를 이용하여 말라리아모기를 99% 퇴치하는 기술이 개발되었다고 합니다. 앞서, 다른 곰팡이를 이용하는 유사한 연구개발이 있지 않았나요?

답 매년 2억 명 이상이 감염되고, 매년 약 60만 명을 사망에 이르게 하는 무서운 질병인 말라리아는 말라리아모기*Anopheles* mosquito에 의해 매개전염媒介傳染된다. 모기장부터 살충제까지 온갖 수단을 동원해도 발병과 사망은 좀처럼 줄어들지 않는다. 말라리아를 퇴치하기 위한 수많은 전략이 개발되었지만, 현실적으로는 살충제 살포에 의존하고 있다. 여러 전략 중에서 곰팡이를 이용하여 모기 유충幼蟲, 애벌레과 성충成蟲, 어미벌레을 죽이는 '곰팡이 살충제mycoinsecticides'에 관하여 소개한다.

1970년대에는 코엘로모마이세스*Coelomomyces psorophorae*라는 곰팡이가 연구된 바 있다. 이 곰팡이는 반수체(n)로 검물벼룩에 기생하다가 배수체(2n)가 되면 장구벌레(모기 유충)에 교대기생交代寄生한다. 장구벌레에 절대기생, 즉 오직 장구벌레에만 기생하여 피해를 주는 '결정적인 장점'이 있다. 그러나 이 곰팡이는 인공배양이 되지 않는 '결정적인 단점'을 극복하지 못하고 결국 실용화에는 실패하였다.

모기를 비롯한 여러 곤충류에 기생하는 백강균*Beauveria bassiana*이 있다. 백강균 중에서 특히 모기에 친화성을 나타내는 계통을 선발하여 말라리아모기를 퇴치하는 연구가 30년 이상이나 진행되었으나 아직 실용적인 제품으로 개발되지 못하고 있다. 백강균으로 코팅된 모기장도 있으나 절반의 성공에 그치고 있다. 그래도 희망은 있다.

또 다른 곤충기생성 곰팡이로는 녹강균 부류가 있고, 그중 핑샤녹강균*Metarhizium pingshaense*이 희망적이다(☞ 026). 2017년에 북아프리카 사막전갈의 신경독 유전자와 호주 깔때기그물거미의 신경독 유전자를 도입하여 발현시킨 소위 '유전자 변형 핑샤녹강균'을 개발하였다. 이를 아프리카 부르키나파소에서 실증실험한 결과, 단위면적당 1,500마리였던 모기 밀도(개체수)가 45일 후에는 13마리로 감소함으로써 99% 이상 퇴치하는 놀라운 효과를 발휘하였다. 이 결과는 2019년 5월에 발표되었고, 곧 대규모 실험에 착수한다는 반가운 소식이다. 현장에서 실제 사용하는 데에는 최소한 3년 이상의 시간이 필요할 것이라는 전망이다.

119

문 상처에 바르는 가정상비약으로 유명한 후시딘이 원숭이 똥과 관련된다는 요지의 기사가 흥미롭습니다. 구체적으로 이 약품의 기술개발 과정에서 어떤 일이 있었는지 알려주실 수 있나요?

답 검색해 보면 2019년 3월 6일 보도된 어느 매체의 기사이다. 해당 기사는 다소 흥미 위주로 구성되어 있으므로, 여기서는 과학적 해설을 덧붙인다. 1953년 일본의 곰팡이학자 투바키Keisuke Tubaki는 오사카의 미노모공원에서 수집한 일본원숭이 배설물로부터 곰팡이를 배양하였다. 이 곰팡이는 *Fusidium coccineum*으로 동정되었으며, 균주는 네덜란드 왕립균주보존센터(CBS)에 기탁되었다. CBS는 2017년 Westerdijk Fungal Biodiversity Institute로 개명하였다(☞ 086).

1960년 덴마크의 레오파마Leo Pharma 회사는 새로운 항생제 개발을 위해 *Fusarium*붉은곰팡이류 곰팡이를 CBS에 분양 요청하였다. 알파벳 순으로 정리된 균주 목록에서 *Fusarium*류 다음 칸에 있던 *Fusidium coccineum*까지 포함되어 분양된 것은 실수이자 우연이자 세렌디피티serendipity였다. 이 곰팡이가 항세균 실험에서 탁월한 능력을 나타냈다. 나중에 Fusidin 이란 이름으로 세계적인 제품이 탄생하였다. 이 곰팡이는 1971년 *Acremonium fusidioides*로 학명이 바뀌었다.

원래 *Fusidium coccineum*이라는 학명의 곰팡이는 1863년 독일학자 Fuckel이 처음 기록하였다. *Veronica officinalis*라는 식물에 점무늬병을 일으키는 병원균인데, 병원균 덩어리가 홍자색紅紫色이므로 *coccineum*이라는 종소명을 붙였다. 이 식물의 영어 일반명이 speedwell인데, 화장품 원료로 널리 쓰이는 '스피드웰 추출물'이란 것이 바로 이 식물 유래의 물질이다. 이 식물은 우리나라의 꼬리풀이나 개불알풀과 같은 부류로서 유럽과 서아시아에 분포한다.

이 곰팡이가 생성하는 생리활성 물질이자 이 의약품의 주성분인 fusidic acid의 우리말 표기는 정말로 다양하다. 네이버와 구글에서 검색하면 다행스럽게도 '푸시드산'이 가장 높은 빈도로 검색된다. 외래어를 한글 자모子母로 표기하는 방법을 규정한 '외래어표기법'에 따르건 '화학물질명 표기법'에 따르건, 푸시드산이 옳은 표기이다. 제품명 '후시딘' 때문에 후시딘산이나 후시드산으로 표기된 경우가 종종 있으나, 옳지 않다.

120

문 최근에 프로바이오틱스에 관한 정보가 대중매체에 많이 소개되고 있습니다. 내용을 잘 살펴보았더니 결국은 유산균이더라구요. 혹시, 곰팡이 중에서도 프로바이오틱스로 이용되는 종이 있나요?

답 사람의 건강과 관련되어 최근 매스컴에서 가장 각광을 받는 주제는 프로바이오틱스probiotics이다. 프로바이오틱스는 사람의 체내에 들어가서 건강에 좋은 효과를 주는 살아있는 미생물을 뜻한다. 중국에서는 益生菌익생균으로, 우리말로는 유익균有益菌 또는 생균제生菌劑로 부르기도 한다. 일본에서는 プロバイオティクス라고 하며, 한국에서도 대부분 프로바이오틱스로 표기한다.

시중에 출시된 프로바이오틱스에 포함된 미생물 목록을 보면, 수십 종의 유산균(세균)과 단 한 종의 효모가 있다. 여기서는 이 효모에 대하여 설명한다. 학명은 *Saccharomyces boulardii*인데, 우리말로는 '볼라르효모'라고 부르면 된다(☞ 191). 1923년에 이 효모를 발견한 프랑스 과학자 볼라르Henri Boulard를 기념하여 붙인 이름이다.

지금까지 알려진 바에 따르면, 사람의 위장관에 정착하여 사는 곰팡이도 없고 특정한 곰팡이를 정착시킬 수도 없다(☞ 046). 그러나 볼라르효모는 일시적이나마 사람의 위장관에 머물면서 유익한 작용을 한다는 것이 임상실험으로도 증명되었다. 볼라르가 이 효모를 발견한 것은, 동남아시아 사람들이 망고스틴이나 리치 껍질을 씹어서 콜레라와 세균성 질환을 예방하고 치료하는 전통의학에서 힌트를 얻은 것이다.

볼라르효모를 주성분으로 포함하는 프로바이오틱스 제품이 시장에서 유산균과 대등하게 경쟁하고 있다. 특히 이 효모는 생장 적온이 37°C로서 고온성이므로 사람의 체온과 같다. 지금까지 알려진 효능으로는 항생제 복용으로 인한 설사를 경감시키며, 에이즈 환자의 설사를 막아주고, 헬리코박터균*Helicobacter pyroli*을 제거하고 재감염을 줄여준다.

아주 최근에 볼라르효모의 변이체를 만드는 기술이 개발되었다. 즉, 맥주효모에서 잘 연구된 유전자가위CRISPR 기술을 볼라르효모에 응용함으로써 라이소자임lysozyme을 분비하는 변이체를 만들었다. 따라서 인체를 세균의 공격과 바이러스의 침입으로부터 보호하는 자연스러운 방어벽을 조금 더 강화할 수 있을 가능성이 제시되었다.

121

문 홍차버섯이라고 부르는 건강식품은 생물학적으로 진짜 버섯은 아니고 여러 미생물이 뭉쳐진 덩어리라고 소개되었습니다. 그럼, 홍차버섯을 만드는 스코비균은 구체적으로 어떤 미생물인가요?

답 버섯이란 이름이 붙었지만 진짜 버섯이 아닌 것들이 있다(☞ 092). 홍차버섯은 영어 tea mushroom의 번역어이며, 일본을 통해 우리나라에 알려지면서 紅茶キノコ기노코가 직역된 것이기도 하다. 가장 널리 쓰이고 표준어 역할을 하는 영어는 kombucha이다. kombu는 다시마를 뜻하는 일본어이다. 일본을 통해 전 세계로 널리 알려졌지만, 원래는 러시아의 음료이다. 관련된 자료가 『곰팡이가 없으면 지구도 없다』(2015, 신현동, 지오북)에도 소개되어 있다.

홍차에 설탕을 넣어 오래 보관하면 젤리 같은 덩어리가 생기는데, 이를 러시아에서 '사콰스카'라고 부르며 음료로 이용하였다. 이 덩어리는 세균과 효모가 서로 엉겨서 만들어진 것이다. 세균과 효모는 모두 세포벽 바깥이 두꺼운 점질성 다당류多糖類, polysaccharide로 덮여 있으므로, 당연히 이 덩어리는 매우 미끈거린다. 이 덩어리는 마치 다시마의 끈적끈적한 교질膠質과 유사하므로 일본어 昆布(곤포)의 발음을 영어로 쓴 것이다. 그래서 kombucha昆布茶가 되었다.

이 세균과 효모의 복합체를 '스코비(SCOBY)'로 부른다. 이는 symbiotic culture of bacteria and yeast의 머리글자를 딴 축약어이다. 직역하면 '세균과 효모의 공생적 배양물'이다. 세균은 수십 종이 알려졌는데, 그 중에서 *Gluconacetobacter xylinus*라는 세균이 흥미롭다. 이 세균은 에탄올을 산화하여 초산을 만든다. 일반적인 산도는 2.5 정도이며, 신맛이 난다.

스코비에 포함된 술효모가 에탄올발효를 일으켜 미량의 에탄올을 생성한다. 그럼에도 불구하고, 곰부차에서 술 냄새가 나지 않고 먹어도 취하지 않는 이유는 Gx 세균이 존재하기 때문이다. 대체로 곰부차에 잔존하는 에탄올 함량은 0.5% 이하이므로 거의 인지하지 못할 정도이다.

곰부차가 유익한 건강식품이고 좋은 이미지를 갖고 있지만, 홍차버섯으로 불리는 것은 바람직하지 못하다. 버섯이 아닌 것을 버섯이라 부르는 것은 옳지 않다. 그래서 가능한 한 언론이나 서적에서 홍차버섯이란 단어를 쓰지 말 것을 권장하는 중이다.

122

문 건강식품으로 유명한 티벳버섯이 진짜 버섯은 아니고 유산균 덩어리라는 자료를 보았습니다. 그런데, 어떻게 버섯이란 이름이 붙었는지 궁금하고, 계속 잘못 쓰이고 있는 이유가 있을까요?

답 이름에 버섯이란 단어가 붙었지만 진짜 버섯이 아닌 것들이 있다(☞ 092). 그 중에서 티벳버섯은 영어 Tibet mushroom을 직역한 것이며, Tibetan milk mushroom이라고도 불린다. 이것은 우유를 발효시켜 몽글몽글 뭉쳐 있는 덩어리인데, 크기나 모양이 팝콘이나 흰색 콜리플라워를 연상시킨다. 유목민들이 동물의 젖을 좀 더 오래 보관하고 색다른 맛을 추구하여 얻은 결과이다. 특별히 티베트Tibet에서 유래되었다는 증거도 없고 진짜 버섯mushroom도 아니지만, 자연친화적이고 건강에 좋은 식품이란 의미에서 붙여진 이름으로 여겨진다.

우유를 발효시키면 케피르kefir가 된다. 락토바실러스*Lactobacillus* spp.를 비롯한 여러 유산균이 발효를 일으킨다. 유산乳酸, lactic acid이 생성되므로 시큼한 맛이 난다. 그러니까 케피르는 요거트yogurt의 한 종류이고, 자연산 요거트라고 표현해도 좋다. 케피르 중에는 유산균이 분비하는 다당류多糖類, polysaccharide가 점착제 역할을 하여 몽글몽글 뭉쳐지는 유형이 있다. 이런 작은 덩어리를 곡식이나 먹는 알갱이란 의미의 grain에 빗대어 kefir grain이라고 부른다. 이것을 별명으로 티벳버섯이라고 부른다.

그런데, 이 케피르에 효모가 들어있다는 사실은 별로 잘 알려지지 않았다. 우유가 발효되면서 유산이 늘어나면 유산균은 줄어들고, 유산을 에탄올과 이산화탄소로 분해하는 효모가 늘어난다. 그래서 전통적인 케피르에는 1~2%의 에탄올이 들어있어 남성들에게 선호되었다. 물론 상업적인 액상 케피르나 티벳버섯은 에탄올이 생성되기 전에 제품을 완성하므로 에탄올 함량이 0.1% 이하이다. 티벳버섯에는 유산 분해 효모뿐만 아니라 일반 효모도 들어있다.

가정에서 티벳버섯 일부를 종균으로서 우유에 넣어 발효시키면 쉽게 만들 수 있다. 이 종균에는 유산균과 효모가 들어있다. 종균이든 식용의 티벳버섯이든 금속용기와 쇠숟가락을 금기시한다. 하지만 현대의 식품 금속용기는 스테인레스 제품이라 그냥 사용해도 문제없다. 놋쇠 제품은 구리 이온이 방출되므로 다소 살균작용이 있지만 너무나도 미미해서 문제없다.

123

문 곰팡이는 다양한 유기산을 만들고, 유기산은 식품산업을 비롯한 여러 산업에서 다양한 용도로 이용된다는 소개가 있었습니다. 곰팡이가 유기산을 잘 만드는 특별한 이유가 있지 않을까요?

답 유기산有機酸, organic acid은 유기화합물 중 산성을 갖는 것을 지칭한다. 간단히 말하면, 광물계鑛物界에서 얻어지는 산을 무기산, 생물계生物界에 얻어지는 산을 유기산이라고 한다. 일부 전문사전에서조차 유기산을 '동식물계에서 얻어지는 산'으로 해설한 것은 충분히 오해를 불러일으킬 수 있다. 유기산은 동물과 식물뿐만 아니라 곰팡이와 세균 같은 미생물에서도 흔히 분비되기 때문이다. 사실, 미생물 유래의 유기산이 더 유명하고 더 중요하다고 할 수 있다.

대표적인 유기산으로는 젖산lactic acid, 초산acetic acid, 구연산citric acid, 개미산formic acid, 옥살산oxalic acid 등이 있다. 젖산은 유산乳酸이라고도 하며, 유산균 음료로 잘 알려져 있다(☞ 122). 초산은 식초로 더 친숙한 이름이다. 구연산(☞ 047)은 고등학교 생물 교과서의 크랩스회로(구연산회로, TCA회로)에 소개되었다. 개미 똥구멍에 혀를 대어 개미산을 먹었다든가, 괭이밥 잎을 씹으며 옥살산을 맛보았다면 자연과 친숙하게 지낸 사람들이다.

곰팡이는 세균과 경쟁하며 살아가는 경우가 많다. 특히 먹이 경쟁에서는 먹이기질을 산성화시키면 중성 상태를 좋아하는 세균의 활성을 억제할 수 있다. 그러면 산성 상태를 선호하는 곰팡이가 경쟁우위를 점할 수 있으므로 먹이기질을 독차지할 수 있다. 그래서 곰팡이는 흔히 유기산을 분비하여 먹이기질을 방어한다.

균근곰팡이의 경우에는 산성물질이 암석의 풍화작용을 촉진하므로 양분의 유효도를 높일 수 있다. 바위를 뚫고 자라는 소나무 뿌리의 힘은 사실 곰팡이가 만드는 유기산 덕분이다. 목재부후균의 경우에는 목재 구성성분의 산분해, 즉 곰팡이가 유기산을 분비함으로써 리그닌을 비롯한 목재 성분을 분해할 수 있으므로 양분의 획득 효율을 높이는 데 기여한다.

종합적으로 보면, 곰팡이의 생존에, 특히 먹이기질의 방어와 양분 획득의 효율을 위해서 유기산의 역할이 매우 크다. 따라서 곰팡이가 진화 과정을 거치는 동안에 이러한 능력을 획득한 것으로 볼 수 있다. 그러한 진화적 소산이 산업적으로 활용되기도 한다(☞ 047).

124

문 병재배한 버섯을 수확하면 톱밥배지가 남습니다. 이 '폐톱밥배지'는 퇴비로 사용된다고 합니다. 이를 가축 사료로 활용할 수 있다는 의견과 이론에 불과하다는 의견이 있다는데, 어떤 내용인가요?

답 버섯을 재배하는 방법은 여러 가지가 있다. 가장 보편적인 방법은 병재배인데, 톱밥을 채운 폴리프로필렌polypropylene병(PP병)에서 키운다. 팽이버섯, 새송이버섯, 느타리버섯, 만가닥버섯, 잎새버섯, 꽃송이버섯 등 대부분의 식용버섯을 이렇게 재배한다. PP병은 재사용되지만, 버섯 수확 후에 톱밥배지(폐톱밥배지)는 퇴비로 이용되거나 폐기된다.

톱밥배지는 톱밥 80~90%와 쌀겨 10~20%를 기본으로 약간의 부재료가 포함된다. 여기에다 버섯 균사를 생장시킨 후에 버섯을 발생시킨다. 따라서 폐톱밥배지는 톱밥 잔여물과 균사가 엉겨 있는 상태이다. 톱밥은 수종에 따라 다르지만, 대개 셀룰로스 40~50%, 헤미셀룰로스 20~40%, 리그닌 20~35%로 구성되어 있다. 재배하는 버섯의 종류에 따라 다르지만, 대부분 상대적으로 리그닌이 분해되지 않은 상태, 즉 버섯에 의해 이용되지 않은 상태로 남는다. 버섯 균사는 거의 세포벽만 남은 상태이고, 세포벽의 주성분은 키틴이다.

따라서 폐톱밥배지에는 톱밥 유래의 리그닌lignin과 균사 유래의 키틴chitin이 포함되어 있다. 리그닌과 키틴은 초식동물이 소화하지 못하므로 일정량 이상을 섭식하면 소화 장애를 일으킨다. 그래서 자연 상태에서도 소가 톱밥을 먹지 않는다.

폐톱밥배지에 유산균을 비롯한 다른 미생물을 접종하여 발효시킴으로써, 즉 난분해성 물질의 분해를 촉진함으로써 소화율을 높이는 방법이 개발되었다. 그러나 절차가 복잡하고 경비가 많이 소요되므로 현실적으로 적용하기에는 어려움이 있다.

우리나라의 톱밥배지 부산물은 연간 167만 톤으로 추정되며 증가 추세에 있다. 폐톱밥배지의 사료화 문제는 극복해야 하는 과제가 있기는 하지만 상당히 가능성이 있는 도전이다. 그러기 위해서는 원료 톱밥의 리그닌 경감 방법, 리그닌 분해 능력이 뛰어난 버섯 균주의 개발, 폐톱밥배지의 발효법 개발, 첨가제 개발 등이 일관된 체계로 연구되어야 한다. 대상 가축도 소에서 염소, 양, 사슴 등으로 확대할 필요가 있다.

125

문 곰팡이를 이용하여 친환경소재를 생산하는 기술이 주목을 받고 있다고 합니다. 실제 어떤 곰팡이가 이용되는지, 개발된 소재가 잘 활용되고 있는지, 어떤 점이 개선되고 개발되어야 하는지요?

답 곰팡이를 이용하여 신소재, 특히 친환경소재를 생산하는 기술은 아주 최근의 성과이며 매우 혁신적이다. 지금까지 알려진 제품 몇 가지를 소개한다. 곰팡이폼Mycofoam은 스티로폼 대용으로 개발되었다. 즉, 거칠게 분쇄한 밀짚이나 옥수숫대에 곰팡이를 키우면 마치 폐버섯배지(☞ 124)처럼 일정한 모양과 내구성을 가진 조직을 만들 수 있다. 주로 포장재로 이용된다. 자동차 시트 속을 채우는 충진재 및 건축자재로도 활용되어, 화재 시에 유독가스 발생을 최소화할 수 있다. 농업부산물을 이용할 수 있다는 점에서도 매우 친환경적이다.

곰팡이가죽Mycoleather은 영지버섯 균사체를 이용하여 개발되었다. 영지버섯은 골격균사와 결합균사의 조합에 의해 매우 단단한 구조를 갖는다(☞ 153). 이러한 특성을 이용하여 적당한 배양기질 위에 균사체를 배양하면 가죽 같은 질감과 내구성을 갖는 소재를 만들 수 있다. 특히 염색과 무늬장식이 가능하므로 활용범주를 얼마든지 늘릴 수 있다. 현재는 손지갑 등 소품의 제작에 활용되고 있다. 곰팡이가죽은 동물의 가죽을 대체하므로 동물윤리에 부합한다는 점에서도 좋은 평가를 받고 있다.

곰팡이플렉스MycoFlex는 곰팡이가죽보다 다소 유연하고 활용성을 높인 소재이다. 즉, 가방, 신발, 의류, 생활용품까지 유연성flexibility이 필요한 어떤 소재도 대체할 수 있다. 염색, 프린팅, 장식 등 일반 직물에 쓰이는 거의 모든 기법을 적용할 수 있다. 특히, 화장스펀지, 아이마스크, 발가락간격유지장치, 목욕실슬리퍼 등 플라스틱 1회용품을 대체함으로써 지구환경을 지키는 파수꾼 역할을 한다.

이러한 곰팡이 소재는 피부에 자극이 없고, 알레르기를 유발하지 않으며, 항균제 등 첨가물이 없고, 생분해성生分解性, biodegradation이므로 친환경적이라는 장점이 있다. 미국 Ecovative Design 회사가 세계적 선두주자로서 곰팡이 소재의 개발 및 보급에 앞장서고 있으며, 몇몇 기업이 뒤를 따르고 있다. 아직은 영지버섯 등 몇 종의 곰팡이만 사용되고 있지만, 활용가능한 곰팡이 종류가 점차적으로 늘어날 것이다.

126

문 치즈에 푸른곰팡이를 피워서 만드는 블루치즈가 있습니다. 일반 치즈를 오래 보관하면 푸른곰팡이가 필 수도 있는데, 이것도 블루치즈라고 할 수 있을까요? 그런 치즈를 먹어도 문제가 없을까요?

답 블루치즈blue cheese는 푸른곰팡이로 숙성시킨 치즈이다(☞ 127). 특정한 종류의 푸른곰팡이만 이용하여 특정한 치즈에서 만들어지는 비싸고 특별한 치즈이다. 관련된 자료가 『곰팡이가 없으면 지구도 없다』(2015, 신현동, 지오북)에 소개되어 있다.

푸른곰팡이*Penicillium*라고 부르는 부류는 무려 300종이 넘는데, 그중 불과 몇 종이 블루치즈와 관련이 있다. 게다가 한 종에는 수천이나 수만 계통이 존재하는데, 특정한 계통만 블루치즈 제조에 직접 쓰인다. 그러니까, '일반 치즈에서 우연히 자라는 푸른곰팡이(이하 '우연곰팡이'로 칭함)'가 블루치즈의 효과를 내는 계통일 확률은 0zero에 가깝다.

어떤 우연곰팡이는 지금까지 이용해 온 블루치즈 곰팡이보다 더 우수한 풍미風味, flavour를 낼 수도 있지 않을까? 그렇게 좋은 우연곰팡이를 만나거나 찾아낼 가능성은 없다고 단언해도 좋을 것이다. 반대로, 그런 우연곰팡이가 곰팡이독소(☞ 144)를 생성할 가능성은 아주 조금 있을 것이다. 또한, 그런 우연곰팡이가 자라면 치즈 고유의 맛과 향이 나쁘게 될 가능성은 충분히 있을 것이다. 그러니까 복권에 비유하면, 이런 복권에 돈과 시간을 투자할 사람은 아무도 없을 것이다.

푸른곰팡이가 아니라 다른 종류의 곰팡이가 치즈에서 자라면 어떤 변화가 일어날까? 혹시 블루치즈보다 더 훌륭한 풍미를 줄 수도 있지 않을까? 그래서 우연히 다른 종류의 곰팡이가 자란 치즈를 과학자들이 직접 냄새를 맡고 맛을 보면서 직관과 분석으로 평가하였다. 하지만 아직 전통적인 블루치즈를 능가하는 새로운 '곰팡이 치즈'를 찾아내지는 못하였다. 더 이상 이 분야에 도전장을 내는 과학자는 없을 듯하다.

어떤 이유이든, 곰팡이가 핀 치즈를 먹었다면 어떻게 될까? 식용의 블루치즈가 아니라는 사실을 알면 배탈 걱정부터 곰팡이독소 걱정까지 스트레스를 받을 수도 있다. 몇 번의 섭취로는 식중독도 없고 곰팡이독소 중독증도 없을 것이 분명하다. 곰팡이 핀 치즈를 매일 한 그릇씩 먹지 않는 한 걱정할 정도는 아니다. 걱정 자체가 훨씬 더 몸에 해롭다.

127

문 전통방식으로 로크포르치즈를 제조할 때, 동굴에 놓은 식빵에서 푸른곰팡이가 서서히 피어난다고 합니다. 종균을 접종한 것도 아니고 특별한 처리도 없는데, 어떻게 푸른곰팡이만 피어날까요?

답 소위 블루치즈blue cheese라고 통칭하는 치즈는 곰팡이로 숙성시킨 제품이다. 이 용도로 쓰이는 곰팡이는 모두 푸른곰팡이*Penicillium* 종류이다(☞ 126). 즉, 항생제 페니실린을 만드는 푸른곰팡이와 같은 부류이다. 그렇다고 블루치즈를 만드는 푸른곰팡이에서 항생물질이 만들어지지는 않는다. 도리어 일부 블루치즈 푸른곰팡이에서는 독성물질이 만들어져서 유해 여부를 놓고 논란거리가 되기도 한다.

그럼 블루치즈 중에서 가장 유명한 '로크포르치즈'의 제조에 쓰이는 푸른곰팡이를 이야기해 보자. 로크포르치즈는 프랑스 남부 로크포르Roquefort 마을의 자연동굴에서 제조된다. 동굴에 거북이 등처럼 생긴 커다란 식빵을 놓는다. 자연동굴의 온도는 15°C 내외이고, 습도는 높은 편이다. 이런 환경에서 식빵 표면은 서서히 마르면서 딱딱해진다.

이런 식빵의 표면은 저습저온이므로 실제 자랄 수 있는 세균은 없고, 곰팡이라도 내건성耐乾性이 있는 푸른곰팡이만 자랄 수 있다. 시간이 지나면 빵 표면에 떨어진 수많은 미생물 중에서 오직 푸른곰팡이만 자라서 식빵을 거의 독점한다. 미생물은 어디나 존재하고, 생장 여부는 환경이 결정한다는 표현이 딱 들어맞는다.

게다가 이 동굴에서는 오랫동안 블루치즈를 제조하였으므로 공기 중에는 이 계통의 푸른곰팡이 포자의 밀도가 높다. 그러니까 이 푸른곰팡이가 식빵에서 자랄 상대적 기회가 압도적으로 높다. 따라서 특별한 환경변화가 없는 한, 이 식빵에는 늘 똑같은 푸른곰팡이가 자란다. 우연히 발견한 이 전통방식은 이 곰팡이의 정체를 모를 때부터 지금까지 전승되고 있다. 누룩방의 누룩곰팡이 이야기와 똑같은 원리이다(☞ 015).

이 푸른곰팡이는 다른 지역에서 자라는 부류와 뚜렷이 달라 *Penicillium roqueforti*라는 학명이 부여되었다. '로크포르푸른곰팡이'라고 부르는 이 곰팡이는 치즈에 독특한 풍미를 주지만 '아리스톨로켄aristolochene'이라는 곰팡이독소를 생성하므로 논란거리가 되고 있다. 그러나 독소의 양이 워낙 적어서 지금까지 사람의 건강에 문제를 일으킨 적은 없다.

128

문 요리 블로그에 보니, 곰팡이가 조금 핀 소고기는 적당히 닦아낸다면 식용해도 아무 문제가 없다고 합니다. 일종의 숙성이란 의견도 있습니다. 의심스러우면서도 궁금한데, 진실은 무엇인가요?

답 2015년 영국 데일리메일Daily Mail에 소개된 내용을 한국 언론에서 정리 보도하였다. 곰팡이 핀 음식에 관한 내용인데, 버릴 것과 버리지 말아야 할 것을 실용적이고 과학적으로 해설하였다. 그중 한 부분으로 곰팡이 핀 소고기에 관한 내용이 있다.

이 보도에 따르면, 소고기는 유통기한에서 5주가 지나도 먹을 수 있다. 썩거나 냄새가 나면 버려야 하지만, 곰팡이가 조금 피었다면 먹어도 무방하다. 깨끗한 헝겊에 식초를 묻혀 곰팡이를 닦아낸 뒤 완전히 익혀서 섭취하면 아무 이상이 없다. 이 보도에 소개된 내용을 과학적으로 하나하나 검토해보자.

고기를 숙성시키는 드라이에이징dry aging이 있다. 즉, 일정 온도, 습도, 통풍이 유지되는 곳에서 고기를 공기 중에 2~6주간 노출하여 숙성시키는 건식 숙성법乾式熟成法이다. 고급 요리에 사용하는 특별한 숙성법 중의 하나이다. 만약 썩거나 악취가 난다면 세균에 의한 부패腐敗, spoilage가 확실하므로 바로 폐기해야 한다.

가정에서 우연히 소고기 표면에 곰팡이가 피었다면 드라이에이징에 준하는 환경이 조성되었다는 의미이다. 소고기는 질소가 많은 기질이라 곰팡이 생장에 부적당하므로 조금만 자랄 뿐이다. 게다가 그렇게 자란 곰팡이들은 거의 다 단량체 영양성이다. 즉, 고기를 분해하는 능력은 없고 그저 표면에 노출된 영양물질을 먹으면서 조금만 자랄 뿐이다.

소고기 표면에서 자라는 곰팡이 중에서 곰팡이독소를 생성하는 종은 사실상 없다고 본다. 고기에서 자란다는 것은 공기 중에 부유하던 포자가 우연히 떨어져서 고기 표면의 양분으로 근근이 살아가는 상태이다. 그러니까 식초로 닦아내면 흔적도 없이 사라질 것이다.

이렇게 오염되는 곰팡이 중에 '탐니디움 엘레강스*Thamnidium elegans*'라는 종이 있다. 흥미롭게도, 1964년 미국에서는 이 곰팡이를 소고기 식육연화제食肉軟化劑로 개발하여 특허를 냈다. 곰팡이 핀 소고기가 더 맛있다는 사실은 동호인들 사이에 숨겨진 비밀이며 '후숙'의 비법으로도 알려져 있다.

129

문 소시지를 일부만 이용하고 냉장고에 보관해야 할 경우가 있습니다. 이때 절단면에 마가린이나 식초를 발라두면 곰팡이를 방지한다고 하는데, 과연 맞는 말인지요? 그렇다면, 어떤 원리인지요?

답 소시지는 돼지고기나 소고기를 곱게 갈아 동물의 창자 또는 인공 케이싱casing에 채운 고기 가공품이다. 시중의 양산量産 소시지는 모두 인공 케이싱을 사용한다. 가식 부위를 미생물 오염으로부터 보호하는 것은 케이싱의 주요 임무 중 하나이다. 그런데, 절단면은 미생물에 노출된 상태이다. 절단면에 오염되는 미생물은 대부분 세균이며, 세균 오염이 식중독 등 실질적인 위생 문제를 일으킨다.

반면에, 절단면에 곰팡이가 피는 경우는 상대적으로 적으므로, 곰팡이가 구체적인 문제를 일으킬 가능성은 거의 없다. 다만, 냉장고의 저온(4°C) 조건에서는 거의 모든 세균이 자랄 수 없으나 여러 곰팡이는 충분히 생장할 수 있다(☞ 062). 따라서, 냉장고에서의 소시지 부패는 의외로 곰팡이가 주범이 될 수도 있다.

곰팡이를 방지할 목적이라면 절단면을 말려서 수분활성도水分活性度, water activity를 낮추는 것이 가장 효과적이지만, 수분을 잃은 소시지는 맛과 식감을 떨어뜨리므로 바람직한 방법은 아니다. 그래서 다양한 방법이 시도되었고, 일부가 생활의 지혜로 소개된 것으로 생각된다.

절단면에 마가린이나 버터를 발라두면 지방막脂肪膜을 형성한다. 지방막은 수분 탈취를 막아 식감을 유지해주며, 절단면에 수분이 응결되는 것을 막아주므로 곰팡이 포자가 발아하기 어렵게 만든다. 소시지의 맛에 영향을 주지 않을 정도라면, 충분히 이용가능한 방법이다. 주방장들이 간직한 비법이기도 하다. 다만, 오래되면 지방의 산패酸敗, acidification가 일어나서 도리어 맛을 떨어뜨릴 수 있다.

절단면에 식초를 발라둔다는 것은 곰팡이보다는 세균의 오염과 관련된 것으로 생각된다. 일반적인 식초의 산도는 2.0 정도이므로, 식초 자체에서 자라는 곰팡이나 세균은 없다. 절단면의 소시지 내용물과 섞여서 산도가 4.0 정도가 되면 거의 모든 세균의 생장은 억제되지만 일부 곰팡이는 충분히 자랄 수 있다. 식초가 소시지의 맛을 크게 변화시킬 것이므로 그리 바람직한 방법으로 보기는 어렵다.

130

문 '빵에 핀 곰팡이, 떼어내고 먹어도 될까?'라는 제목의 보도를 보았습니다. 빵을 통째로 다 버리라고 하네요. 저는 곰팡이 핀 부분만 살짝 떼어내고 다 먹었는데, 정말로 건강에 해로울까요?

답 2019년 3월 6일 MBC의 <스마트 리빙> 코너에 소개된 것이다. "… 쌀이나 옥수수, 빵, 땅콩, 잼 등에 조금이라도 곰팡이가 생겼다면 통째로 버려야…"로 보도되었다. 틀린 말은 아니다. 그러나 정확하고도 냉정한 이해가 필요하다. 관련된 내용을 『곰팡이가 없으면 지구도 없다』(2015, 신현동, 지오북)도 참조하면 도움이 된다.

사실은 빵을 만드는 순간부터 곰팡이는 자라고 있다. 박서영의 시처럼 '소리없이 곰팡이가 자란다'. 빵에 곰팡이가 피었다는 것은 곰팡이가 우리 눈에 보일 만큼 자랐다는 뜻이다. 그러니 우리가 먹은 '멀쩡한 빵'은 어느 정도 이미 '곰팡이가 자라고 있는 빵'이었던 것이다.

제조업체에서는 곰팡이가 가능한 한 천천히 자라서 소비자의 눈에 보이지 않도록 여러 방법을 고려한다. 수분함량을 낮추면 빵에 떨어진 곰팡이가 자라기 어렵다. 비닐 포장을 하면 곰팡이와의 접촉기회를 줄일 수 있다. 허용된 식품첨가물 중에는 곰팡이 생장을 억제하는 물질도 있다. 빵 표면에 기름을 바르거나 당분으로 코팅하여 곰팡이가 자라기 어렵게 만들기도 한다. 그래도 곰팡이는 서서히 소리 없이 자란다.

빵에 핀 곰팡이 중에 지극히 일부가 곰팡이독소를 만든다. 사실 그럴 가능성은 복권에 당첨될 정도의 확률이다. 게다가 한 번에 섭취하는 빵에 축적될 수 있는 곰팡이독소는 극미량이므로 유해 여부를 논하기 조차 어렵다. 버려야 할 정도가 되면 맛이 변하고 물성이 변하므로 인간은 본능적으로 먹지 않는다. 곰팡이가 조금 핀 빵을 먹을 것인지 버릴 것인지는 철저하게 개인의 선택에 달려 있다.

마그다 홀런데르 라퐁의 『빵 네 조각이 전해 준 살아갈 이유』 중 한 구절을 읽어보자. "비르케나우에 있을 때 한 여자가 죽어가면서 내게 손짓했다. 그러고는 손에 쥐고 있던 곰팡이가 핀 작은 빵 네 조각을 주며 들릴 듯 말 듯 작은 소리로 내게 말했다. '먹어. 넌 젊잖아. 살아남아서 여기서 일어난 일을 증언해. 꼭 얘기해. 앞으로는 이런 일이 세상에서 일어나지 않게.'" 곰팡이 핀 빵을 먹고서 배탈이 난 사람은 없었을 것이다.

131

문 빵에 핀 곰팡이를 바라보다가 문득 이런 생각을 했습니다. 이 곰팡이는 평생 빵만 먹으며 사는데, 혹시 영양결핍이나 영양불균형이 일어나지 않을까? 곰팡이가 요구하는 영양소는 무엇인가요?

답 지구에는 무려 77억 명의 사람들이 살고, 지역마다 먹는 음식이 무척이나 서로 다르다. 인류 역사에서 특정 영양소의 결핍으로 인하여 큰 고통을 겪은 적도 있었다. 사람의 섭생에서 가장 중요시하는 원리가 '골고루' 먹는 것이라는 것은 다양한 영양소가 필수적이라는 것을 의미한다. 사실 사람에게 필수적인 영양소는 수백 가지이며, 거의 전적으로 음식물에 의존한다. 텔레비전 프로그램의 절반이 음식과 관련된 것이다.

식물도 16가지 필수원소라든지 24가지 요소 같은 개념이 생물학 교과서에 잘 설명되어 있다. 이를 바탕으로 비료가 발달했고, 농작물의 생산성 증대에 크게 기여했다. 야생식물의 경우에는 적자생존適者生存, survival of the fittest의 개념으로 영양소의 공급이 원활한 곳에서만 생존이 가능하다.

곰팡이의 경우는 어떠할까? 한 덩어리의 빵에는 어떤 영양소가 포함되어 있을까? 빵을 비롯한 먹이기질substrate에 포함된 영양소의 구성은 그 먹이기질에 어떤 곰팡이가 자랄 수 있는지를 결정하는 중요한 요인이다. 즉, 어떤 곰팡이가 요구하는 영양소가 충분하지 않은 먹이기질에서는 그 곰팡이가 자라지 않는다.

고등동물이나 고등식물이 요구하는 영양소에 비하면 곰팡이가 요구하는 영양소의 종류는 매우 적다. 즉, 영양소가 그리 다양하지도 풍부하지도 않은 조건에서도 자랄 수 있는 곰팡이는 많다. 빵에는 이용가능한 탄소, 질소, 인, 철, 무기염류 등이 아주 충분히 포함되어 있다. 시멘트 구멍 사이에 낀 이물질을 영양원으로 삼아 자라는 곰팡이(☞ 037)에 비하면 빵은 대부분의 곰팡이에게 만찬에 가깝다.

거의 모든 배양가능한 곰팡이를 키울 때는 '감자한천배지··寒天培地, potato dextrose agar'를 사용한다. 이 배지의 조성은 감자를 끓인 물에 포도당葡萄糖, glucose을 첨가한 것에 불과하다. 포도당은 탄소炭素, carbon를 공급하기 위한 것이므로, 탄소 이외의 모든 영양소를 감자에 의존한다고 보면 틀림없다. 이런 간단한 영양조건에서 수많은 종류의 곰팡이를 키울 수 있다는 것이 놀라울 정도이다.

132

문 보관 중인 쌀에 곰팡이가 피는 경우가 있고, 그런 곰팡이가 곰팡이독소를 만들 수도 있다는 기사를 보았습니다. 우리가 매일 먹는 쌀이라 걱정되는데, 곰팡이가 피면 얼마나 위험한가요?

답 습도와 온도가 높으면 쌀에 곰팡이가 피기 쉽다. 우기가 있는 동남아시아에서는 중요한 문제이지만, 우리나라에서는 장마철에 잠깐만 걱정스러운 일이다. 쌀의 수분함량은 약 12%로서 어떤 곰팡이도 자랄 수 없다. 대체로 수분함량 16% 정도부터 곰팡이가 자라기 시작한다.

장마철에 습기가 차거나 빗물이 스며서 쌀이 젖으면 곰팡이가 핀다. 그러면 맨눈으로도 알 수 있고 냄새로도 쉽게 알 수 있다. 정확한 방법은 어고스테롤 검사법이 있다. 어고스테롤ergosterol은 쌀에는 없고 곰팡이에만 있으므로, 이 물질이 검출된다면 곰팡이가 존재한다는 강력한 증거이다. 극미량의 곰팡이도 검출할 수 있다.

마른 쌀에 습기가 차더라도 곰팡이 입장에서는 수분이 아주 부족한 기질이다. 따라서 건조에 견디는 일부 곰팡이들만 자란다. 아스페르길루스 *Aspergillus*, 붉은곰팡이*Fusarium*, 푸른곰팡이*Penicillium*가 대부분이다. 공교롭게도 이들은 모두 곰팡이독소를 분비하는 종을 포함하는 곰팡이들이다. 그래서 쌀에 곰팡이가 피면 곰팡이독소의 위험성이 있다는 이야기가 나온다. 실제 과학자들의 조사에서도 곰팡이독소를 분비하는 계통이 발견되었고, 곰팡이독소의 생성이 증명되었다.

그럼 실제 우리가 곰팡이독소를 섭취할 가능성이 있을까? 쌀에 곰팡이가 피어 맨눈으로도 인지될 정도라면 곰팡이독소를 걱정할 수도 있다. 하지만 이런 곰팡이 범벅인 쌀을 먹을 사람은 아무도 없다. 쌀 가공식품에 포함될 가능성은 있지만, 곰팡이 핀 쌀에서 풍기는 곰팡내 때문에 그런 쌀은 일찍이 제거된다. 정부에서도 정기적으로 쌀의 식품안전성을 검사하며, 검사항목에 곰팡이독소가 포함된다. 적어도 우리나라에서 곰팡이 핀 쌀을 먹고 곰팡이독소에 영향을 받을 일은 없어 보인다.

홍국균紅麴菌, *Monascus purpureus*은 아마도 쌀에 피는 미생물 중에 유일하게 유익한 곰팡이로 알려져 있다. 『곰팡이가 없으면 지구도 없다』(2015, 신현동, 지오북)를 참조하면 도움이 된다. 냉장고에 보관 중인 쌀떡에 가끔씩 나타나는데, 혹시라도 유해한 붉은곰팡이*Fusarium*와 혼동해서는 안 된다.

133

문 즉석밥이 보편화되면서 자취하는 학생들에게도 인기가 무척 높습니다. 그런데 가끔 즉석밥에 곰팡이가 피었다는 뉴스가 등장하여 불안한 마음이 있습니다. 과연 안심하고 먹을 수 있나요?

답 우리나라에서는 1996년 처음 등장한 즉석밥이 2014년에 2,000억 원, 2018년에 4,000억 원의 시장으로 급속히 증가하였다. 그러니까 즉석밥에 대한 과학적 정보는 이제 상식이 되어야겠다. 특히, 즉석밥의 식품 안전성에 관한 정보는 누구나 원하는 중요한 과학상식이다.

쌀밥은 쌀에 물을 붓고 익혀 만들어진다. 즉석밥은 쌀과 물 이외에 무언가 들어간다. 무엇이 들어갈까? 하나는 구수한 밥맛을 살려내는 쌀겨 추출물이다. 다른 하나는 식품보존제食品保存劑, food preservative이다. 어떤 보존제를 사용하는지는 기업의 비밀이므로 공개하지 않는다. 단, 식품첨가물食品添加物, food additive로 허가된 보존제이므로 즉석밥의 포장지에는 '식품첨가물'로 표기되는 경우가 대부분이다.

우리나라에서 수출하여 미국에서 판매되는 한국산 즉석밥의 포장지에는 "Water, Rice, Gluconic Acid (for freshness), Rice Bran Extract"로 인쇄되어 있다. 글루콘산(보존제)은 신맛이 매우 약해서 적은 양으로는 신맛이 나지 않는다. 글루콘산은 산도를 산성으로 낮추므로 일반적인 식품 오염 세균의 생장을 차단한다. 따라서 즉석밥에서는 세균이 생장하지 못하므로 절대로 쉬지 않는다.

즉석밥은 질소 충전 제품이라고 표시되어 있다. 내부에 공기 대신에 질소窒素를 충전充塡했다는 뜻이다. 즉, 보통 공기에는 산소가 21% 포함되어 미생물이 자랄 수 있으나, 산소가 없으면 혐기성 세균을 제외한 모든 생물은 살 수 없다. 혐기성 곰팡이는 반추동물의 혹위에만 존재하므로 식품오염균으로 발견될 수 없다. 따라서 곰팡이는 즉석밥에서 살 수 없다.

가끔 즉석밥에 곰팡이가 발견되는 이유는 단 하나이다. 포장용기와 덮개의 접착 불량으로 틈새가 생겼거나 물리적 상처로 인해 구멍이 생겨서 외부 공기가 들어갔기 때문이다. 공기에는 곰팡이 포자가 늘 존재하므로 틈새나 구멍으로 곰팡이가 들어갈 수 있다. 드물게 세균이 들어갈 수도 있지만, 확률도 너무 낮고 자라기도 어렵다. 제조공정에서 곰팡이에 오염되었을 가능성은 없다고 보는 것이 과학적이고도 합리적인 소견이다.

134

문 즉석밥처럼 불투명 용기에 담겨서 뜯어보기 전에는 곰팡이가 피었는지를 알 수 없는 제품의 경우에는 제품 관리에 어려움이 있을 듯합니다. 이런 곰팡이를 찾아내는 특별한 기술이 있는지요?

답 즉석밥의 제조공정에서 미생물을 제어하는 기술이 매우 중요하다. 세균은 열처리를 통해 1차 제어되고, 제품의 산도를 산성으로 유지함으로써 2차 제어되며, 질소 충전을 통해 3차 제어된다. 세균 오염은 완벽하게 막아낼 수 있고, 지금까지 문제를 일으킨 적이 없다. 즉석밥에서는 곰팡이 오염이 문제이다(☞ 133).

밥을 지으려면 100°C 이상으로 일정 시간 가열하므로 모든 곰팡이는 죽는다. 즉석밥에 곰팡이가 오염될 기회는 단 한 번이다. 즉, 밥이 담긴 용기에 덮개를 덮고 접착하는 공정이다. 이 공정에서 곰팡이 오염이 일어난다면, 어느 날 어떤 라인에서 생산된 제품의 상당수가 한꺼번에 오염될 것이다. 그러나 지금까지 어떤 제품에서도 이런 일이 발생한 적은 없었다.

인터넷 검색으로 곰팡이 핀 즉석밥 사진을 보면, 대부분 용기의 가장자리에서 하나의 시작점이 있는 단일 곰팡이 집락集落, colony이다. 즉, 용기의 접착 부분에 미세한 틈새가 생겼고, 그 틈새로 하나의 포자가 들어왔을 것이다. 오염된지 오래되었거나 작은 단일집락의 포자가 내부에서 2차 오염을 일으키면 집락이 더 커질 수도 있다. 즉석밥의 중간중간에 서로 다른 몇 개의 집락이 있는 경우는 틀림없이 덮개비닐의 물리적 손상으로 곰팡이 포자가 들어왔을 것이다.

따라서 유통과정에서 제품 상자를 내던져도 끄떡없는 접착기술의 개선과 덮개비닐의 내구성을 높이는 기술개발이 필요하다. 덮개비닐을 투명하게, 최소한 가장자리를 투명하게 설계해도 오염된 제품은 판매 이전에 제거될 수 있을 것이다.

물류센터에서는 곰팡이 탐지견을 활용해보자. 곰팡이 탐지견 이외에 즉석밥에서 곰팡이 발생을 찾아낼 방법은 없는 듯하다. 즉석밥에 오염된 곰팡이 종류를 다룬 리포트를 본 적은 없지만, 사진으로 판독하면 푸른곰팡이*Penicillium*, 아스페르길루스*Aspergillus*, 클라도스포리움*Cladosporium* 오염이다. 따라서 이들 분류군의 곰팡이를 특별히 잘 찾아내는 탐지견의 훈련도 고려해 볼 수 있다.

135

문 증편은 잘 쉬지 않아 여름철에 먹는 떡이라고 합니다. 그럼 세균이 자라기 어렵다는 의미인데, 곰팡이의 생장도 저해될 것으로 생각됩니다. 어떤 원리로 미생물 생장이 크게 억제되는지요?

답 국어사전에 증편은 '멥쌀가루를, 막걸리를 조금 탄 뜨거운 물로 묽게 반죽하여 더운 방에서 부풀려 밤, 대추, 잣 따위의 고명을 얹고 틀에 넣어 찐 떡'으로 풀이되어 있다. '증蒸'은 수증기에 찐다는 뜻이고, '편'은 떡을 점잖게 이르는 말이다. 기정, 기정떡, 기지떡이란 이름도 널리 쓰인다. 시금한 막걸리 냄새가 나서 쉰떡, 술을 넣어 만든다고 술떡이라고도 부른다.

여하튼, 증편에서 막걸리의 임무는 미생물에 의한 발효를 위한 것이다. 막걸리에 들어있는 효모는 발효과정에서 이산화탄소를 생성하므로 떡에는 다공성多孔性의 구조가 형성되어 폭신폭신한 조직감이 생긴다. 증편은 기본적으로 술빵(☞ 104)과 같은 원리로 만들어진다.

효모가 생성하는 에탄올은 떡을 찌는 과정에서 모두 날아간다. 즉, 에탄올의 휘산 온도는 78°C이므로 수증기로 떡을 찌는 과정에서 모두 휘산揮散된다. 때로는 증편에서 약간의 술 냄새가 나기도 한다. 이는 막걸리 특유의 향과 풍미가 남아있다는 뜻이지 에탄올이 남아있다는 의미는 아니다.

또한, 부풀리는 발효과정에서 막걸리에 존재하던 세균들이 젖산lactic acid 및 숙신산succinic acid을 생성하므로 시금한 맛이 난다. 따라서 증편은 산성을 띠므로 세균이 자라기 어렵고, 조직 표면에 수막水膜, water film이 얇아 세균이 번식할 공간이 거의 없다. 게다가, 공기 중에서 증편 표면으로 떨어지는 세균은 수적으로도 적고 생장 환경도 아주 부적합하다. 결과적으로 증편은 세균의 생장이 크게 억제되는 식품이므로 잘 쉬지 않는 여름철 식품이라고들 한다.

이제, 증편과 곰팡이의 관계를 살펴보자. 전통적인 증편은 넓적하게 만들고 손바닥 크기로 잘라서 제공된다. 최근에는 작고 동글납작하게 만든 제품이 인기가 있다. 증편의 표면은 반들반들하고 껍질 같은 막을 형성한다. 즉, 제일 바깥쪽 표면이 마르면 곰팡이 생장은 크게 억제된다. 제조과정이나 유통과정에서 공기 중의 곰팡이 포자가 떨어지더라도 눈에 보일 정도로 자라기까지는 상당 기간이 소요된다. 게다가 떡을 찌는 과정에서 멸균되므로 떡 안쪽에는 곰팡이가 아예 없다.

136

문 딸기잼은 어떤 원리로 만들어졌기에 미생물이 자랄 수 없다고 하나요? 그런데 실제는 이용 중에 잼 표면이나 뚜껑에 곰팡이가 생기는 경우가 많습니다. 어떤 이유이며, 어떻게 관리해야 하나요?

답 딸기를 비롯한 몇몇 과실은 잼으로 만들어 장기보관하고 이용할 수 있다. 즉, 식품을 장기보관하는 여러 방법 중의 하나이다. 잼jam은 '과실에 다량의 설탕을 넣고 조려서 만드는 저장식품'으로 정의할 수 있다. 딸기잼이 대표적인데, 곰팡이와의 관계를 살펴보자.

가정에서는 깨끗한 딸기에 적당량의 설탕을 넣고 가열하여 조려서 만든다. 이때 레몬즙을 조금 넣어 산도를 낮추기도 한다. 일부 공장제품은 펙틴pectin을 많이 넣어서 젤리 같은 느낌이 나기도 한다. 딸기잼의 산도는 pH 3.0~3.4의 범주이므로 세균이 생장하기에는 매우 부적당하다. 그러니까 딸기잼에서 세균이 문제를 일으키는 일은 거의 없다.

곰팡이와의 관계는 당도와 관련이 있다. 딸기와 설탕을 1:1로 섞어서 딸기잼을 만들면 평균 68브릭스의 당도를 나타낸다. 대략 60브릭스 이상으로 조제하기를 권장한다. 설탕이 너무 적으면 그만큼 곰팡이가 피기 쉽기 때문이다. 최근 한 업체에서 '45도 과일잼'을 출시하였다. 즉, 잼의 당도가 45브릭스라는 의미로서 기존 제품에 비하여 당분 함량을 크게 낮추었다. 이런 제품은 장점과 단점이 있으므로 소비자의 선택에 달려 있다.

그럼에도 불구하고 왜 딸기잼에는 곰팡이가 필까? 매우 드물게 개봉하지도 않은 딸기잼 제품의 표면에 곰팡이가 둥근 집락集落, colony을 형성하기도 한다. 이는 대부분 포장 용기의 파손에 기인한다. 가정에서는 이용 중에 심심치 않게 곰팡이가 핀다. 특히 병뚜껑에 묻은 딸기잼 표면에 이슬이 맺듯 수막水膜, water film이 형성되면 국부적으로 당도가 낮아져서 곰팡이가 자라기 쉬운 상태가 된다. 잼 표면에도 수막이 생기거나 침이 묻으면 같은 원리로 곰팡이가 자랄 수 있다.

딸기잼을 냉장고에 보관하는 경우가 많다. 냉장고는 저온(4°C)으로 세균의 생장은 크게 억제하지만 곰팡이에는 별 효과가 없다(☞ 129). 도리어 식탁과 냉장고를 오가면서 온도차에 의해 딸기잼에는 응결수凝結水가 생겨 곰팡이 생장의 원인이 될 수 있다. 그래서 딸기잼을 상온보관하는 편이 좋다는 의견이 제시되고 있다.

137

문 영국의 메이 총리가 딸기잼에 핀 곰팡이는 걷어내고 먹는다는 발언을 했다는데, 구체적으로 무슨 내용인지요? 그리고 진짜 그렇게 하는 것이 올바른 판단이고 안전한지 과학적으로 증명되나요?

답 2019년 2월 13일 영국 언론들이 일제히 메이 총리의 사진과 딸기 또는 딸기잼 사진을 크게 실었다. 식품 낭비에 관한 내각 토의에서 메이 총리의 딸기잼 발언이 화제였다. 메이 총리는 딸기잼에 핀 곰팡이는 걷어내고 딸기잼을 먹는 것이 옳다는 발언을 하였다. 이에 대하여 식품미생물 전문가들의 동조 의견과 함께 언론에 실린 것이다.

이 발언은 브렉시트Brexit와 관련하여 미묘한 정치 상황에 처한 영국에서는 다양한 해석이 나왔다. 메이 총리가 중의적으로 발언을 했더라도 분명히 일상생활과 과학적 상식에 근거하여 곰팡이 핀 딸기잼에 관한 그녀의 평소 생각과 판단을 이야기한 것임에 틀림없다. 그래서 여기에 필자가 과학적인 설명을 덧붙여 본다.

딸기잼은 당도가 60브릭스에 이를 정도로 높고 항균성 물질까지 함유되어 있어 어떤 곰팡이도 자랄 수 없는 환경이다. 그러나 어떤 이유이든 딸기잼 표면에 수막이 형성되어 당도가 낮아지면 그 자리에만 곰팡이가 자랄 수 있다(☞ 136). 즉, 곰팡이가 국부적으로만 얇게 수막을 따라 자랄 뿐이다.

이런 오염 곰팡이는 딸기잼 안쪽으로는 자라서 들어갈 수 없다. 안쪽은 당도가 높으므로 이 곰팡이가 균사를 뻗었다면 수분을 빼앗기며 죽는다. 그래서 딸기잼에 핀 곰팡이는 표면에서만 자란다. 곰팡이를 포함하여 딸기잼의 표면만 살짝 걷어내면 된다. 곰팡이 피었다고 딸기잼을 통째로 버리는 것은 음식 낭비일 뿐이다.

만약 이렇게 표면에만 자란 곰팡이가 곰팡이독소를 분비한다면 딸기잼 속으로 독소가 확산될 가능성은 있다. 그러나 ①이런 환경에서 자란 곰팡이 종류 중에는 곰팡이독소를 생성하는 종은 거의 없다. ②곰팡이독소를 생성할 수 있는 종이 자랐더라도 특정한 환경에서만 곰팡이독소를 만든다. ③곰팡이독소를 만들더라도 극미량이므로 사람이 섭취하는 양은 과학적으로는 0으로 표시될 정도이다. 기분이 찝찝하거나 맛이 아주 조금 변할 수도 있겠지만, 곰팡이를 걷어낸 딸기잼을 먹고 건강에 부정적 영향을 받을 일은 없을 것이다.

138

문 최근에 산딸기가 출하되어 새로운 맛을 즐기고 있습니다. 산딸기는 냉장고에 보관해도 유독 곰팡이가 잘 피어서 구매 당일에 먹어치워야 합니다. 산딸기에 곰팡이가 잘 피는 이유가 있는지요?

답 산딸기*Rubus crataegifolius*는 동아시아 원산으로 6~7월에 빨간색 열매가 열린다. 예로부터 식용으로 이용해 왔으며, 산행하는 사람들의 간식거리로도 유명하다. 산딸기를 상업적으로 재배하는 나라는 한국이 유일하고 Korean raspberry라는 영어 이름으로 불린다.

딸기는 열매자루peduncle와 꽃받침calyx이 달린 상태로 수확되고 유통된다. 딸기에서 우리가 먹는 가식부위는 꽃턱receptacle이 발달한 과육이다. 산딸기도 딸기와 똑같은 식물학적 구조를 가졌지만, 산딸기는 과육 부분만 수확된다. 즉, 꽃받침과 과육의 경계 부위가 쉽게 떨어질 정도로 완숙한 상태의 산딸기에서 과육만 수확된다. 이런 이유로 수확한 산딸기는 과육 안쪽에 근본적인 상처를 갖고 있다.

그래서 산딸기는 과육 안쪽부터 곰팡이가 피는 경우가 많다. 더구나 산딸기는 단단한 과피果皮를 갖도록 육종된 것이 아니라 야생의 것을 그대로 재배한 것이다. 게다가 야생 산딸기보다 일찍 출하하기 위하여 거의 모두 비닐하우스에서 재배한다. 그러므로 야생 산딸기보다는 과육이 무르고 과피가 얇다. 이런 복합적인 이유로 인해 곰팡이에 취약할 수밖에 없다.

시장에서 구입한 산딸기에 곰팡이가 피었다는 불평이 심심치 않게 보도된다. 필자는 산딸기에 핀 곰팡이를 여러 차례 수거하여 현미경으로 검사하였다. 수십 개의 시료가 모두 클라도스포리움*Cladosporium cladosporioides*으로 판단되었다. 네이버에 올라온 사진을 보아도 모두 클라도스포리움으로 보인다. 산딸기에 핀 곰팡이 색깔로 보아도 녹갈색綠褐色, olive을 띠므로 클라도스포리움이 맞다. 왜 클라도스포리움이 유별나게 산딸기에 많이 피는지 학술적으로 연구할 필요가 있다.

한편, 야생의 산딸기와 노지재배露地栽培 산딸기에서는 잿빛곰팡이*Botrytis cinerea*가 피는 경우가 흔히 발견된다. 잿빛곰팡이(☞ 110)는 클라도스포리움과 유사하지만, 털처럼 보이는 구조가 다소 길고 성기게 보이므로 돋보기로도 쉽게 서로 구분할 수 있다. 매우 다행스럽게 클라도스포리움과 잿빛곰팡이는 곰팡이독소를 만들지 않아 식중독의 위험은 없다.

139

문 梨腐予女栗朽予婦. 배 썩은 것은 딸 주고, 밤 썩은 것은 며느리 준다. 이는 며느리보다 딸을 더 아낀다는 뜻으로 쓰이는 표현입니다. 여기서, 썩은 배와 썩은 밤은 곰팡이가 원인인가요?

답 배 썩은 것은 딸 주고, 밤 썩은 것은 며느리 준다. 배 썩은 것은 먹을 수 있지만, 밤 썩은 것은 먹을 수 없다. 그럼 이 속담에 등장하는 배와 밤을 썩히는 미생물은 무엇일까? 세균bacteria이나 바이러스virus가 직접 과실을 썩히는 일은 없다. 따라서 이런 과실을 썩히는 미생물은 모두 곰팡이fungi라고 봐야 한다.

저장 중의 배에는 ①푸른곰팡이*Penicillium* spp., ②잿빛곰팡이*Botrytis cinerea*, ③겹무늬병균*Botryosphaeria dothidea*에 의한 부패가 발생하지만, 실제는 푸른곰팡이류에 의한 부패가 대부분이다. 부패 부위가 갈변하면서 물러지고 표면에 푸른곰팡이가 나타나므로 먹을 수 없다. 굳이 해석하자면, 부패 부위만 도려내면 먹을 수 있다는 뜻으로 볼 수도 있다.

어쩌면 썩은 배라는 것이 곰팡이에 의한 부패가 아니라 물리적 충격에 의한 '멍든 조직'을 의미할 수도 있다. 배는 다른 과실에 비해 조직이 무른 편이므로 쉽게 멍이 들고, 멍든 부위는 색이 변하고, 식감이 떨어지지만, 충분히 먹을 수 있다. 또한, 배에서 특이적으로 나타나는 생리 장해로서 '과심갈변果心褐變, core browning disorder'을 의미할 수도 있다. 다소 낯선 냄새가 나지만 충분히 먹을 수도 있다.

저장 중의 밤을 썩히는 곰팡이 종류는 무척 많다. 여러 조건에 따라 부패병균의 종류가 다르므로 곰팡이 종류를 일일이 일컫기 어려울 정도이다. 밤을 잘라보면 속이 온통 썩은 것도 있다. 그런데 밤은 일부분만 썩더라도 멀쩡해 보이는 부분까지 먹을 수 없는 경우가 대부분이다. 멀쩡해 보이는 부분이라도 이미 부패 곰팡이의 균사가 침입하여 맛이 변했을 뿐만 아니라 조직감도 훨씬 떨어진다. 그래서 먹을 수 없다.

밤은 왜 이렇게 쉽게 썩을까? 밤알의 뾰족하고 털이 달린듯한 아랫부분이 화주花柱, style인데, 해부학적으로는 열린 또는 싹트면서 열리는 부위이다. 부패 곰팡이들이 화주를 통하여 쉽게 침입함으로써 밤을 썩힌다. 그래서 밤은 말려서 저장해 왔다. 하지만 생밤을 원하는 소비자의 요구에 맞추다보니 썩은 밤을 만날 일이 많아졌다.

140

문 푸른곰팡이로 항생제 페니실린을 만든다는 이야기는 잘 알고 있습니다. 푸른곰팡이가 핀 감귤을 먹는다고 항생제 복용과 유사한 효과가 나타나지는 않겠지요? 과학적 근거로 설명될 수 있나요?

답 1928년 영국의 알렉산더 플레밍Alexander Fleming은 푸른곰팡이에서 분비되는 물질이 세균의 생장을 억제하거나 죽인다는 사실을 발견했다. 그러나 이 신비의 물질을 추출하여 정제한 것은 1940년대 초의 일이었고, 정제법을 개발한 체인과 플로리는 플레밍과 함께 1945년에 노벨생리의학상을 수상하였다. 이로써 항생제의 세계가 열렸고, 항생제는 20세기 최고의 발명품으로 칭송된다.

1930년대에는 푸른곰팡이를 배양한 배지를 직접 환부에 붙여 치료 효과를 기대하였으나 실제 치료에 성공하지 못했다. 1940년 가을에야 항생물질의 정제精製, purification에 성공하였다. 이 정제물精製物은 최초의 임상실험으로 콘스타블 알렉산더Constable Alexander라는 경찰관에게 투여되었다. 그는 장미에 찔린 상처가 곪아 화농化膿이 심각한 상태였다. 하루 몇 차례씩 투여했음에도 그는 결국 사망하였다. 이처럼 효과가 없었던 이유는 작은 배양체에서 분비되는 항생물질의 양이 매우 적었을 뿐만 아니라 어떤 조건에서 항생물질이 많이 분비되는지를 몰랐기 때문이었다.

페니실린을 만드는 푸른곰팡이는 *Penicillium chrysogenum*이고, 감귤에 피어나는 푸른곰팡이는 *Penicillium digitatum* 또는 *Penicillium italicum*이 대부분이다. 감귤을 비롯한 주요 과실에서 자라는 푸른곰팡이류가 항생물질을 분비하여 항세균 활성을 나타낸다는 관찰보고는 아직까지 한 번도 없었다. 설령 항생물질을 분비하는 종種, species이나 계통系統, strain이라 해도 현재 시판 중인 항생제 한 알의 효과를 내려면 푸른곰팡이가 핀 감귤을 수십 또는 수백 상자는 먹어야 할지도 모른다.

다시 말해, 감귤에 핀 푸른곰팡이든 블루치즈에 포함된 푸른곰팡이든 메주에 생긴 푸른곰팡이든 자연 상태에서 자라는 어떤 푸른곰팡이라도 직접 섭취함으로써 항생효과를 얻을 수는 없다. 시판되는 페니실린은 복잡한 과정을 거쳐 생산된다. 엄선된, 비밀의 균주는 극도의 스트레스 상태에서 배양하여 페니실린을 생산하도록 조절된다. 이러한 균주라도 양분이 풍부하여 왕성하게 자라는 동안에는 페니실린을 만들지 않는다.

141

문 곶감 표면이 흰 가루로 뒤덮이고 다소 마른 것도 있고, 가루가 적으면서 주황색이 선명하고 다소 촉촉한 것도 있습니다. 이 흰색의 가루가 효모 또는 곰팡이라고 하는 이야기는 정말인가요?

답 결론부터 말하면, 곶감 표면에 핀 흰색의 가루는 효모나 곰팡이가 아니라 당분糖分, sugars이다(☞ 105). 시중에 유통되는 곶감은 제조 방법이 서로 다른 종류가 대단히 많다. 가장 일반적인 곶감은 표면이 마른 상태로 상온 유통되는 제품이다. 이러한 제품은 저장기간 또는 유통기간이 길수록 표면에 흰색의 가루가 더욱 뚜렷해지는 경향이 있다. 이 흰색의 가루에 효모가 일부 섞여 있을 수도 있지만, 너무 적어서 무시될 수준이므로 '당분+효모'라는 표현이 무색할 정도이다.

이러한 흰색 가루를 감柿에 피는 서리霜같다는 뜻으로 '시상柿霜'이라 한다. 또는 감柿에 피는 눈雪같다는 의미로 '시설柿雪'이라고도 부른다. 시상의 성분을 분석한 학술자료에 따르면, 당분 85%, 수분 12%, 불용성 물질 3% 정도이다. 수분 12%는 쌀가루 정도로 마른 상태로서 훅 불면 날아가므로 실제 시상은 당분 가루라고 표현할 수 있다.

이 시상을 살짝 긁어서 맛을 보면 어떨까? 시상은 거의 다 당분이므로 단맛이 날 것으로 예상하지만 기대만큼 달지는 않다. 시상의 당분을 분석한 자료에 따르면, 포도당 83%와 과당 17%로 구성되므로 대부분 포도당이다. 당분의 감미도에서 포도당은 0.75이고 과당은 1.75이므로 결과적으로는 설탕보다 단맛이 덜 하다.

드물게 곶감을 만드는 과정에서 표면에 곰팡이가 피기도 하지만(☞ 020), 곰팡이 핀 곶감이 그대로 시장에 출하되는 일은 거의 없다. 그럼 시상에 곰팡이가 섞여 있는 곶감을 예상할 수 있을까? 정상 제품의 곶감에는 곰팡이가 거의 없다. 수분 12%의 시상이나 거의 같은 환경의 곶감 표면에서 생장하는 곰팡이는 없다.

다만, 어떤 이유에서 곶감 표면이 수분과 접촉하여 수분함량이 약 20%를 넘어서면 곰팡이가 자랄 수 있다. 이런 제품은 곰팡이에 오염되었음을 맨눈으로도 알 수 있다. 왜냐하면 곶감처럼 외부에 노출된 환경에서 자라는 곰팡이는 거의 다 색깔을 띤 포자를 형성해서 회색-황색-녹색-청색-흑색 계열의 칙칙한 색깔을 띠기 때문이다.

142

문 '된장은 곰팡이가 피어도 먹지만, 청국장에 곰팡이가 피면 못 먹는다'라는 말이 있습니다. 이를 과학적으로 설명한 자료를 찾지 못하였습니다. 구체적으로 어떤 의미인지 해설을 여쭐 수 있나요?

답 늦가을에 콩을 삶아 메주를 만들고, 이른 봄에는 잘 띄운 메주로 장을 담고, 한여름 지나 찬 바람 불면 '장가르기'를 하여 간장과 된장을 만든다. 대부분 된장을 이렇게 장물을 뺀 메주로 담는다. 그러므로 된장에는 내염성 세균과 효모가 좀 있을 뿐이고 곰팡이는 거의 없다.

그럼 청국장은 어떻게 만들까? 겨울에 콩을 삶아 무명천을 깐 대바구니에 펼쳐 놓는다. 온돌방 아랫목에 이불을 덮어 놓으면, 품온品溫이 40°C 정도가 된다. 그러면 곰팡이든 세균이든 잡균이 자라기엔 너무 뜨겁지만, 고초균을 비롯한 고온성 세균은 왕성하게 자란다. 고초균枯草菌, *Bacillus subtilis*은 내생포자內生胞子, endospore를 형성하므로 콩을 삶아도 사멸하지 않는다. 한편, 고초균이라는 이 세균의 이름을 선뜻 이해하지 못하는 학생들이 많다. 그래서 필자가 '검불세균'이란 신조어를 제시했더니, '검불'이 무슨 뜻인지 몰라 역시 소통에 어려움이 있었다.

된장 표면에 곰팡이가 피는 문제는 별도로 다루었다(☞ 143). 이런 곰팡이가 곰팡이독소를 생성하여 문제가 될 수도 있지만, 실제 그럴 가능성이 매우 작고 그런 일이 벌어지지도 않았다. 마치 메주에 곰팡이를 피워 장을 담그듯이, 된장에 피는 곰팡이들은 곰팡이독소를 만들 가능성이 매우 작고 된장의 맛에도 그리 영향을 미치지 않는다.

한편, 완성된 청국장이란 고초균에 완전히 점유된 상태의 콩이다. 따라서 청국장에는 곰팡이가 존재하지 않는 것이 원칙이다. 하지만 곰팡이 입장에서는 청국장이 영양물질이 풍부한 분해 대상이다. 다만, 선점한 고초균과 영양적 경쟁競爭에서 이겨야만 곰팡이는 자랄 수 있다.

청국장에서 자라는 곰팡이를 연구한 자료는 없는 듯하다. 오염되는 곰팡이 종류는 무엇인지, 곰팡이독소를 생성하는 계통이 있는지, 고초균의 방어를 이겨내고 자랄 수 있는 전략은 무엇인지, 청국장의 품질에는 어떤 영향을 미치는지 등 과학적 탐구가 필요하다. 청국장에 곰팡이가 피었다는 것은 원하지 않는 오염이고, 청국장 본래의 맛과 향을 상실시키며, 대부분 시각적으로나 미각적으로 식용에 부적당하다.

143

문 된장을 만들어 장독에 넣은 후에는 그 위에 소금을 한 층 펴 넣는다고 합니다. 그렇지 않으면 곰팡이가 피어 된장이 망가져 버린다고 하는데, 맞는 말인지요?

답 이남희 님의 수필 <밥情>은 '사람 불러들이기 좋아하는 아버지 덕에 엄마의 된장독은 웃소금 마를 날이 없었다'라는 정겨운 문장으로 시작된다. 웃소금이란 된장이나 고추장을 담가 장독에 넣은 다음 그 표면에 덮어 놓는 소금을 일컫는다. 장 표면에 곰팡이가 피는 것을 막기 위한 수단이다.

된장 표면에 곰팡이가 피는 것은 당연한 일이다. 된장에는 양분이 있고, 공기 중에는 늘 곰팡이가 떠다니고 있기 때문이다. 된장에 당분이 많을수록, 그리고 염분은 적을수록 장맛은 좋겠지만, 그만큼 곰팡이가 피기도 쉽다. 그래서 된장 표면에 곰팡이가 피면 살짝 걷어내고 속에 있는 된장을 퍼서 먹는 경우가 많다. 이런 곰팡이가 사람에게 해로운 것일까? 이런 곰팡이를 막아내는 방법이 있을까?

장에 피는 곰팡이에 관한 아주 구체적인 연구는 찾아보기 어렵다. 사실, 이 연구는 오랜 시간이 걸릴 뿐만 아니라 곰팡이 종류를 알아내고 곰팡이독소와의 관계를 정리하여 결론을 도출하기 매우 어렵다. 다행스럽게, 된장이나 고추장에 피는 곰팡이 중에서는 곰팡이독소를 생성하는 종류가 없거나 극히 드물어서 그런 곰팡이가 사람에게 해롭다는 증거는 없다. 다만, 곰팡이가 많이 피면 장맛이 살짝 변할 수도 있고 기분이 썩 상쾌하지 않을 수 있으므로 반가운 존재는 아니다.

된장 표면에 곰팡이 피는 것을 막아내는 비법이 많이 전해진다. 마른 김이나 다시마를 몇 겹 덮거나, 된장풀 풀잎[사실, 된장풀(*Desmodium caudatum*)이 목본식물이라 '나뭇잎'이 맞다]을 넣거나 덮거나, 고추씨 가루를 두껍게 덮거나, 최근에는 식품용 랩이나 비닐을 덮기도 한다. 곰팡이와 파리(구더기)를 막기 위한 수단이기도 하다.

역시 가장 보편적이고 효과적인 방법은 웃소금을 치는 것이다. 다만, 염분이 과다하면 장맛이 나빠질 수도 있고 건강에도 해롭다. 우리 조상들이 찾은 지혜는 된장 표면이 잘 마르도록 '햇볕과 바람과 뚜껑'을 관리하는 것이다. 단단할 정도로 표면이 말라서 껍질 역할을 하는 된장이 가장 이상적인 상태일 것이다.

144

문 곰팡이 중에는 독성물질을 분비하는 종류가 많아 곰팡이의 이미지가 독성과 관련됩니다. 이러한 곰팡이들이 왜 독성물질을 분비하는지요? 이 독성물질에 의해 스스로는 피해를 받지 않는지요?

답 지금까지 알려진 약 10만 종의 곰팡이 중에서 독성물질毒性物質, toxic substance을 분비한다고 증명된 곰팡이는 수백 종에 불과하다. 그러니까 전체 곰팡이의 1%에도 미치지 못하는 극소수이다. 이러한 독성물질과 관련된 두 부류가 있다. 곰팡이독소를 밖으로 배출하는 곰팡이가 있고, 독성물질을 안에 보유하고 있는 독버섯이 있다.

지금 논의하려는 주제는 곰팡이독소이다. 곰팡이가 분비하는 2차 대사산물로서 사람과 가축(애완동물 포함)에 어떤 질병이나 비정상적 생리작용을 유발하는 물질군을 '곰팡이독소菌毒素, mycotoxin'라고 한다. 곰팡이독소에 의한 피해를 '곰팡이독소중독증菌毒素中毒症, mycotoxicosis'이라고 한다. 따라서 식품과 사료에서 매우 중요한 문제이다.

진화적 관점에서 볼 때, 곰팡이들도 자신을 지키고 경쟁자를 물리치는 다양한 전략을 발휘하면서 살아왔다. 곰팡이독소를 분비하는 가장 중요한 이유는 서식처棲息處, habitat 또는 먹이기질基質, substrate을 선점하기 위함이다. 즉, 양분이 존재하는 기질에서는 여러 곰팡이와 세균이 함께 자라는데, 어떤 조건이 특정 생물에게는 유리하거나 불리할 것이다. 따라서 양분이나 공간을 두고 서로 경쟁하는 관계에 있게 마련이다.

이러한 경쟁 관계에서는 서로 경쟁자를 물리치는 다양한 전략이 있을 수 있다. 미생물 사이에서는 우리가 상상할 수 있는 모든 방식의 경쟁이 벌어지고 있다(☞ 115). 다른 경쟁자가 양분을 탈취하지 못하도록 독성물질을 확산시키는 것도 하나의 생존전략이 될 수 있다. 이 독성물질을 불활성화하거나 대사과정에 끼어들지 못하도록 방어하는 전략도 함께 진화하였다. 따라서, 자기 자신은 피해를 받지 않으면서 경쟁자에게는 피해를 주는 방식으로 진화하였다.

이러한 독성물질 중에서 극히 일부만 인간과 가축에게 유해할 뿐이다. 곰팡이가 어떤 의도를 가지고 인축人畜에 질병이나 장해를 주는 것은 아니다. 진화적 관점에서 보았을 때, 곰팡이독소의 존재는 사실상 거의 우연偶然에 가깝다.

145

문 메주를 말릴 때는 바닥에 펼쳐 놓은 볏짚 위에 늘어놓고, 메주를 띄울 때는 볏짚으로 끈을 만들어 매달아 놓습니다. 메주와 볏짚은 관계가 있을 듯한데, 혹시 곰팡이가 관여하지는 않을까요?

답 전통 메주를 만드는 과정에서 두 번 볏짚과 관계된다. 콩을 삶아 덩어리 모양의 메주를 만들면 바로 고온건조한 조건에서 메주를 말린다. 젖은 메주를 방바닥이나 마룻바닥에다 그냥 놓기보다는 볏짚을 깔면 통기를 도와 메주 표면이 골고루 마르게 한다.

이렇게 메주를 말리는 동안 볏짚에서 고초균枯草菌, *Bacillus subtilis*이란 세균이 메주로 이행되어 내부 발효를 돕는다는 견해도 있다. 아마도 청국장과 볏짚의 관계에 빗댄 이야기일 수도 있다. 필자는 이런 의견에 동의하지 않는다. 왜냐하면, 고초균은 이동성이 없고 메주 내부로 침투하지도 못하기 때문이다. 메주 내부의 콩에는 끓여도 죽지 않는 고초균의 내생포자(☞ 142)가 생존해 있으며, 이 내생포자가 차츰 발아하여 발효를 일으킨다는 것이 옳은 견해일 것이다.

메주가 마르면서 차츰 곰팡이가 피기 시작하는데, 이들은 거의 대부분 공기 중에 떠돌다가 우연히 메주에 내려앉은 곰팡이들이다. 이들 메주 곰팡이 중 상당수가 깔개로 제공된 볏짚에서 유래하므로 볏짚의 사용이 조상의 지혜와 경험의 소산이라는 의견도 있다. 메주 제조시설에서 수집한 볏짚에 어떤 곰팡이들이 존재하는지 조사한 연구가 있지만, 상호관계 또는 인과관계를 분석하기는 무척 어렵다.

살짝 마른 메주는 볏짚으로 묶어 시렁에 매달아 긴긴 겨울을 보낸다. 이 볏짚에 존재하는 곰팡이가 메주의 발효에 중요한 역할을 한다는 견해도 있다. 그러나 이를 과학적으로 증명하기 어렵고, 그럴 가능성도 작아 보인다. 다만, 메주를 매달아 놓을 끈으로 볏짚 이외에 달리 마땅한 재료가 없었기에 볏짚이 이용되었을 것이라는 추정은 가능하다.

한편, 볏짚에서 유래된 붉은곰팡이*Fusarium* 종류가 메주의 곰팡이독소 생성과 관련이 있을 것이라는 의견에 대해서는 과학적 탐구가 필요하다고 생각된다. 어쩌면 볏짚을 대신하여 다른 재료를 쓰는 것이 더 위생적일 수도 있다. 메주에 관여하는 곰팡이에 관한 연구는 매우 복잡하고도 어려운 주제이다. 끊임없는 도전이 필요하다.

146

문 된장에는 아플라톡신이라는 곰팡이독소가 들어있는데, 아플라톡신은 발암물질입니다. 그래서 된장을 많이 섭취하면 암에 걸릴 수도 있다는 의견이 지속적으로 개진되고 있다는데, 사실인가요?

답 된장의 주원료는 메주이다. 메주는 콩을 곰팡이와 세균으로 분해시킨 식재료이다. 메주가 완성되기까지 관여하는 곰팡이와 세균의 종류는 수백 종이고, 집집마다 서로 다른 곰팡이와 세균이 작용한다. 농촌진흥청 연구진이 조사한 자료가 있다. 매우 다행스럽게도 흔히 나타나는 곰팡이 중에서 곰팡이독소를 만드는 종류는 없다.

이러한 곰팡이를 다 조사하다 보면 가끔 '플라부스검은곰팡이*Aspergillus flavus*'가 검출되어 긴장시킨다. 지금까지 알려진 곰팡이독소 중에 가장 강력한 발암물질이고, 세계보건기구에서 1급 발암물질로 지정된 '아플라톡신aflatoxin'을 만드는 곰팡이가 바로 플라부스검은곰팡이라는 사실 때문이다. 그런데 플라부스검은곰팡이라고 해도 일부 계통만, 그것도 어떤 환경에서만 아플라톡신을 만든다(☞ 147). 따라서 이 곰팡이가 검출되었다는 사실만으로는 크게 걱정할 일은 아니다.

공장된장과 재래된장을 비교해 보자. 공장된장은 엄선된 균주만 사용하여 메주를 만들고, 그런 메주로 위생적인 공정을 통해 된장을 만들고, 때로는 허용된 식품보존제도 첨가하고, 유통기한까지 정하여 소비자에게 제공된다. 그야말로 아플라톡신으로부터 완전한 해방이다. 그런데 맛이 별로 없다는 사실에도 동의해야 한다.

재래된장은 자연 상태에서 어떤 곰팡이도 자라도록 허용되는 메주로 만든다. 그래서 아플라톡신을 생성하는 계통의 플라부스검은곰팡이가 섞여 있을지도 모른다. 만드는 공정을 보면 위생검열을 통과하지 못할 수도 있고, 식품보존제가 들어가지 않고, 유통기한은 없는 조상의 지혜이자 나의 작품이다. 그래서 아플라톡신이 검출될 수도 있다. 그런데 맛이 좋다는 사실에 기꺼이 비싼 값을 지불한다.

1969년 미국 타임TIME지에 소개되어 본격적으로 불붙은 재래된장의 곰팡이독소 위험성에 대한 논란은 아직도 진행 중이다. 『곰팡이가 없으면 지구도 없다』(2015, 신현동, 지오북)에서 언급되었듯이, 서양에서 블루치즈의 문제(☞ 127)와 사과 주스의 논란처럼 찬반양론이 있는 문제이다.

147

문 아플라톡신 생성을 막아내는 토종곰팡이를 메주에서 발견했다는 반가운 소식이 있습니다. 전통 메주에서는 아플라톡신 검출에 논란이 있었지만, 앞으로는 막아낼 수 있다는 이야기인가요?

답 전통 메주가 완성되기까지 수백 종의 곰팡이와 수백 종의 세균이 복합적으로 분해 활동을 한다. 이렇게 많은 종의 미생물이 관여하기에 가끔 '플라부스검은곰팡이*Aspergillus flavus*'가 검출된다. 이 곰팡이가 바로 1급 발암물질로 지정된 '아플라톡신aflatoxin'을 만든다. 물론 플라부스검은곰팡이라고 해도 일부 계통이 특정한 환경에서만 아플라톡신을 만들지만 반가운 존재가 아닌 것은 틀림없다.

2019년 1월에 반가운 소식이 보도되었다. 농촌진흥청과 미국 위스콘신 대학 연구진이 공동연구를 통해 우리나라 전통 메주에서 분리한 '황국균*Aspergillus oryzae*' 균주가 플라부스검은곰팡이의 생장을 크게 억제할 뿐만 아니라 아플라톡신의 생성까지도 막아낼 수 있다는 사실을 밝혀냈다. 전통 메주의 우수성을 과학적으로 밝힌 셈이다.

그렇다고, 전통 메주에 아플라톡신이 문제를 일으킬 만큼 존재했었다는 의미는 아니다. 우리의 메주는 자연스럽게 나쁜 곰팡이를 막아내는 좋은 곰팡이가 존재한다는 것을 학술적으로 증명한 셈이다. 그래서 지금까지 전통 메주가 존속할 수 있었고 우리 민족이 건강하게 이용한 식재료였다. 이제 한층 더 안전한 메주를 만들 수 있는 기술이 개발되었다는 의미이다.

이러한 기술은 이미 미국에서 실용화되었다. 수확기의 옥수수에는 플라부스검은곰팡이가 피기도 하므로 옥수수 낟알에 잔류하는 아플라톡신을 허용기준 20ppb 이하로 관리해야 한다. 그러한 기술 중 하나가 바로 아플라톡신을 생성하지 않는 플라부스검은곰팡이 균주菌株, strain를 미리 뿌리는 것이다. 그러면 아플라톡신을 생성하는 계통이 자랄 기회를 주지 않는다. 일종의 예방주사인 셈이다. 이렇게 하려면 옥수수밭 1에이커(= 약 0.4ha)에 20불(2만 원)이 소요된다.

우리 메주처럼 돈 들이지 않고 자연산 균주를 옥수수밭에서 실용화하는 기술을 개발 중이라는 소식이 2019년 4월에 보도되었다. 메주든 옥수수밭이든 곰팡이 사이의 경쟁(☞ 115)을 이용하여 유해한 곰팡이의 밀도와 활력을 낮추는 '생태적 전략'이 최선의 선택이다.

148

문 **아플라톡신을 공부해보니 유제품에서 검출되는 아플라톡신 M1이 상당히 우려스럽습니다. 외국에서 발생한 사건도 있었습니다. 가축 사료에 대한 아플라톡신 관리가 어떻게 이루어지고 있는지요?**

답 아플라톡신 중에 '아플라톡신 B1'이 가장 강력하며 문제를 일으킨다. 아플라톡신 B1(이하 AFB1)에 오염된 사료를 먹은 가축의 축산물에서도 아플라톡신이 검출될 수 있다. 대표적으로 우유와 유제품에서 검출되는 아플라톡신M1(이하 AFM1)이 있다. 여기에서 AF는 이 독소를 만드는 곰팡이 *Aspergillus flavus*의 약어이며, M은 milk우유를 의미한다.

AFM1도 다른 아플라톡신처럼 고온이나 환경에 매우 안정된 물질이다. 따라서 원유原乳, raw milk가 AFM1을 함유하고 있다면, 이 원유로 만든 모든 유가공품에 잔류할 수 있다. 그러나 요거트yoghurt 제조에서 산도 4.0 이하에서는 AFM1을 유의有意한 수준으로 낮출 수 있다. 리코타치즈Ricotta cheese 제조에서도 AFM1 94%가 유청乳淸, whey으로 제거되며, 불과 6%만 응유凝乳, curd에 잔류한다. 이처럼 대부분의 유제품 가공과정에서 감소 효과를 기대할 수 있다.

유럽연합에서는 젖소 사료에서는 총 아플라톡신을 20ppb, 우유에서는 AFM1을 0.05ppb 이하로 규제하고 있다. 사실상 매우 강력한 조치이므로 소비자 입장에서는 상당히 안심된다. 그럼에도 불구하고, AFM1에 오염된 우유 및 유제품이 발견된 몇 번의 사례가 있다. 2013년 루마니아, 세르비아, 크로아티아에서 원유에 허용치를 초과한 AFM1이 함유된 사실이 밝혀짐으로써 큰 사회적 파장을 일으켰다.

AFM1이 우려되는 지역도 있다. 2011~2013년에 2회 조사한 결과에서, 인도에서는 0.323ppb와 0.1~0.38ppb, 파키스탄에서는 0.252ppb와 0.212ppb로 나타났다. 이러한 수치는 유럽연합의 허용치 0.05ppb를 초과하지만, 미국의 허용치 0.5ppb에는 미치지 않는다.

AFM1의 관리는 기본적으로 가축 사료에서 시작된다. 즉, 가축 사료에서 AFB1의 생성을 줄이는 방안과 사료첨가제를 통한 AFB1의 흡착吸着, absorption이나 불활성화不活性化, inactivation가 주요한 전략이며 상당한 성과를 거두고 있다. 아울러 유제품 가공과정에서 AFM1을 흡착하거나 불활성화시키는 공정개발도 진행 중이다.

149

문 검은색으로 썩은 고구마를 가축 먹이로 사용하면 절대 안 되고, 심지어는 사람에게도 위험할 수 있다고 합니다. 공중파 방송에서 보도되었다고 하던데, 어떤 고구마이며 얼마나 위험한가요?

답 수확한 농산물이 곰팡이로 썩었거나 사람이 먹는 식품에 곰팡이가 피면 가축 먹이로 주는 것은 아마도 역사를 통해 꾸준히 그러했을 것이다. 2013년 11월 KBS TV '위기탈출 넘버원'에서 다룬 고구마 검은무늬병과 독소에 대하여 알아보자.

고구마를 수확하였을 때 군데군데 콩알 크기부터 동전 크기만큼 검은색으로 변했다면 검은무늬병일 가능성이 크다. 검은무늬병은 *Ceratocystis fimbriata*라는 곰팡이에 의한 병인데, 고구마 잎이나 줄기에도 발생하지만 주로 괴근에서 문제를 일으킨다. 괴근塊根이란 덩어리塊, 괴 모양의 비대한 뿌리根, 근를 말한다. 즉, 우리가 먹는 고구마가 바로 괴근이다.

괴근에 검은무늬병균이 감염하면 표면에 검은색 병반이 나타나고 균사는 안쪽으로 침입한다. 이때 이 곰팡이가 독소를 생성한다. 사람과 가축에 중독을 나타내는 두 가지 독소가 알려졌다. 이포메아마론ipomeamarone은 동물실험에서 반치사량이 230mg/kg이다. 이포메아닌ipomeanine은 동물실험에서 반치사량이 26mg/kg이다. 반치사량半致死量, LD50은 실험동물의 절반을 사망에 이르게 하는 농도이다.

이 곰팡이가 생성하는 독소의 대부분은 이포메아마론이다. 썩은 고구마에서는 부패 부위 1g에 약 4mg(0.1~7.8mg)의 이포메아마론이 검출된다. 따라서 체중 100kg의 돼지가 1kg의 부패 부위(썩은 부위가 10%라면 10kg의 썩은 고구마)를 섭취하면 약 4g의 이포메아마론이 포함된다. 이는 이 돼지에 적용되는 반치사량인 23g에 훨씬 밑도는 수치라서 돼지가 죽지는 않을 것이다. 그러나 간에 부담을 주고 호흡 장애 등 여러 부정적인 영향을 줄 수 있다. 다만, 이렇게 많은 양의 썩은 고구마를 장기간 먹을 일이 없으므로 사실 의미 없는 수치일 뿐이다.

사람은 이 독소에서 안전하다고 할 수 있다. 검은무늬병에 걸린 고구마는 색깔이 검게 변할 뿐만 아니라 쓴맛이 나므로 이렇게 썩은 부위를 먹을 사람은 아무도 없다. 게다가 검은무늬병에 걸린 고구마는 시장에서 찾기도 어려울 정도로 드물다.

150

문 아플라톡신이 기준치 이상 검출되어 해당 제품이 폐기되었다는 기사를 보았습니다. 기준치는 무엇이고, 어떻게 결정되는지요? 해당 제품을 먹을 가능성이 있는지요? 정말 얼마나 위험한지요?

답 가장 위험하고도 대표적인 곰팡이독소로서 아플라톡신이 있다(☞ 147). 어떤 식품에서 아플라톡신 B1이 기준치 10ppb를 초과하여 검출됨으로써 해당 제품이 전량 폐기되었다. 흔히 기준치라고도 부르는 잔류허용기준이 있다. 즉, 사람이 평생 매일 그 식품을 섭취해도 전혀 해害가 없는 수준을 법으로 규정한 양이다. 그래서 '일일섭취허용량一日攝取許容量, acceptable daily intake (ADI)'이라고 부른다.

ADI는 실험동물에 대해 장기간(2년) 만성독성시험을 실시하여 최고 섭취량을 '최대무작용량最大無作用量'으로 정한다. 글자 그대로, 실험동물에게 평생 매일 계속 투여하여도 뚜렷한 독성이 나타나지 않는 최대의 양이다. 이 수치를 국제식량농업기구FAO 및 국제보건기구WHO에서 인정하는 각 식품에 대한 안전계수(100~200)로 나누고, 그 양을 ADI로 결정한다. 안전계수는 동물과 사람과의 차이(10배)와 사람 간의 차이(10배)를 고려하여 정한 값으로 보통 100을 사용한다.

만약 사람과 실험동물이 곰팡이독소에 똑같이 반응하고, 사람의 개인 차이를 인정하지 않는다면 안전계수는 무의미하다. 그렇다면, ADI를 100배나 초과하여 섭취하더라도 아무 문제가 없다는 뜻이다. 게다가, 일상적인 식생활에서 곰팡이독소로 오염된 식품을 평생 매일 섭취하는 일은 일어나기도 어렵다. 매일 섭취하는 쌀이나 커피 같은 식품은 국가에서 정기적으로 철저하게 검사한다. 이러한 생활 속 유해물질 정보는 식품의약품안전평가원 '톡스인포(Tox-Info)'에서 확인할 수 있다.

내가 어느 날 어떤 식품을 섭취하였는데, 알고 보니 그 식품에는 ADI를 100배나 초과하는 어마어마한 양의 아플라톡신이 들어있었다고 생각해 보자. 아마 며칠 내로 죽거나 간암에 걸릴지도 모른다는 공포에 휩싸일 것이다. 하지만 위의 계산대로 생각하면, 현실에서는 어떠한 피해도 발생하지 않을 것이다. 따라서, 혹시 곰팡이 핀 음식을 먹었더라도 크게 걱정할 일은 아니다. 우리나라에서 최근에 곰팡이독소로 인하여 식중독이 발생했거나 곰팡이독소중독증의 피해를 본 사례는 없다.

151

문 버섯은 건강식품의 대명사처럼 알려져 있습니다. 구체적으로 어떤 점에서 또는 어떤 성분으로 인하여 버섯이 건강에 이로운 식품인지요? 특히, 현대인의 식생활과 관련하여 알 수 있을까요?

답 사람은 잡식동물이지만, 채식 위주 또는 육식 위주의 사람들도 있다. 그에 비하여 균식은 덜 알려져 있다. 균식菌食, fungivory은 버섯이나 곰팡이를 특별히 많이 섭취하는 경우를 일컫는다. 현대인들의 지나친 육식을 경계하는 의미로 채식을 거론하지만, 사실상 균식이 함께 고려되고 포함되어야 한다. 버섯이 왜 좋은 식품인지 검토해보자.

버섯은 비타민 D를 공급하는 주요 식품 중 하나이다. 한국인 10명 중 8명이 비타민 D 부족이라는 뉴스는 충격적이다. 특히 노인과 임산부에서 비타민 D 부족은 건강을 해칠 수 있다. 가장 좋은 전략은 햇볕을 쬐어 피부에서 비타민 D를 합성하는 일이다. 그 다음으로 좋은 전략은 버섯을 먹는 일이다. 100g의 버섯이면 하루 필요량의 비타민 D 50~90%를 충당한다. 버섯에 포함된 셀레늄, 구리, 인, 칼륨 등은 보너스로 따라온다. 칼륨이 염분 배출에 효과가 있음은 잘 알려져 있다.

현대인의 식생활에서 가장 큰 문제 중의 하나는 식이섬유食餌纖維, dietary fiber의 부족이다. 식이섬유를 섭취한다면 시래기 같은 거친 식재료가 가장 좋다. 두 번째로 좋은 전략은 버섯을 먹는 일이다. 버섯에 포함된 키틴은 거친 느낌이 없고 사각사각해서 식감을 돋우는 좋은 식이섬유이다(☞ 044). 게다가 버섯은 지방 함량이 매우 낮으므로 육류 섭취가 많은 현대인의 식단에 꼭 포함되어야 한다.

약이 되지 않는 버섯이 어디 있으랴. 실제 거의 모든 버섯은 약용버섯이다. 식용버섯이 바로 약이 되는 버섯이라는 의미이다. 혈관질환을 생각한다면 표고버섯과 느타리버섯보다 좋은 식품이 없다. '1,000원의 보약'이란 별명의 팽이버섯은 종합영양소이다. 거의 모든 버섯이 항염, 항암, 항산화 활성이 있으므로 질병 예방 효과와 더불어 신경세포 활성화를 통해 알츠하이머병의 발병과 진전을 억제할 수 있다.

무엇보다 버섯은 사람의 면역 활성을 높인다. 임상실험 데이터가 부족한 것은 사실이지만, 균식으로 건강을 해쳤다거나 부작용이 있었다는 사례는 없다. 균식건강법菌食健康法은 현대인의 식생활을 위한 제3의 물결이다.

152

문 버섯은 농약을 치지 않는 대표적인 친환경 농산물이라고 인식되어 있습니다. 그런데 어떤 자료에 보니까 버섯 재배과정에서 농약이 사용된다고 합니다. 어떤 농약이 어떤 목적으로 사용되나요?

답 대부분의 버섯류에서 풍기는 냄새는 버섯파리류를 유인한다. 버섯파리가 버섯에 알을 낳고, 알에서 부화한 애벌레는 늙은 버섯을 먹어치움으로써 자연계의 물질순환을 돕고 있다. 톱밥파리로도 불리는 버섯파리는 '긴수염버섯파리*Lycoriella mali*'가 대표적이다. 그리고 모기붙이류, 톡토기류, 응애류 등에서도 버섯을 먹이로 생활하는 종들이 많다.

이처럼 자연 상태에서 버섯류에 서식하는 미소微小동물들이 사람이 재배하는 버섯에도 똑같이 모여드는 것이 당연하다. 이들을 '버섯해충'이라고 통칭한다. 버섯을 재배하는 농민의 입장에서는 반가운 손님이 아니다. 버섯해충을 어떻게 막아낼 것인가? 고운 망을 쳐서 물리적 장벽을 만드는 것은 물론 이거니와 농약을 사용하는 경우도 있다.

그렇다고 일반 농작물의 경우처럼 버섯에다 직접 농약을 치는 일은 없다. 국가에서 정한 농약의 종류가 있고, 사용법이나 사용횟수도 정해져 있으며, 여러 안전장치가 있다. 대부분 수확이 끝난 후에 재배시설에다 농약을 사용한다. 따라서 버섯에서 농약이 검출되는 일은 없다. 아주 드물게 장기간 보존하는 건조 버섯의 경우에서는 저장 해충을 방지할 목적으로 저장시설 소독에 농약이 사용되기도 한다.

최근에 버섯해충을 방제하기 위한 친환경 전략이 많이 개발되었다. Bt라고 불리는 곤충병원성 세균을 이용하여 버섯파리류를 제어한다. 갈색반날개*Atheta coriaria*와 스키미투스응애*Stratiolaelaps scimitus*를 비롯한 포식성 천적捕食性 天敵을 이용하여 버섯파리류를 공격할 수도 있다. 끈끈이 트랩이나 형광램프를 이용한 포집법捕集法도 있다.

한편, 양송이버섯에 병을 일으킨다고 알려진 세균이 있다. 이들은 양송이버섯에 갈색 얼룩을 만들어서 상품성을 떨어뜨리는 세균이다. 이들 세균의 제어에 항생제를 비롯한 농약을 사용하는 것이 실제 효과가 없다는 것이 밝혀져서 이제는 어떤 농약도 사용하지 않는다. 버섯해충이든 버섯 병균이든 환경을 조절하고 친환경적 관리를 통해 효과적으로 제어하므로, 사실상 버섯에는 농약이 사용되지 않는다고 볼 수 있다.

153

문 **어떤 버섯은 부드러워서 잘 부서지거나 쉽게 찢어지지만, 어떤 버섯은 질겨서 마치 가죽처럼 잘 찢어지지도 않습니다. 이처럼 어떤 이유로 버섯 종류에 따라서 뚜렷한 차이가 나는지요?**

답 버섯은 3가지 균사로 구성되어 있다. ①영양균사營養菌絲, vegetative hypha는 세포벽이 얇아 부드럽다. 살아있는 세포이다. ②골격균사骨格菌絲, skeletal hypha는 세포벽이 두껍고 원형질은 퇴화되어 사실상 뼈대와 같은 구실을 한다. 성숙하면 죽어있는 세포이다. ③결합균사結合菌絲, binding hypha도 세포벽이 두껍지만 수많은 분지를 가져서 마치 그물망과 같은 구실을 한다. 성숙하면 죽어있는 세포이다. 이러한 3가지 균사의 분포와 배열 방식은 버섯 종류에 따라 다르다. 몇 가지 버섯을 예로 살펴보자.

양송이버섯은 전체가 부드러운데, 거의 영양균사로 구성되어 있다(☞ 045). 양송이버섯의 모양은 영양균사의 팽압에 의존하므로 건조하면 이내 쭈글쭈글해진다. 말린 양송이버섯은 물에 불려도 형태가 복원되지 않고 식감도 회복되지 않는다. 그래서 장기보존은 병조림이나 통조림으로 한다.

느타리버섯은 갓과 대가 부드럽고 대부분 영양균사로 구성되어 있다. 대에는 골격균사가 분포하므로 조금 더 질기며, 영양균사가 세로 방향으로 배열되어 길이 방향으로 찢어지는 경향이 있다. 중국인들은 부드러운 맛을 위해 갓이 큰 느타리버섯을 선호하고, 한국인들과 일본인들은 씹는 맛을 위해 대가 긴 느타리버섯을 선호한다.

표고버섯의 갓 부분은 영양균사, 대 부분은 골격균사가 주를 이루고 있다. 골격균사가 대를 따라 조밀하게 분포하므로 세로 방향으로는 찢어지지만 가로 방향으로는 찢기 어렵다. 대에는 결합균사도 분포하여 매우 질기므로 직접 씹어먹을 수 없다. '참송이버섯'(☞ 095)은 대가 길고 영양균사의 비율이 높은, 좀 특별한 품종의 표고버섯이다.

영지버섯은 갓 부분과 대 부분이 거의 골격균사와 결합균사로 이루어져 있으므로 단단하기도 하지만 어느 방향으로도 찢어지지 않는다. 영지버섯으로 만든 공예품을 만져보면 갓도 단단하고 대도 단단하다. 나무보다도 더 단단한 느낌이고, 웬만한 충격에도 갈라지거나 부서지지 않는다. 이런 특성 덕분에 영지버섯을 관상용으로 이용하며, 영지버섯 균사체를 이용하여 만든 친환경 제품도 있다(☞ 125).

154

문 예로부터 '1 능이, 2 표고, 3 송이'라고 부르는 3대 버섯이 있다고 합니다. 이 말이 언제부터 회자되기 시작했는지요? 이 말이 맛있는 버섯의 순서를 표현한 것이라는데, 다른 의견도 있는지요?

답 이 표현을 언제부터 누가 어떤 의미로 사용했는지 무척 궁금한데, 관련된 자료를 찾을 수 없다. 그래서 버섯 전문가에게 문의를 해서 작은 정보나마 얻었다. 『표고버섯 재배』(1966, 정대교, 부민문화사) 99쪽에 '우리나라에는 예전부터 1 능이, 2 표고, 3 송이라 하여 능이, 표고, 송이 등을 버섯 중에서도 으뜸가는 것으로 여겨왔다.'라는 문장이 있다.

이 표현은 야생 상태의 버섯을 대상으로 만들어진 것으로 여겨진다. 표고버섯을 상업적으로 인공재배하여 싼값에 출하하기 시작한 시기를 1930년대로 본다면, 그 이전에 이 표현이 사용되었을 것으로 유추할 수 있다. 이에 대한 구체적인 역사적 추적은 차후의 과제로 남겨둔다. 여기서는 3가지 버섯에 순서를 부여한 것이 어떤 의미인지 살펴본다.

아마도 맛있는 버섯의 순서로 보인다. 능이버섯은 향버섯으로 불릴 정도로 향이 강하다. 『곰팡이가 없으면 지구도 없다』(2015, 신현동, 지오북)에 능이버섯에 대한 칭송이 있다. 야생 표고버섯은 전형적인 버섯 향과 쫄깃한 식감으로 유명하다. 송이버섯은 맛과 향이 매우 뛰어나서 가장 널리 알려져 있다. 그래도 사람들의 보편적 취향이나 선호도로 보아 능이, 표고, 송이의 서열을 정했다고 볼 수 있다.

또는 능이버섯에 대한 특별한 애정일 수도 있다. 송이버섯과 표고버섯은 고문헌에 자주 등장하는 식재료인데 비해, 능이버섯은 거의 등장하지 않는다. 가치를 제대로 인정받지 못한 능이버섯을 강조하는 표현으로서 표고버섯과 송이버섯을 비교 대상으로 도입한 것으로 볼 수 있다.

한편, 송이버섯에 초점을 맞추어보면 다른 해석도 가능하다. 즉, 고문헌부터 현대의 자료까지 송이버섯을 버섯의 제왕으로 보는 견해가 지배적이다. 따라서 송이버섯을 3번째에 둠으로써 능이버섯과 표고버섯을 치켜세우는 표현으로 볼 수 있다. 마치 '두릅 팔아 개두릅 사 먹는다'라는 말이 두릅과 개두릅의 우열을 가리는 표현이 아닌 것과 비슷하다. 이처럼 3가지 버섯이 우열을 가릴 수 없을 정도로 모두 맛있고 가치있는 식품이라는 긍정적 의미로 보는 것이 좋겠다.

155

문 송이버섯의 등급에 따른 가격을 살펴보니 1등품이 등외품보다 10배나 비쌉니다. 이러한 등급제는 어떤 기준으로 왜 생겼는지요? 그리고, 실제 맛이나 효과에서 그렇게 큰 차이가 있을까요?

답 송이버섯은 1등품, 2등품, 3등품, 등외품이라는 네 등급으로 나눈다. 이는 일본에서 정한 송이버섯의 등급 기준을 참고하여 우리나라 산림청山林廳에서 정한 것이다. 우리나라의 송이버섯은 대부분 일본으로 수출되었고, 사실 국내에서 송이버섯이 소비되기 시작한 것은 1988년 서울올림픽 이후로 볼 수 있다. 그래서 수출을 위한 등급기준이 그대로 적용되어 왔다.

1등품의 기준은 '길이가 8cm 이상에 갓은 전혀 퍼지지 않은 것'으로 정의된다. '전혀 퍼지지 않은'이란 의미는 갓의 끝부분이 대에서 떨어지지 않아 주름살이 눈에 보이지 않는 상태이다. 갓이 퍼졌다는 것은 담자포자가 성숙하여 바람에 날린다는 의미이다. 이는 양분의 손실을 의미하고, 조직은 노화되기 시작되어 식품으로서의 가치가 하락함을 의미한다. 그래서 길이 8cm 이상의 송이버섯이라도 갓이 우산 모양으로 퍼지면 개산품開傘品으로 불리며 3등품으로 분류된다.

길이 8cm 이상을 강조하는 것은 송이버섯을 길이 방향으로 썰거나 찢어 먹는 식습관과도 관련된다. 송이버섯을 의미하는 マツタケmatsutake는 속어로 남근을 의미하므로 자존심을 나타내는 최소한의 길이라는 속설도 있다. 갓이 퍼지지 않아 남근을 닮은 송이버섯을 1등품으로 치는 것도 이러한 속설과 관련된다고 한다.

각 등급의 송이버섯을 분석하여 맛과 향을 분석한 자료들이 발표되었다. 이러한 자료는 참고용에 불과하다. 어떤 특정한 물질이 많고 적음은 분석할 수 있지만, 맛과 향이 종합적이고 조리방법에 따라 달라지므로 사실상 분석 결과의 수치에 큰 의미를 두기는 어렵다.

동아시아 사람들은 송이버섯의 향을 극찬하여 최고의 식재료로 친다. 그러나 서양 사람들은 송이버섯에서 나는 테르페노이드terpenoid 물질의 냄새를 불쾌하게 여겨 식용에 부적합하다고 생각한다. 이처럼 향과 맛은 상대적이면서도 주관적인 의사결정이므로 특정한 어떤 물질이 좋다는 개념은 성립되기 어렵다. 최근에는 1등품과 등외품의 가격 차이가 점차 줄어드는 추세이다. 맛, 향기, 가격은 늘 변하는 상대적 개념의 지표이다.

156

문 송이버섯은 인공재배가 되지 않아 자연에서 채취해야 합니다. 인공재배를 위하여 많은 연구가 수행되었을 것으로 생각됩니다. 그동안 어떤 실패가 있었고, 앞으로는 어떤 희망이 있는지요?

답 인터넷을 검색하면 의외로 송이버섯 인공재배 '성공'과 관련된 기사를 발견할 수 있다. 전문적인 논문도 있었다. 결론은 '송이버섯 인공재배는 아직 실질적으로 성공하지는 못했다'로 단언할 수 있다. 일부 과장되거나 오인된 자료 때문에 마치 곧 인공재배된 송이버섯을 먹을 수 있을 것처럼 오해를 불러일으키고 있다.

송이버섯은 소나무 뿌리와 균근菌根, mycorrhizae을 형성하여 공생共生하므로 소나무 아래에서만 난다. 송이버섯 균사와 소나무 뿌리가 접촉하도록 환경을 만드는 연구가 많이 이루어졌다. 송이버섯 포자를 소나무 뿌리에 접종하는 연구가 있었다. 수많은 시도에도 성공하지 못했다. 한편, 송이버섯 균사가 착생한 소나무를 송이버섯이 나지 않는 소나무숲에 옮겨 심기도 하였다. 옮긴 소나무의 뿌리에 있었던 균사가 옆으로 널리 퍼져 새로운 '송이산'을 만들 것이라는 기대도 성공에 이르지 못했다.

다른 방법은 아예 송이버섯 균사를 소나무에 인공접종하는 것이다. 송이버섯 균사를 인공적으로 키우는 기술은 벌써 수십 년 전에 개발되었었기에 가능한 시도였다. 즉, 소나무를 송이버섯으로 감염시켰으므로 이를 '송이감염묘松茸感染苗'라고 부른다. 이 감염묘 방법으로 1983년 일본 히로시마임업시험장広島県立林業試験場에서는 1개의 송이버섯을 얻었다. 한국에서는 국립산림과학원國立山林科學院에서는 2010년에 1개와 2017년에는 3개의 송이버섯을 수확했다. 일본이나 한국 모두 이후에는 발표가 없으나, 희망적인 소식이 곧 전해지기를 기대한다.

한편, 소나무 뿌리 없이 송이버섯 균사만을 배지에서 순수배양하는 기술은 1950년대에 일본에서 거의 완성되었다. 이 배지를 '하마다배지浜田培地'라고 부르며, 이후에 조성이 조금씩 개선되었다. 그래서 소나무숲에서 송이버섯을 키우는 것이 아니라 인공배지에서 송이버섯 균사를 대량배양하는 상업적 시도가 이루어졌다. 특히, 액체배지를 이용한 대량 배양은 상당히 성공적이며 많은 장점이 있다. 비록 자연산 송이버섯의 향과 맛을 낼 수는 없지만, 식품원료로 쓰는 등 다양한 활로를 개척하는 중이다.

157

문 표고버섯이 곧 양송이버섯을 제치고 생산량 1위의 버섯으로 올라선다는 전망이 있습니다. 표고버섯의 재배기술이 언제 어떻게 시작되어 어떤 기술혁신이 있었으며, 앞으로 전망은 어떤지요?

답 자연채취에 의존하던 시절부터 나무에 나는 버섯 중에 단연 으뜸은 표고버섯이었다(☞ 154). 표고버섯을 최초로 인공재배한 것은 중국에서 AD 1000년경에 시작되었다. 나무를 베어 상처를 낸 다음 흙을 덮어서 나무를 썩힌다. 이듬해에 표고버섯을 따다가 그 상처에 문지르고 짚을 덮어 물을 뿌린 후에 잠을 재운다. 나중에 막대기로 나무를 두들겨 잠을 깨우면 차츰 표고버섯이 돋아난다. 이러한 인공재배법이 중국과 일본의 농서에 계속 등장한다. 우리나라에서도 유중림柳重臨이 쓴 증보산림경제增補山林經濟(1766)에 이 재배법이 기술되어 있다.

본격적인 인공재배는 1920년대에 일본에서 시작되었다. 즉, 표고버섯이 잘 자라고 있는 나무를 가늘게 쪼개서 쐐기를 만든 다. 표고버섯을 키우고자 하는 원목原木에 칼집을 내고 이 쐐기를 때려 박아 넣는 종목감입법種木嵌入法이 개발되었다. 최초의 인공접종법으로서 획기적인 기술혁신이었다. 이 기술을 실질적인 최초의 인공재배로 볼 수 있다.

1943년에는 아예 쐐기형 나무토막을 병에 넣고 표고버섯 종균을 키우는 방법이 특허를 받았다. 이 나무토막을 종구種駒라고 한다. 이러한 종구접종법種駒接種法은 표고버섯의 대량생산을 가능하게 만든 일대 혁신이었다. 특히, 드릴을 이용하여 원목에 구멍을 뚫고, 그 구멍에 원통형의 종구를 때려 박으므로 이전의 종목감입법에 비해 훨씬 간편해졌고 대규모의 재배가 가능해졌다. 이후에는 종구 대신에 톱밥을 뭉쳐 만든 성형톱밥종균成形..種菌으로 대체하게 되어 현재에 이르렀다.

이렇게 원목에 표고버섯을 재배하는 원목재배법原木栽培法의 가장 큰 단점은 적당한 나무의 공급이었다. 원목으로 쓰이는 수종이 참나무류에 국한되었고, 원목 가격도 비쌌고 공급량 자체에도 문제가 있었다. 표고버섯을 원목이 아니라 톱밥 뭉치에서 재배하는 톱밥재배법이 1974년 대만농업시험장에서 개발되었다(☞ 158). 이는 표고버섯 재배기술의 일대 혁신이었다. 지금은 세계 표고버섯의 약 90%가 톱밥재배법에 의해 생산된다. 우리나라도 원목재배에서 톱밥재배로 급속히 이행 중이다.

158

문 표고버섯 생산은 원목재배에서 톱밥재배로 전환되는 추세라고 합니다. PP 봉지에 담긴 톱밥에는 원목의 수피(나무껍질)에 해당하는 부분이 없는데, 이를 어떻게 극복하여 표고버섯을 키우나요?

답 표고버섯 재배 역사를 볼 때, 원목재배에서 톱밥재배로 전환시킨 기술이 가장 획기적이고도 성공적인 변화였다(☞ 157). 톱밥재배는 폴리프로필렌polypropylene 봉지에 톱밥을 채우고, 멸균하고, 종균을 접종하여 4개월 정도 균사를 배양한다. 이를 '영양생장'이라고 하는데, 빛이 필요 없이 배양하므로 '암暗배양'이라고도 한다(☞ 059).

그런데, 암배양 이후에 빛을 주는 '명明배양' 단계가 있다. 톱밥재배에서 명배양이 필요한 이유는 바로 톱밥배지 표면을 갈변褐變시켜 마치 원목의 나무껍질樹皮, 수피처럼 만들기 위함이다. 그래야만 톱밥배지 안쪽의 균사체가 마르지 않고 활력을 유지하면서 영양생장 단계에서 생식생장 단계로 이행된다. 영양생장은 균사체를 키우는 양적 생장이고, 생식생장은 버섯을 키우는 질적 생장이다.

이렇게 갈변 처리가 성공적으로 이루어지면 폴리프로필렌 봉지를 제거한다. 그러면 마치 나무토막처럼 생긴 덩어리가 만들어진다. 여기에서 성공적으로 버섯을 발생시키기 위해서는 물주기灌水, 관수와 온도 조절을 통해 적당한 자극을 주면 갈변 부위를 뚫고, 마치 야생 상태에서 또는 원목재배에서 버섯이 나무껍질을 뚫고 나오듯이, 표고버섯이 일제히 발생한다.

이렇듯, 가장 핵심적이고도 꼭 필요한 기술이 바로 배지 표면의 갈변이다. 즉, 명배양 단계에서 빛을 비추면 표면의 균사는 생장을 멈추고 마르면서 단단해지며 마치 껍질처럼 변한다. 그동안 관행적으로 일반 형광등을 사용하였다. 그러나 명배양에 소요되는 시간이 너무 길어서 상업재배에서는 걸림돌이 되었다.

최근의 연구에 따르면, 명배양은 광원의 종류와 스펙트럼은 물론 광도에 따라 크게 달라진다. 현재까지의 결과로는 청색 LED를 200룩스 밝기로 비추면 표면 갈변 소요일수가 크게 단축되면서 표고버섯 수확량이 늘어나는 효과도 나타난다. 그러나 나무껍질을 대신하는 갈변 처리가 그리 만족스럽지 못하다. 또 한 번의 기술혁신이 기대되는 부분이 바로 인공 나무껍질에 관한 것이다.

159

문 풀버섯이 세계 4대 버섯의 하나이고, 세계 버섯 생산량의 5%를 차지한다는 것을 알았습니다. 풀버섯이 우리나라에서 재배되지 않는 이유는 무엇이며, 앞으로 재배 가능성이 있을까요?

답 생산량으로 보아 양송이버섯, 느타리버섯, 표고버섯, 풀버섯이 4대 버섯이다. 풀버섯은 풀더미에서 자라는 버섯으로 열대지역부터 온대지역까지 분포한다. 풀버섯은 생장 최적온도가 35°C일 정도로 고온성이므로 주로 열대 및 아열대 지역에서 상업적으로 재배된다. 베트남, 태국, 중국 등이 주요 생산국이다. 그래서 우리나라 사람들에게는 낯선 버섯이다. 『곰팡이가 없으면 지구도 없다』(2015, 신현동, 지오북)에 잘 소개된 자료가 있다.

풀버섯은 동남아시아에서 볏짚에 재배하는 방식이 가장 보편적이다. 우리나라에서는 1970년대에 농촌진흥청 농업기술연구소에서 풀버섯 시험재배를 통하여 대량생산 체계를 확립하였다. 이후에도 풀버섯의 대량재배와 생산에 관한 관심과 연구가 지속되었다. 최근에는 느타리버섯 재배 후에 버려지는 폐배지廢培地 50%에 특정한 부재료를 섞음으로써 풀버섯을 상업재배하는 기술을 개발하였다.

이처럼 우리나라 연구기관에서는 꾸준히 풀버섯에 대한 관심을 갖고서 연구하고 있다. 그러나 아직 상업적 수준에서 풀버섯을 생산하는 업체는 없다. 즉, 재배기술이 없거나 부족하여 재배하지 않는 것이 아니라, 시장에서 수요와 요청이 이루어지지 않았다는 의미이다.

한편, 우리나라에 동남아시아 출신 인구가 증가하고 있다. 많은 사람이 동남아시아 여행에서 풀버섯을 먹어 본 경험이 있어 이제는 낯선 버섯이 아니다. 또한, 건강식품으로서의 버섯을 주재료로 운영되는 버섯전문식당이 성업 중이며, 버섯전골 등 주요 요리에 풀버섯이 포함되는 경우가 많다. 이러한 소규모의 수요는 풀버섯 통조림으로 충당되고 있으며, 신선한 풀버섯은 공급되지 않고 있다.

풀버섯 생산지역에는 신선식품의 냉장유통방식이 활성화되지 않았고, 고온다습한 지역에서 소비되므로 생버섯은 변색이나 부패하기 쉽다. 따라서 세계적으로 풀버섯 생산량의 대부분이 통조림으로 가공되고 있으며, 이러한 통조림 풀버섯을 이용한 요리법이 개발되고 보편화되었다. 따라서 우리나라에서 풀버섯의 상업적 생산은 아직 경쟁력을 갖추기 어렵다.

160

문 **목이버섯을 영어로 wood ear 또는 jelly ear라고 불리는 것은 쉽게 이해가 됩니다. 그런데, 목이버섯이 Judas's ear 또는 Jew's ear로도 불리는 이유는 특별한 역사적 배경이 있지 않을까요?**

답 목이버섯은 중세라틴어 auricula Judae, 프랑스어 oreille de Judas, 독일어 Judasohr로 불리는데, 모두 '유다'가 포함되는 이름이다. 이를 1544년 영어로 잘못 번역하여 'Jew's ear'가 되었다. 가롯 유다Judas Iscariot는 예수의 12 제자 중 한 사람으로서 잘못을 뉘우치고 나무에 목매달아 죽었다. 그래서 나무에서 나는 귀 모양의 버섯을 그의 이름과 연계시킨 전설로 인해 이런 이름이 생겼다. 일본에서는 木耳목이와 キクラゲ기쿠라게, 중국과 대만에서는 黑木耳흑목이와 木耳, 한국에서는 목이와 목이버섯으로 쓰므로 모두 귀(耳)가 들어갔다.

한편, 목이버섯에 처음 부여된 학명은 1753년 『Species Plantarum』에 기록된 *Tremella auricula* L.였다. 즉, 이명법을 창시한 린네Carl von Linne가 당시에 알려졌던 대표적인 식물의 학명을 기록한 역사적인 책에 목이버섯도 포함되었다. 이 학명은 1789년 불리아드Pierre Bulliard에 의해 *Tremella auricula-judae* Bull.로 개명되었다. 이때 유다가 학명에 들어오게 되었는데, 처음부터 논란거리였다.

현재 통용되는 학명 *Auricularia auricula-judae* (Bull.) Quél.는 1886년 꾈레Lucien Quélet가 명명한 것이다. 이 학명은 여러 차례 비판의 대상이 되었다. 우선 종소명에 하이픈(-)이 들어간 것에 대하여 명명규약을 위반한 것은 아니지만 바람직하지 않다는 의견이 많았다. 린네에 의해 처음 붙여진 종소명 *auricula*로 되돌아가야 한다는 의견도 제시되었다.

또한, Judas가 학명에 등장함으로써 불필요한 종교적 논쟁에 휘말릴 가능성에 대해서도 경계하는 의견이 여러 차례 제기되었다. 게다가 영어로 잘못 번역되어 Judas가 Jew로 됨으로써 악인의 상징인 유다가 유대인으로 되어버렸다. 따라서 인종 논쟁으로 번질 우려까지 제기되었다. 그러나 학명의 명명규약(☞ 114)을 명백히 위반하지는 않았고, 한번 붙여진 학명이 이러한 논쟁으로 뒤바뀌거나 과거로 회귀한 적이 없었으므로 이 기묘한 학명은 정명正名, correct name으로 통용되는 중이다. 그러나 논쟁이 끝난 것은 아니며, 현재 진행형이다.

161

문 버섯을 재배할 때 전기자극을 줌으로써 버섯의 생산성을 높일 수 있다는 자료를 보았습니다. 하지만 이 방법이 아직 실용화되지는 않았다는데, 신뢰할 수 없거나 무슨 특별한 사연인지요?

답 전기자극電氣刺戟, electrostimulation이 생물체에 미치는 영향에 대하여 오랫동안 광범위한 연구가 이루어져 왔다. 그 결과, 전기 충격 치료, 전기 경련 치료, 전기 마사지 치료 등 의료 분야에서 성공적으로 적용되어 왔다. 전기자극이 농작물 재배에 긍정적으로 응용될 수 있다는 주장에 대해서는 찬반양론이 있다는 자료가 많다.

반면에, 미생물의 생장과 관련된 자료는 비교적 적으며, 특히 긍정적 영향을 주어 실무적으로 적용된 성공적 사례는 사실상 찾아볼 수 없다. 그래도 계속 화젯거리로 매스컴에 오르내리고, 여러 발명가와 학자가 끊임없이 도전장을 내고 있다.

일반 곰팡이와 관련된 사례는 찾을 수 없지만, 버섯의 생산성과 관련된 연구는 몇 건 검색할 수 있었다. 논문이나 보고서에 쓰인 내용은 대체로 긍정적이며 희망적이지만, 실제 생산 현장에서 버섯 재배나 수확에 적용되어 성공을 거둔 적은 아직 없다고 결론을 지을 수 있다. 특히 학술지에 학술논문으로 실린 경우에는 '진실'로 믿는 경향이 있으나 사실과는 어느 정도 거리가 있을 수 있다.

버섯을 재배하는 톱밥배지에 일정한 전류를 공급하면 생장이 촉진되고 버섯 생산이 증가했다는 논문이 있다. 표고버섯을 재배하는 통나무原木, 원목에 전류를 흘려 버섯 생산을 증가시켰다는 논문도 있다. 송이버섯이 발생하는 임지林地에 전기자극을 주면 송이버섯의 출현이 증가한다는 연구결과도 있다. 또한, 곰팡이를 키우는 배지에 전기자극을 주면 균사 생장에 어떤 영향을 준다는 실험결과도 있다.

이러한 연구결과를 확인하기 위하여 다른 연구자가 똑같은 실험을 진행하면 앞선 연구와 다른 결과가 나오는 경우가 많다. 즉, 전기자극이 버섯의 생장에 긍정적인 영향을 준다는 앞선 주장에 동의하기 어려운 상황이다. 이는 과학연구에서 가장 중요하게 여기는 재현성再現性, reproducibility에 문제를 제기하지 않을 수 없다. 결론적으로, 전기자극이 버섯이나 곰팡이 생장에 긍정적인 영향을 준다는 믿을만한 과학적 증거는 없다.

162

문 버섯을 재배할 때 재배환경에 음악이나 자연의 소리를 들려줌으로써 버섯의 생산성을 높일 수 있다는 자료를 보았습니다. 이러한 자료를 신뢰할 수 있나요? 혹시 실용화에 성공한 사례도 있나요?

답 외부 자극이 생물체에 미치는 영향에 대하여 오랫동안 광범위한 연구가 이루어져 왔다(☞ 014). 특히 다양한 장르의 음악이 식물의 생장에 미치는 영향에 대한 긍정적 견해와 아무런 효과가 없다는 부정적 견해는 늘 흥밋거리이자 진실 공방의 대상이 되어왔다. 농작물 분야에서는 부분적으로 상업적 성공 사례는 있으나 과학적 증거는 없다.

음악이나 자연의 소리가 버섯의 생산성과 품질을 높인다는 연구결과는 학술논문이나 경험담의 형식으로 기록된 바 있다. 이러한 내용은 대체로 긍정적이며 희망적이지만, 실제 생산 현장에서 버섯 재배에 적용되어 성공을 거둔 적은 아직 없다고 결론을 지을 수 있다(☞ 161). 특히 학술지에 학술논문으로 실린 경우에는 '진실'로 믿는 경향이 있으나 사실과는 거리가 있을 수 있다. 반면에, 나쁜 소리가 버섯의 생장에 부정적 영향을 미친다는 연구자료는 찾을 수 없다.

2011년 중국농업기계학회지에 실린 논문에 따르면, 음악과 여치 소리가 느타리버섯 등 여러 버섯에서 긍정적인 효과를 나타냈다. 이 논문에서 각 효과는 수치로 표시되었지만, 불필요한 오해를 우려하여 수치는 제외하고 소개한다. 즉, 버섯 균사의 생장량과 생장속도가 증가하여 영양생장 기간을 단축할 수 있었고, 버섯 수확량이 증가했고, 첫 수확일이 앞당겨졌고, 총 수확 가능 일수가 연장되었고, 단백질·탄수화물·지방의 함량이 모두 통계적 유의성統計的 有意性, statistical significance 있게 증가하였다는 것이다. 이로써 이러한 방법은 버섯 생산성과 품질 향상에 기여한다는 결론에 도달했다. 사실이라면 획기적인 버섯 재배법이다.

하지만 이러한 연구결과를 확인하기 위하여 다른 연구자가 똑같은 실험을 진행하면 앞선 연구와 다른 결과가 나오는 경우가 많다. 버섯 재배와 전기자극의 경우(☞ 161)처럼, 음악이나 자연의 소리가 버섯의 생장과 품질에 긍정적인 영향을 준다는 앞선 주장에 동의하기 어려운 상황이다. 즉, 재현성에 문제를 제기하지 않을 수 없다. 결론적으로, 음악이나 자연의 소리가 버섯 생장에 긍정적인 영향을 준다는 주장이 있을 뿐이다.

163

문 트러플버섯의 인공재배에 관하여 소개한 글을 보니까, 진실 여부에 관하여 엇갈린 의견이 있습니다. 진짜 인공재배가 가능한지, 얼마나 재배되는지, 자연산과 가격 차이는 얼마나 되는지요?

답 트러플버섯은 truffles의 번역어로서, 식용하는 덩이버섯류*Tuber* spp.를 통칭하는 용어이다(☞ 100). 생물학적으로는 덩이버섯류가 무려 679종(생물학적 변종變種, variety 포함)이나 기록되었지만, 실제는 200종 정도로 추산된다. 이 중에서 식용 가치가 있는 종은 대략 6종이고, 전통적으로 2종이 요리에 이용되었다. *Tuber magnatum*이라는 '흰덩이버섯white truffle'과 *Tuber melanosporum*이라는 '검정덩이버섯black truffle'이 대표격이다. 즉, 시중에서 식용버섯으로서 '트러플버섯'이라 함은 바로 이 2종의 버섯을 의미하며, 실제 일반 요리에는 검정덩이버섯만 이용되므로 '트러플버섯 = 검정덩이버섯'으로 이해하면 된다.

이러한 트러플버섯류 중에서 '검정덩이버섯'만 인공재배에 성공하였다. 흰덩이버섯이 훨씬 비싸지만 아직 인공재배에는 성공하지 못했다. 다른 4종의 버섯은 상대적으로 가격이 낮거나 기술적인 문제로 아직 인공재배와 관련된 자료가 등장하지 않았다. 결론적으로, 트러플버섯의 인공재배라는 개념은 검정덩이버섯에만 국한된 이야기이다.

그럼, 검정덩이버섯의 인공재배를 정리해보자. 돈과 기술이 걸린 문제이므로 '가짜뉴스'가 많아 옥석을 가리기 어렵다. 일단, 2014년 전문학술지에 'Black truffle cultivation: A global reality'[직역: 검정덩이버섯(트러플버섯)의 인공재배: 전 지구적 진실] 라는 제목으로 실린 내용을 요약한다.

인공재배 농장은 미국(1979)을 필두로 뉴질랜드(1987), 호주(1993), 칠레(2003), 남아공(2008), 아르헨티나(2010) 등 6개국에 잇따라 개소되었다. 연간 생산량은 호주(4,500kg)가 압도적으로 많고, 뉴질랜드(50kg)와 미국(40kg)이 뒤따르고, 칠레(7kg)가 곧 2위의 생산국으로 부상할 잠재력을 가졌으며, 남아공과 아르헨티나는 아직 공식적인 생산이 없다.

이러한 인공재배 검정덩이버섯은 연간 소비량 약 400톤의 지극히 일부에 불과하므로 아직은 자연산 검정덩이버섯의 가격에 영향을 주지 않는다. 인공재배와 자연채취 트러플에 대한 구분이 없고 품질 차이도 인정되지 않으므로 동일한 가격과 동등한 대우를 받는다.

164

문 트러플버섯 탐지견 자료에 보니 수컷 30만 원, 암컷 40만 원으로 소개되었습니다. 딱 정해진 가격은 아니겠지요? 암컷이 더 비싼 이유가 탐지능력의 차이인지 아니면 다른 이유가 있는지요?

답 필자가 『곰팡이가 없으면 지구도 없다』(2015, 신현동, 지오북)에 그렇게 쓴 것은 독자들에게 대략적인 정보를 제공하기 위하여 이탈리아에서 유명한 트러플 탐지견 훈련센터의 자료를 요약한 것이다. 암컷이 수컷보다 트러플버섯 탐지능력이 뛰어나다고 볼 수 있는 객관적 증거는 없다. 암수 개체의 탐지능력 차이가 비교 조사된 바도 없지만, 무엇보다도 개체들 사이의 차이가 워낙 크기 때문이다.

시장 가격을 결정하는 요인이 대단히 많고 가변적이기 때문에 암컷과 수컷의 가격에 민감할 필요는 없다. 다만, 암컷이 다소 온순하여 순종적이고 수명이 약간 길고 새끼를 낳을 수 있는 장점이 가격에 반영된 것으로 이해하면 무리가 없을 것이다.

트러플버섯 탐지견 훈련은 이탈리아와 미국이 유명하다. 특히 이탈리아에서는 '라고토 로마그놀로Lagotto Romagnolo' 품종의 개는 작은 몸집과 영민한 판단력을 가져 트러플버섯 탐지견으로서 높은 몸값을 자랑하며 애호가들이 가장 선호한다. 훈련센터의 인증을 받은 이 품종의 개는 일단 4,000달러가 기본 가격이라고 한다. 이탈리아에서 '트러플버섯 헌터들은 부인보다 개를 더 아낀다'는 농담이 있을 정도로 트러플버섯 탐지견을 애지중지한다. 지금까지 가장 높은 가격으로 거래된 트러플버섯 탐지견이 궁금하여 검색하였으나 만족스러운 답을 구하지 못했다. 아마도 가족처럼 여기는 개를 값으로 따지지는 않는 듯하다.

참고로, 탐지견과 탐색견 중에 어떤 단어를 선택할지 고민한 적이 있다. 사전적 정의와 자해를 보면, 탐지와 탐색은 차이가 있다. 탐지探知는 찾기의 범주이고, 탐색探索은 살펴서 찾아내기의 개념이다. 땅속에 있는 트러플을 적극적으로 살펴서 목적을 갖고 찾아내는 것이므로 '탐색'에 해당한다. 그러나 마약탐지견이나 폭발물탐지견처럼 '탐지'가 더 보편적으로 쓰이므로 트러플버섯 탐지견으로 쓰기로 결정하였다. 한편, 마약 탐지견을 sniffer dog, 트러플버섯 탐지견을 truffle dog으로 부르는 것처럼, 각각 마약견과 트러플견으로 줄여 부를 것을 제안한다.

165

문 전북에서 트러플버섯이 발견되었다고 떠들썩했는데, 전문가의 감정 결과 트러플버섯과 유사한 '속검정덩이버섯'이라고 합니다. 이 버섯의 정체는 무엇이며, 우리나라에는 트러플버섯이 없나요?

답 일단, 해당 보도자료를 살펴보자. 2018년 10월 14일 전라북도 임실군의 한 주민이 참나무 군락지에서 송로버섯과 비슷한 버섯 3개를 발견하였으며, 이를 전문가들이 감정한 결과 송로버섯이 아닌 속검정덩이버섯으로 밝혀졌다는 일종의 흥밋거리 보도이다. 이 보도자료에서는 '송로버섯'으로 쓰여있는데, 이는 '덩이버섯(트러플버섯)'의 오류이다(☞ 100).

값비싼 식재료인 트러플버섯은 2종이 대표적이다. *Tuber magnatum*이라는 '흰덩이버섯white truffle'이 있고, *Tuber melanosporum*이라는 '검정덩이버섯black truffle'이 있다(☞ 163). 흰덩이버섯은 매우 귀하고 비싸며 아주 특별한 요리에 사용되는 흰색의 버섯이므로 여기서는 논외로 한다. 일반적으로 요리에 사용되며 트러플이나 트뤼플로 불리는 검정덩이버섯은 학명이 의미하는 바와 같이, 덩어리tuber처럼 둥글게 생겼고 속이 검은색melano 포자sporum로 채워진 모양이다.

이러한 검정덩이버섯과 매우 유사한 버섯으로 *Melanogaster tuberiformis*라는 '속검정덩이아재비'가 있다. 이 버섯은 학명이 의미하는 바와 같이, 속gaster이 검은색melano이며 덩어리tuber처럼 생겼다formis. 따라서 식용으로 쓰이는 검정덩이버섯과 색깔과 모양이 유사하므로 흔히 혼동될 수 있다. 그래서, 영어 이름도 'false truffle'(가짜 트러플버섯)로 불린다. 이 버섯은 독성은 없으나 불쾌한 냄새가 나서 식용에는 부적당하다고 알려져 있다. 임실에서 발견된 버섯은 바로 이 '속검정덩이아재비'로 동정되었다. 매스컴에서는 '속검정덩이버섯'으로 보도되었다.

그럼, 우리나라에 트러플버섯이 분포하고 있을까? *Tuber aestivum*은 '여름덩이버섯'(영어명 summer truffle)으로 불리며 주로 유럽대륙에 분포한다. *Tuber borchii*는 '대리석덩이버섯'(영어명 white spring truffle)으로 불리며 일부 요리에 사용된다. *Tuber indicum*은 '검은덩이버섯'(영어명 Asian black truffle)으로 불리며, 중국에 분포하고, 한국에서도 기록되었다. 한국에서는 이러한 3종의 트러플버섯이 알려져 있으나, 분포 여부에 관한 학술적 검토와 재확인이 필요하다.

166

문 "중국 동충하초 '금보다 귀한 몸' 가격 인기 모두 천정부지"라는 기사를 보았습니다. 버섯전골에 들어가거나 슈퍼마켓에서 파는 동충하초와는 다르겠지요? 진짜 동충하초는 어떤 버섯인가요?

답 2018년 6월 중국 매체의 보도에 따르면, 6월 들어 동충하초 가격이 1kg당 평균 30만 위안(5,100만 원), 최고급품은 68만 위안(1억 1,560만 원)까지 올랐다. 1년 새 가격이 2배나 뛴 것으로, 2018년 6월 26일 기준 순금純金 1kg 가격 4,509만 원보다도 동충하초가 비싸게 거래되고 있다.

앞서 중국에서는 2012년 2월에도 동충하초 가격이 70만 위안을 넘어선 적이 있다. 즉, 1kg에 1억 원을 돌파한 것이었다. 17세기 유럽에 불었던 튤립 파동tulipomania처럼 가격은 천정부지로 치솟고 있었다. 중국 정부는 동충하초에 관하여 특별한 관리체계를 갖추고 국가식품약품감독관리총국에서 통제하고 있다.

그럼, 중국에서 명약으로 꼽히는 동충하초란 무엇인가? 동충하초冬蟲夏草는 글자 그대로 겨울冬에는 벌레蟲였다가 여름夏에는 풀草이 된다는 뜻이다. 즉, 이 버섯에 기생 당한 곤충이 성충으로서 월동하고, 이듬해 초여름에는 이 성충의 몸에서 버섯이 돋아남을 의미한다. 동충하초*Ophiocordyceps sinensis*는 히말라야박쥐나방의 애벌레에만 기생하여 자라므로, 이 나방이 서식하는 중국 북서부 티베트와 네팔을 비롯한 해발 4,000m 이상의 고산지대에만 분포한다. 우리나라와 일본에는 이 나방도 서식하지 않고 진짜 동충하초도 분포하지 않는다.

실제 우리나라 시장에 등장하여 동충하초라고 불리는 버섯은 번데기동충하초*Ophiocordyceps militaris* 이다. 현미玄米에 부재료를 섞어 조제한 고형배지에서 번데기동충하초 자실체子實體를 생산하는 기술이 개발되었다. 이러한 번데기동충하초는 1포장(40g)에 몇천 원이므로 진짜 동충하초가 몇백 배나 비싼 셈이다.

번데기동충하초를 중국에서는 蛹蟲草용충초 또는 蟲草花충초화라고 부른다. 다시 말해, 진짜 동충하초만 '冬蟲夏草', 나머지 종들은 모두 '蟲草'라고 불러 뚜렷이 구분한다. 우리나라에서만 '번데기동충하초'를 '동충하초'라고 축약해 부름으로써 괜한 오해가 생기고 있다. 1999년 국회 국정감사에서도 이 용어가 지적된 바 있었지만, 아직도 고쳐지지 않았다.

167

문 버섯 종류가 대단히 많지만, 실제 식용버섯과 독버섯은 극히 일부라고 합니다. 전체 버섯은 몇 종이나 되나요? 과연 몇 종은 식용버섯이고, 몇 종은 독버섯이라고 구분하여 지정할 수 있나요?

답 과학자들은 이러한 질문에 선뜻 답하기를 꺼리거나 답이 없다고 한다. 그러나 대중은 속 시원하게 몇 종이 그러한지 숫자로 표기된 답을 원한다. Consumer's Needs. 소비자가 원하면 공급자는 답해야 한다. 상거래에서 검증된 이 원리는 과학에도 적용되어야 한다.

미국의 야생버섯 잡지에 실린 자료를 소개하면 답이 될 것이다. 북미에는 10,000종의 버섯이 알려져 있다. 일리노이주나 인디애나주처럼 황량한 지역에서는 3,000종에 불과할 것이다. 미시간주나 미네소타주처럼 숲이 잘 발달한 지역에서는 5,000종을 넘을 것이다. ①50%는 딱딱하거나 질기고 이상한 맛이 나서 도저히 먹을 수 없다. ②25%는 먹을 수는 있지만 아무 맛도 없고 아무도 먹으려 하지 않는다. ③20%는 먹으면 속이 울렁거리거나 소화가 되지 않거나 불편해서 아무도 먹지 않는다. ④4%는 나름대로 맛이 있고 향이 있어 먹을 수 있다. ⑤1%는 독성물질을 함유한 독버섯으로 먹지 말아야 한다.

우리나라에는 약 1,500의 버섯이 알려져 있는데, 식용버섯은 4%라면 60종이고, 독버섯은 1%라면 15종이 된다. 위에서 제시한 ③번 기준의 1/10을 넓은 의미의 독버섯에 포함시킬 수 있을 것이다. 그러면, 우리나라에 자생하는 독버섯은 약 45종으로 추정된다. 『숲속의 독버섯』(2014, 국립산림과학원)에 따르면, 우리나라에는 총 54종의 독버섯이 자생한다. 즉, 위장관 및 신경계 중독증상을 일으키는 독버섯으로는 개나리광대버섯 등 30종, 알코올음료에 의한 중독증상을 일으키는 독버섯으로는 두엄먹물버섯(☞ 170) 등 2종, 위장관 중독증상을 일으키는 독버섯으로는 노란다발 등 22종이 있다.

식용버섯edible mushroom은 글자 그대로 먹을 수 있는 버섯이다. 그러나 나라에 따라, 지역에 따라, 심지어 개인에 따라 식용 여부가 서로 다를 수 있으므로 단정해서 정의할 수는 없다. 약용버섯까지 포함할 수도 있고, 식품위생법에서 식품원료로 허가된 버섯 전체를 의미할 수도 있다. 반면에, 독버섯poisonous mushroom은 인체 독성 및 환각성 여부에 따른 기준이므로 대체로 공감대가 형성되어 있다.

168

문 생물체가 독성물질을 가진 이유를 공격수단과 방어수단으로 해석한 자료를 보았습니다. 생물군마다 서로 다른 이유가 있을 듯합니다. 독버섯이 유독물질을 가지도록 진화한 이유는 무엇인가요?

답 생물학에서 가장 흔하면서도 가장 까다로운 질문은, 어떤 생물에 왜 그런 능력을 가졌는가라는 원초적 의문이다. 강력한 독을 가진 거미가 다른 거미들보다 더 쉽게 먹이를 획득하여 성공적으로 번성할 것이라고 생각할 수도 있다. 목이 긴 기린이 더 높은 곳의 잎을 먹을 수 있으므로 생존에 유리할 것이라고 해석될 수도 있다. 그러나 늘 그렇지는 않다는 것도 잘 알고 있다. 사실, 우리는 우리가 모른다는 사실을 알고 있을 뿐이다. 그렇기에 인간에게 지식의 확장성이 가능하다.

식물과 동물이 가진 독성물질이 어떤 방어 역할을 하고 어떤 공격수단이 되는지에 관해서는 많은 자료와 해석이 있다. 그러나 독버섯이 왜 독성물질을 가지도록 진화하였는지에 대해서는 덜 알려져 있다. 유독식물에 적용된 해석을 억지로 독버섯에 갖다 붙인 경우도 있다.

독버섯은 덜 뜯어먹혀서 생존확률이 높다는 의견도 있다. 버섯을 먹고 사는 균식생물菌食生物, fungivore 중에는 곤충류가 대부분이다. 사람에게 독성인 물질이 곤충에게는 독성이 아닌 경우가 많으므로 우리가 부르는 독버섯을 균식생물에 적용하여 해석하는 것은 무리가 있다. 북미의 사슴류는 상당량의 버섯을 먹는 것으로 알려져 있다. 이 경우에는 사슴이 선택압選擇壓, selection pressure으로 작용한 균식생물일 수 있으며, 버섯의 독소가 사슴과 사람에게 모두 유독할 수 있다.

독버섯이라도 균사(영양생장) 단계에서는 독성물질을 함유하지 않으며, 오직 자실체(생식생장) 단계에서만 독성물질을 생성한다. 독성물질 생성과 포자 산포는 직접적으로 연계된 듯 하다. 따라서 균식생물의 소화관을 통과해도 살아남는 포자를 만드는 버섯은 적어도 해당 균식생물에게는 독버섯이 아니어야 한다. 이 부분에 대한 학술적 증거가 거의 없다.

독버섯의 독성물질이 공격수단이 아닌 것은 거의 분명하지만, 방어수단이라고 결론 내릴 수는 없다. 생물의 진화에서 '우연'도 있으련만 과학자들은 '필연'에서 답을 찾으려 한다. 독버섯이 어떤 이유로 인해 독성물질을 가지고 있는지 아직 잘 모른다.

169

문 여러 독버섯이 나무뿌리와 공생관계를 맺고 있다고 합니다. 그럼 독버섯의 독성분이 균사를 통해 나무뿌리로 옮겨갈 수도 있을 텐데, 그러한 나무가 사람에게 독성을 나타낼 수도 있을까요?

답 독버섯은 수백 종이 있는데, 부생성腐生性도 있고 균근성菌根性도 있다. 유기물을 스스로 썩히면서 자라는 부생성 독버섯으로는 붉은사슴뿔버섯(☞ 174), 화경버섯, 황갈색미치광이버섯(☞ 006), 노란다발 등이 대표적이다. 균근성 독버섯으로는 알광대버섯(☞ 004), 마귀광대버섯, 개나리광대버섯, 흰알광대버섯, 독우산광대버섯 등이 있는데, 모두 *Amanita*속에 속한다. 그래서 amanita라는 단어는 독버섯이나 중독이란 의미로 쓰이기도 한다.

마침 이런 광대버섯*Amanita*류가 모두 균근성이므로 나무뿌리와 공생관계를 맺고 살아간다. 즉, 이들은 스스로 유기물을 분해하지 못하므로 반드시 나무뿌리로부터 양분을 공급받는다. 그래서 광대버섯류와 나무뿌리는 물질을 주고받는 관계에 있다. 그럼 광대버섯류의 독성분이 나무뿌리로 옮겨갈까? 일단, 정답은 '아니다'이다.

광대버섯류가 땅속에서 나무뿌리와 공생관계를 유지하는 동안에는 균사 상태로만 생장한다. 즉, 거미줄 같은 몸을 땅속으로 뻗어서 물과 양분을 나무뿌리에 공급해준다. 나무는 탄소동화작용의 결과로 얻어진 탄수화물을 광대버섯 균사에 공급해준다. 이런 단계에서 광대버섯의 균사에는 독성분이 아직 생성되지 않는다. 독성분을 만들어내는 유전자는 오직 버섯이 만들어질 때부터 작동되기 시작한다.

광대버섯류 중에서 독성이 가장 강한 알광대버섯은 갓, 주름살, 대, 대주머니로 구성되어 있다(☞ 067). 각 부위의 독성분 함량을 조사하였더니, 갓과 주름살에서 대부분의 독성분이 검출되었다. 대와 대주머니를 구성하는 균사체에서는 극미량의 독성분만 검출되었다. 특히 주름살에서 나온 포자는 독성분을 함유하지 않았다. 따라서 발생학적으로나 해부학적으로 버섯의 독성분이 공생하는 나무로는 옮겨갈 수는 없으므로 독성분이 나무뿌리에서 검출된 적은 없다.

이런 자료는 광대버섯에만 국한된 것이 아니고, 거의 모든 버섯에 적용될 수 있다. 다만, 그러하지 않은 버섯, 즉 예외적인 버섯을 찾아내는 것이 과학자의 임무이기도 하다.

170

문 '먹물버섯'은 식용버섯인데, '두엄먹물버섯'은 독버섯이라고 합니다. 다른 쪽에서는 두엄먹물버섯도 식용버섯이지만, 술과 함께 먹으면 독버섯이 된다고 합니다. 술만 마시지 않는다면, 두엄먹물버섯도 식용이 가능한가요?

답 야생버섯 애호가들이 야외에서 수프를 끓일 때 즐겨 넣는 버섯으로 먹물버섯*Coprinus comatus*과 두엄먹물버섯*Coprinopsis atramentaria*이 있다. 우리 주변에 무척 흔하고 쉽게 채취할 수 있는데, 두 버섯 모두 유균幼菌 상태에서 식용하므로 서로 구분하기 어려울 수도 있다. 하지만 술을 즐기는 사람이라면 두엄먹물버섯은 먹지 않는다. 두엄먹물버섯에 포함된 성분이 알코올 분해를 방해하므로 술을 잘 먹는 사람이라도 술에서 오랫동안 깨어나지 못하는 증상이 나타나기 때문이다.

두엄먹물버섯에 함유된 코프린coprine 성분이 체내에서 대사되면 아미노사이클로프로파놀1-aminocyclopropanol이라는 물질이 된다. 이 물질이 알코올 분해를 방해한다. 더 정확하게는 흔히 알코올분해효소라고 부르는 아세트알데히드탈수소효소acetaldehyde dehydrogenase가 활성을 나타내지 못하도록 방해한다. 결과적으로는 술이 깨지 않은 상태가 지속되므로 상당한 고통을 준다. 그래서 이를 코프린중독증…中毒症, coprine poisoning 또는 코프린증후군…症候群, coprinic syndrome이라고 한다. 반면에, 먹물버섯은 코프린을 함유하지 않는다.

이러한 작용기작을 흉내 내어 개발된 소위 '술 끊는 약'으로는 디설피람disulfiram이 있다. Antabuse 또는 Antabus라는 상품명으로 시판되는 이 약을 복용한 상태에서 술을 마시면 전형적인 숙취 증상이 나타나 고통을 주므로 술을 기피하게끔 만든다. 그래서 만성 알코올중독 치료에 사용된다. 이러한 숙취 증상을 디설피람증후군…症候群, disulfiram syndrome이라고도 한다. 안면홍조와 현기증이 나타날 수 있다.

참고로, 두엄먹물버섯의 학명으로는 *Coprinus atramentarius*가 1838년 이래로 사용되었다. 2001년 유전자 분석을 통해 *Coprinus*류 버섯을 세분細分, splitting하였고, 두엄먹물버섯을 신설된 *Coprinopsis*속에 소속시켜 *Coprinopsis atramentaria*로 변경했다. 이는 분류학자들의 견해 차이일 뿐이며, 실무적으로는 어떤 학명을 써도 무방하다. 다만, 새로운 학명을 쓰라고 추천하고 싶다.

171

문 마귀곰보버섯은 엄연한 독버섯이지만 일부 지역에서는 식용버섯으로 여긴다는 점이 매우 이채롭습니다. 어떻게 이 독버섯을 먹게 되었으며, 실제 식용과 판매가 법적으로도 허용되는지요?

답 마귀곰보버섯*Gyromitra esculenta*은 온대~한대지역에 널리 분포하지만, 특히 동유럽~북유럽에서 흔히 발견되며 북미에서도 비교적 흔하다. 반면에, 아시아에서는 드물게 발견된다. 유럽사람들이 즐기는 곰보버섯과 유사하므로 가짜 곰보버섯이란 의미로 false morel로 불린다. 종소명 *esculenta*는 식용한다는 의미인데, 독버섯에 붙은 어귀로서는 매우 이채롭다.

곰보버섯류와 마귀곰보버섯은 모두 봄에 발생한다. 봄에 나는 식용버섯은 곰보버섯류가 유일한데, 이때 마귀곰보버섯도 함께 식용하였을 것이다. 다만, 마귀곰보버섯은 생김새가 좀 다르고, 식용하면 어지러움이나 두통이 일어난다. 북유럽 사람들은 광대버섯의 경우처럼 환각성 버섯을 이용한 경험이 풍부하므로, 마귀광대버섯을 반갑게 여겼을 것이다. 긴 겨울 동안 환각에 이용했던 광대버섯이 바닥난 봄철에 정신적 허전함을 채워 주는 귀한 존재였을 것이다.

마귀곰보버섯에 의한 중독사고를 살펴보면 지역별로 큰 차이가 있다. 폴란드에서는 1971년 독버섯 사망사고의 23%가 마귀곰보버섯에 의해 일어났다. 스웨덴에서는 1952년부터 2002년까지 50년 동안 마귀곰보버섯에 의한 사망사고는 단 한 건도 없었다. 채집 지역에 따라서도 독성이 강하거나 약하고, 먹은 사람에 따라서도 독버섯이 되거나 식용버섯이 될 수도 있다는 해석이 나왔다.

독일과 스위스에서는 한때 폴란드에서 수입한 마귀곰보버섯을 식용하였으나, 현재는 법적으로 식용 및 판매가 금지되었다. 스웨덴에서는 식용하지 말 것을 경고하였으며, 식당에서의 구입과 판매는 금지되었다. 반면 불가리아에서는 널리 식용되며 법적 규제가 없다.

핀란드에서는 생生버섯과 건乾버섯으로 모두 판매가 허용되지만, 경고문구와 조리법이 함께 표기된다. 심지어는 통조림으로도 판매된다. 핀란드 농림부 통계에 따르면, 2006년에 21.9톤, 2007년에 32.7톤이 소비되었다. 핀란드 식품안전위원회의 추정으로는 실제 매년 수백 톤이 소비된다고 한다. 식당에서 수프는 물론 요리에도 마귀곰보버섯이 이용된다.

172

문 **마귀곰보버섯을 독버섯으로 규제할 것인지 식용버섯으로 허용할 것인지 논쟁 중이라고 합니다. 과학적으로 분석하면 딱 결론이 날 것 같은데, 왜 이런 논란이 계속되며 진실은 무엇인지요?**

답 마귀곰보버섯은 국가에 따라 법적으로 식용이 금지되기도 하고, 핀란드처럼 시장에서의 판매와 식당에서의 요리와 제공이 자유롭기도 하다(☞ 171). 프랑스에서는 고산지대에서 채취한 마귀곰보버섯이 저지대의 것보다 독성분 함량이 훨씬 낮다. 미국에서는 로키산맥 서쪽의 마귀곰보버섯이 동쪽의 버섯보다 독성이 낮다. 이러한 차이의 원인이 환경적인지 유전적인지는 아직 연구 중이다.

2015년 스웨덴의 한 텔레비전 쇼에서 유명 요리사 폴 스티븐슨이 마귀곰보버섯 요리를 선보였다. 이에 버섯 전문가 모니카 스티븐슨이 중독 위험성을 경고하고 나섰다. 결국, 폴 스티븐슨이 자신의 무지를 인정하고 중독사고를 일으킬 수도 있는 마귀곰보버섯 요리를 만들지 않겠다고 선언함으로써 소위 '스티븐슨 공방'은 막을 내렸다.

일반 사람들은 화학분석의 결과가 모든 진실을 이야기할 것이라고 믿는 경향이 있다. 인삼과 산삼의 차이나 효과를 화학분석으로 증명할 수는 없다. 1억 원의 동충하초와 1천 원의 번데기동충하초에 함유된 코르디세핀cordycepin의 함량은 차이가 없다(☞ 166). 마찬가지로, 마귀곰보버섯에 함유된 자이로미트린gyromitrin이라는 독성물질의 함량으로 이 버섯의 위험성을 평가할 수는 없다는 것이 과학자들의 견해이다.

그래도 자이로미트린이 마귀곰보버섯의 유독성을 나타내는 가장 일반적인 지표이다. 마귀곰보버섯 요리에서는 독성물질 제거가 꼭 필요하다. 대체로 뜨거운 물에 여러 번 데침으로써 자이로미트린을 제거한다. 한 번 데칠 때마다 자이로미트린이 10%씩 제거된다. 사실, 사람들은 독성물질 자이로미트린이 적당히 남아 있는 요리를 즐긴다. 마치 독성물질 에탄올이 함유된 술을 마시는 원리와 비슷하다고 생각된다.

과학자들은 자이로미트린 함량이 낮은 마귀곰보버섯을 인공재배하는 기술을 개발하였다. 그러나 소비자들은 자연산 마귀곰보버섯을 훨씬 선호하고 있다. 최근에, 마귀곰보버섯이 실험동물에서 암을 유발한다는 연구가 속속 보고되었다. 그럼에도 마귀곰보버섯의 인기는 여전하다.

173

문 나도느타리버섯이 식용버섯인지 독버섯인지 아직 확실하지 않다는 글을 읽었습니다. 어떤 버섯이 식용인지 독성인지의 여부는 기기를 이용하여 물질분석을 거치면 쉽게 알 수 있지 않을까요?

답 버섯 도감이나 전문서적에 보면 버섯을 식용버섯, 약용버섯, 독버섯, 환각버섯 등으로 구분하여 표기한다. 상당수의 버섯은 식용 불명으로 표기되어 있다. 그런데, 식용버섯으로 표기된 버섯이 중독사고를 일으킨 예가 있어서 특별한 관심을 끄는 경우가 있다. 이러한 사례를 통해 질문에 대한 답을 구해보자.

나도느타리버섯*Pleurocybella porrigens*은 북반구 온대지역에 널리 분포한다. 송백류松柏類, conifers 목재를 썩히는 백색부후균白色腐朽菌, white rot fungi으로서 특히 솔송나무류*Tsuga*에 흔히 서식한다. 이 버섯은 식용버섯으로 알려져 오랫동안 자연채취를 통해 식용으로 이용되었다. 그런데 최근에 일본에서 이 버섯에 의한 중독사고가 발생하여 몇 가지 의문점이 제시되었다.

2004년 9~10월에 일본 여러 지역에서 이 버섯과 관련하여 59명이 중독 증상을 보였고 17명이 숨졌다. 사망자들은 모두 기저질환으로 간 기능에 문제가 있었고 평균 나이도 70세였다. 이 버섯 섭취 후 3주 후부터 증상이 나타났고, 13~29일 후에 사망하였다. 또한, 2009년에는 평소 혈액투석을 받던 65세의 일본인 남성이 이 버섯을 먹고 급성뇌질환으로 사망하였다. 모두 저항력이 약화된 상태에서 버섯 중독이 나타났다. 이처럼, 특정한 조건에서만 독성을 나타내는 경우가 있는데, 이에 대한 정확한 조사가 이루어지기는 사실상 어렵다.

이 버섯에 포함된 이상하고도 불안정한 아미노산이 인체 독성을 나타낸 것으로 추정되었으며, 이 아미노산은 쥐 뇌세포에서도 독성을 가졌음이 실험을 통해 증명되었다. 한편, 이 버섯 개체 중에는 시안화물cyanide을 함유하는 경우가 있다. 저항력이 약한 사람들에게 특이적으로 나타난 시안화물 중독으로 보는 견해가 있는데, 아직 임상적으로 증명된 바 없다.

한편, 우리나라에서는 나도느타리버섯에 의한 중독사고가 기록된 바 없다. 솔송나무가 울릉도에만 분포하므로 한반도 내륙에는 나도느타리버섯이 매우 드물 것이다. 그러나 나도느타리버섯이 야생 느타리버섯과 생김새가 유사하므로 사고 예방을 위한 홍보가 필요할 것으로 생각된다.

174

문 **독버섯 중독사고는 대부분의 경우에 독버섯을 식용버섯으로 오인하여 발생합니다. 붉은사슴뿔버섯은 영지버섯이나 동충하초로 오인될 수도 있다고 합니다. 정말 그런 사고가 있었나요?**

답 붉은사슴뿔버섯*Podostroma cornu-damae*은 혀만 대도 온몸에 마비가 온다고 할 정도로 맹독성인 버섯이다. 충분히 자라지 않은 어린 상태에서는 붉은사슴뿔버섯이 영지버섯이나 동충하초류로 오인될 수 있을 정도로 생김새가 아주 비슷하다. 그래서 야생에서 채취한 영지버섯이나 동충하초류를 먹고 중독증상이 일어났다면 모두 붉은사슴뿔버섯과 관련되었다고 보아도 무방할 정도이다.

1999년 일본 니가타현에서는 영지버섯 술을 마신 5명의 가족 중에 1명이 사망하였다. 사망자는 영지버섯을 1g 정도 먹었는데, 알고 보니 영지버섯이 아니라 붉은사슴뿔버섯이었다. 2000년에는 일본 군마현에서 버섯 튀김을 먹은 사람이 사망하였다. 그에게 나타난 증상을 보아 붉은사슴뿔버섯의 트리코테센trichothecene 중독증과 일치하였다.

우리나라에서는 1999년 쓰가영지버섯*Ganoderma tsugae*에 의한 '가역성 재생 불량성 빈혈 3예'가 논문으로 보고되었다. 차후에, 추적 가능한 1예例, case는 쓰가영지버섯이 아니라 붉은사슴뿔버섯으로 판명되었다. 다른 2예는 추적되지 못했지만, 붉은사슴뿔버섯일 가능성을 배제할 수 없다. 또한, 2013년에는 동충하초 술을 150ml 정도 마신 73세의 남성이 4일간 설사, 구토, 얼굴 전반의 표피탈락表皮脫落, 구강 통증 등을 겪은 후에야 입원하였다. 집중 치료에도 불구하고 입원 4일 후에 사망하였다. 그가 마신 술에는 번데기동충하초(☞ 166) 및 벌동충하초와 함께 2개의 작은 붉은사슴뿔버섯이 들어있었다.

2013년에도 중독사고가 있었다. 64세의 남성이 10일 동안 발열 · 오한 · 무기력 · 두통 · 인후통을 겪었으며, 응급실을 찾았을 때는 손과 발의 피부가 벗겨지는 표피탈락이 심하였다. 사망할 때까지 범혈구감소증汎血球減少症, pancytopenia은 개선되지 않았다. 60세의 부인도 유사한 증상을 나타냈으며, 입원 치료 27일 후에 합병증 없이 퇴원하였다. 이 부부는 영지버섯을 끓여 상시 음용하였는데, 버섯물을 끓인 냄비에서 영지버섯 수십 조각과 함께 하나의 붉은사슴뿔버섯이 발견되었다.

175

문 환각버섯을 말기암 환자들의 심리적 안정 도모 등 의료 목적으로 사용할 수 있다는 의견이 있습니다. 어떻게 제안되었고 어떤 결정이 내려졌는지요? 유사한 의약품에 대비하여 장점이 있는지요?

답 역사적으로 환각버섯이 주술적 목적이나 의료 목적으로 사용된 사례는 꽤 있다. 대표적인 사례가 『곰팡이가 없으면 지구도 없다』(2015, 신현동, 지오북)에 소개되어 있다. 특히 중남미의 마야문명과 북유럽의 긴 겨울과 관련된 흥미로운 이야기가 있다.

환각버섯의 환각성분을 의료용으로 사용하려는 시도가 2012년 미국 존스홉킨스 의과대학의 연구결과에서 촉발되었다. 일련의 연구를 통하여 환각버섯의 주성분 실로사이빈psilocybin을 투여받은 환자들이 정신적 안정, 우울증 완화, 군발두통 감소 등 긍정적 효과를 나타낸다는 결과를 얻었다. 특히 말기암 환자들은 고통 경감과 심리적 안정을 찾아 뚜렷한 치료 효과를 보았다. 금연과 금주를 도와주고 욕구를 경감시켜 주는 효과도 인정되었다. 특히, 부작용이 나타나지 않아 더욱 희망적이다.

실로사이빈의 의료 목적 사용에 대한 연구와 토론이 벌어지는 동안에 마리화나와 관련된 법적 변화가 있었다. 즉, 2016년 미국 일부 주에서 기호용 마리화나의 제한적 사용을 승인하였고, 의료용 마리화나의 적용을 확대되기 시작하였다. 아시아에서는 2019년 태국에서 처음으로 의료용 마리화나의 사용을 승인했다.

마리화나의 불꽃이 실로사이빈으로 옮겨붙기 시작했다. 2019년 미국 덴버Denver시 범죄해방단체에서는 8천 명의 서명을 받아 실로사이빈을 기호용으로 이용할 수 있도록 허가해 달라는 청원을 제출하였다. 2017년 미국 버클리에서는 환각버섯을 재배하여 유통하던 업자가 경찰에 체포됨으로써 이미 환각버섯이 마리화나처럼 유통되는 마약이라는 사실이 밝혀졌다.

실로사이빈은 대부분의 환각버섯류에서 발견되지만, 특히 쿠바환각버섯 *Psilocybe cubensis*이 가장 대표적이다. 이 버섯은 인공재배가 쉬워 오래전부터 암암리에 거래되었다고 알려져 있다. 코카인이나 대마는 신체의존성physical dependence이 있으나, 실로사이빈은 현재까지의 연구결과로는 신체의존성이 있다는 증거를 찾지 못했다. 그래서 의료용으로 사용될 가능성이 크다. 환각버섯류의 평화적 사용을 위한 연구와 지혜가 필요한 시점이다.

176

문 식물의 병원체는 대부분 곰팡이입니다. 반면에, 동물의 병원체는 대부분 세균입니다. 병원성 곰팡이가 식물을 숙주로 삼아 진화하고, 동물을 숙주로 삼지 못하고 진화한 이유는 무엇인지요?

답 식물도 병에 걸린다. 식물에 병을 일으키는 미생물 중에 곰팡이가 70% 이상이며, 세균과 바이러스를 포함한 기타 병원체는 30% 이하이다. 따라서 식물병원균植物病原菌, phytopathogenic fungi이란 용어는 식물병원성 곰팡이를 의미하며, 식물의 병원체 전체를 대표하기도 한다. 이 모든 것을 한꺼번에 설명하면 혼란스럽다. 여기에서는 곰팡이가 왜 동물의 병원체가 되기 어려운가에 집중해보자.

곰팡이는 대부분 20~30°C에서 잘 생장한다. 온혈동물의 체온은 코끼리(36°C)부터 닭(2°C)의 범주에 있다. 곰팡이에게는 너무나 뜨거운 온도이다. 물론 곰팡이 중에도 호열성好熱性 곰팡이thermophile가 있어 30~50(~60)°C에서도 잘 자란다(☞ 062). 이러한 호열성 곰팡이가 발견되는 곳은 거의 유일하게 김이 무럭무럭 나는 뜨거운 퇴비 속이다.

그러니까 퇴비 더미를 벗어나 동물의 병원체로 진화하기 어려웠을 것으로 추정된다. 그나마 동물의 병원체로 진화한 몇몇 곰팡이들도 피부병을 일으킬 뿐이다(☞ 193). 정상 체온의 사람이라도 발의 피부 온도는 30°C 정도에 불과하고, 그나마 겨울에는 20°C까지 떨어지기도 한다. 따라서 곰팡이가 상대적으로 적응하기 쉬우므로 발에 무좀이 생기는 쉬운 원인 중 하나로 해석되고 있다.

동물 세포나 조직은 곰팡이 먹이기질substrate로서 부적당하다. 대부분의 곰팡이는 탄질률炭窒率, 탄소:질소의 비율이 30 정도에 수분도 적당한 먹이기질을 선호한다. 동물 조직은 탄질률이 10 이하이면서 수분이 과도하여 곰팡이가 살기 어렵다. 동물 조직은 자유수가 풍부하여 세균이 번성하기 좋고 곰팡이는 살기 어렵다. 영양적으로나 수분함량에서 동물 조직은 세균에게 압도적으로 유리하고 곰팡이에게는 매우 불리한 조건이다.

이렇게 동물의 피부, 정확하게는 피부의 각질이라는 죽은 세포층에만 정착한 곰팡이는 그리 성공적인 병원체로 세력을 확장할 기회가 거의 없었다. 매우 제한된 부위에만 서식하므로 유전적 다양성을 확보할 기회가 상대적으로 적었다.

177

문 많은 곰팡이가 식물을 공격하는 식물병원균이라는 사실이 놀랍습니다. 구체적으로 식물병원균이 어떤 방법과 경로를 통해 식물체를 공격하고 침입하고, 식물의 방어를 어떻게 극복하는지요?

답 지금까지 알려진 곰팡이의 약 40%에 해당하는 3만 종 이상의 곰팡이가 식물을 공격하는 식물병원균이다. 약 200종이 인간·가축·애완동물의 병원균인 점과 비교하면, 식물병원균의 수는 실로 엄청나다. 사실 3만 종의 식물병원균은 대부분 농작물과 관상수에서 알려진 것이므로 전체 식물 30만 종을 다 조사하면 식물병원균의 수는 지금보다 훨씬 많아질 것이다.

곰팡이가 식물을 침입하는 방법은 ①직접 침입, ②자연개구 침입, ③상처 침입으로 나눌 수 있다. 첫째, '직접 침입'이란 병원균이 식물의 외부 조직을 직접 뚫고 들어가는 방법이다. 잎이나 어린 가지는 왁스층-각피층으로 덮인 표피세포가 있어 방어벽 역할을 한다. 병원균은 균사 세포가 가진 정수압靜水壓, hydrostatic pressure의 힘으로 밀어붙이고, 식물 세포와 맞닿는 곳에 위치한 균체에서는 각피분해효소+세포벽분해효소류로 표시될 수 있는 각종 분해효소分解酵素를 분비한다. 즉, 물리적 힘과 화학적 힘을 동시에 발휘하는 셈이다.

둘째, '자연개구 침입'이란 병원균이 식물의 기공, 수공, 피목 같은 자연개구自然開口, natural openings로 들어가는 방법이다. 식물병원성 곰팡이는 주로 기공氣孔을 통해, 식물병원성 세균은 주로 수공水孔을 통해 침입한다. 기공으로 침입하는 녹병균은 식물 기공이 어디에 어떻게 존재하는지 인지할 수 있는 특별한 능력을 갖고 있다.

셋째, '상처 침입'이란 병원균이 식물의 상처를 통해 들어가는 방법이다. 대부분 침입력侵入力, 침투해 들어가는 힘은 약하지만 병원력病原力, 병을 일으키는 힘이 강한 곰팡이들이 여기에 속한다. 딸기 농사를 망가뜨리는 잿빛곰팡이*Botrytis cinerea*를 비롯하여 복숭아 과실의 작은 상처에도 어김없이 등장하는 잿빛무늬병균*Monilinia* spp. 등이 이런 부류의 곰팡이들이다.

따라서 농작물을 육종할 때는 이러한 점을 고려하여 병원균이 침입하기 어려운 구조를 가진 신품종을 만든다. 벼를 재배할 때는 규산질 비료를 주면 각피층이 두꺼워져서 도열병균이 벼를 침입하기 어려우므로 발병을 상당히 줄일 수 있다.

178

문 썩은 사과에 관한 격언이 있습니다. One rotten apple spoils the barrel. 한 알의 썩은 사과가 한 통의 사과 전체를 상하게 한다. 여기에서, 사과를 썩히는 주체를 곰팡이로 해석할 수 있나요?

답 아담과 이브의 사과, 트로이전쟁을 일으킨 파리스의 사과, 만유인력을 발견한 뉴턴의 사과, 그리고 빌헬름 텔의 사과까지 서양문화와 사과는 밀접한 관련이 있다. One rotten apple spoils the barrel. 이 교훈적 격언에 등장하는 사과를 썩힌 주체는 무엇일까? 사과가 효소적 자가분해自家分解, autolysis를 일으키기도 하지만, 이때는 rot이 아니다. 따라서 미생물을 rot의 원인으로 해석해야 한다.

세균이나 바이러스가 과실의 부패와 관련되기도 하지만, 직접 사과를 썩히는 일은 없다. 사과를 썩히는 미생물은 모두 곰팡이라고 할 수 있다. 과수원에서 나무에 달린 사과를 썩히는 곰팡이와 저장 중의 사과를 썩히는 곰팡이 종류는 사뭇 다르다. 상자 속의 사과에 관한 것이므로 저장 중의 사과를 의미한다. 저장 중에는 ①푸른곰팡이, ②잿빛곰팡이, ③탄저병균에 의한 부패가 대부분이다.

엑스판숨푸른곰팡이*Penicillium expansum*에 의한 부패는 작은 점에서 시작하여 점점 커진다. 직경 1~2cm 정도의 크기가 되면 가운데 부위의 얇은 껍질이 찢어지는 듯하면서 회록색 내지 청록색의 포자 집단이 나타나서 맨눈으로도 보인다. 이 곰팡이는 사과 껍질을 스스로 관통할 수 없으므로 반드시 상처가 있어야만 침입하여 썩힌다.

잿빛곰팡이*Botrytis cinerea*에 의한 부패는 흔히 나타나지는 않지만 일단 발생하면 급속히 퍼지면서 상자 전체의 사과를 썩히는 경우가 있다. 특히 사과 조직이 연화되거나 상처가 있으면 쉽게 썩는다. 사과 품종에 따라 심하게 발생하거나 거의 발생하지 않는다.

탄저병균*Colletotrichum* spp.에 의한 부패는 과수원에서 이미 감염된 사과를 저장하는 중에 나타나는 것이다. 일반적으로 저장 중에 옆의 사과로 전염되지는 않지만, 탄저병균은 사과 껍질을 스스로 관통할 수 있으므로 상자 전체로 퍼질 수도 있다. 부패 부위가 직경 1~2cm 정도의 크기가 되어도 얇은 껍질이 찢어지지는 않으며, 가운데에 까맣고 작은 알갱이들이 둥근 과녁처럼 나타나는 것이 특징이다.

179

문 감귤 한 상자를 선물 받아서 먹고 있는데, 몇 개가 썩더니 이내 푸른곰팡이로 뒤덮여버렸습니다. 그런데, 바로 옆의 감귤은 멀쩡합니다. 시간이 지나면 옆의 감귤로 전염되지는 않을까요?

답 가정에서 감귤 한 상자를 먹으면서 썩은 감귤을 만나지 않을 수 없다. 그런데, 어느 집이든, 어느 계절이든, 어떤 품종이든, 감귤이 썩었다면 반드시 푸른곰팡이가 피어난다. 이 푸른곰팡이가 감귤을 썩히는 부패병균이다. 학명은 *Penicillium italicum*이고, 우리말 이름으로는 '이탈리푸른곰팡이'라고 부른다. 다른 종류의 푸른곰팡이나 다른 부류의 곰팡이가 감귤을 썩히는 경우도 간혹 있기는 하다.

한 개의 감귤이 완전히 썩으면 수십억 개의 포자가 만들어진다. 그래서 공기 중에는 이탈리푸른곰팡이 포자가 늘 떠다니고 있다. 포자가 우연히 감귤 껍질의 상처와 접촉하면 드디어 감귤 껍질과 과육에 정착하여 생장하기 시작한다. 이 영양덩어리 감귤을 경쟁자 없이 독점하였으므로 왕성하게 생장하여 단기간에 감귤 전체를 점유한다. 그러면서 표면에는 포자를 만들기 시작하므로 회록색 내지 암녹색으로 변한다.

이탈리푸른곰팡이는 감귤 껍질의 왁스층+각질층을 직접 침입할 수는 없다. 침입력侵入力, 침투해 들어가는 힘은 약하지만 병원력病原力, 병을 일으키는 힘이 강한 곰팡이에 속한다. 반드시 감귤 껍질에 있는 상처를 통해서만 침입할 수 있다. 그래서 상처를 보호하기 위하여 감귤 수확 후에 왁스처리를 하기도 한다. 이론적으로는 상처가 있는 감귤만 썩고, 상처가 없는 감귤은 썩지 않는다. 그러나 현실적으로 상처가 없는 감귤이란 없다. 다만, 상처를 빨리 아무리는 방법이 있고, 가정에서는 바람이 잘 통하게 보관하는 것이 가장 좋은 방법이다.

따라서 옆에 썩은 감귤이 있어 포자를 날리더라도 상처가 없는 감귤은 멀쩡하게 남아있다. 어떤 경우에는 작은 곤충이 돌아다니면서 감귤 껍질에 상처를 내기도 하고, 소비자가 감귤은 꺼내먹는 과정에서 멀쩡한 감귤 껍질에 상처를 내기도 한다. 따라서 감귤 하나가 썩으면 쉽게 옆으로 전염된다고 생각하기 쉽다. 사실은 썩은 감귤 옆에 멀쩡하게 보이는 감귤도 이미 썩기 시작했지만 우리가 인지하지 못할 뿐이다. 넓은 의미로, 전염을 통한 감염이 일어나는 중이다.

180

문 금년 봄에는 잦은 강우로 인하여 보리 붉은곰팡이병에 관한 뉴스가 많이 보도됩니다. 보리를 수확한 후에는 보리 이삭이 없는데, 붉은곰팡이병균은 어떻게 생존하여 내년에 또 나타나는지요?

답 붉은곰팡이병赤黴病, Fusarium head blight은 밀과 보리에 큰 피해를 준다(☞ 001). 첫째, 수확량이 줄어든다. 1998~2002년(5년간)에 북중미에서만 밀 수량감소로 27억불(약 3조원)이 손실되었다. 둘째, 곰팡이독소를 생성하여 가축에 피해를 준다. 데옥시니발레놀deoxynivalenol은 섭식장애와 구토를 일으킨다. 지랄레논zearalenone은 암컷에게 유산과 발정장애를, 수컷에게 여성화를 일으킨다. 『곰팡이가 없으면 지구도 없다』(2015, 신현동, 지오북)에 '계묘년 보리흉년'이란 제목으로 잘 소개되어 있다.

밀이나 보리를 수확하면 붉은곰팡이병균은 삶의 터전을 잃어버리는 셈일 수도 있다. 그렇다면, 밀 이삭이 없는 6월부터 이듬해 봄까지 10개월 이상을 붉은곰팡이병균은 어떻게 생존할까? 밀 이삭이 있을 때는 이삭을 공격하면서 '병원체病原體'로서 풍족하게 살지만, 밀 이삭이 없을 때는 밀짚 같은 농업잔재물을 분해하면서 '부생체腐生體'로서 근근이 살아간다.

부생체로 살아가는 방식에 대한 연구결과는 붉은곰팡이병균을 제어하는 중요한 정보이다. 지금까지 알려진 부생적 생활방식을 정리하면 다음과 같다. ①온도·물·빛·산소 등의 외부환경이 붉은곰팡이병균의 생장과 번식에 영향을 준다. 인간의 농작업은 붉은곰팡이병균에게 유리한 방향으로 작용한다. ②농경지에 밀짚 등 농업잔재물이 많을수록 붉은곰팡이병균의 생존에 유리하다. 농업잔재물은 붉은곰팡이병균이 부생생활을 영위하는 터전이기 때문이다.

③붉은곰팡이병균의 생존에 불리하게 작용하는 요인들이 있다. 농업잔재물을 두고 붉은곰팡이병균와 여러 부생균이 영양적으로 경쟁상태에 있는데, 대체로 붉은곰팡이병균의 경쟁력이 낮다. 특히 초록곰팡이*Trichoderma* spp.는 길항작용拮抗作用으로 붉은곰팡이병균의 생존율을 낮춘다. 농업잔재물을 먹고사는 토양 미소동물도 붉은곰팡이병균의 서식공간을 줄인다. ④농부가 돌려짓기를 하면 부생생활에 적응할 잔재물이 바뀌고, 밭을 심경深耕, 깊이갈이하면 농업잔재물이 땅속 깊이 묻히기 때문에 부생생활을 영위할 서식공간이 줄어든다.

181

문 위틀라코체처럼 곰팡이에 감염되어 병든 식물도 훌륭한 식품이 된다는 사실이 무척 흥미로웠습니다. 혹시 자연계에서도 병든 식물이 초식동물의 먹이로 선호되거나 기피되기도 하는지요?

답 곰팡이에 감염된 식물체에 나타나는 증상은 매우 다양하다. 병든 부위가 썩거나 물러앉는 경우가 대부분이지만, 도리어 일시적이나마 생장이 촉진되는 경우도 있다. 멕시코에서 유명한 식품인 위틀라코체huitlacoche는 깜부기병균에 감염된 옥수수에서 나타난 비정상적 비대생장이다. 동남아시아에서 즐겨 먹는 자오바이茭白도 깜부기병균에 감염된 줄풀의 줄기가 비정상적으로 비대한 것이다. 이 두 가지 깜부기에 관한 이야기는 『곰팡이가 없으면 지구도 없다』(2015, 신현동, 지오북)에 잘 소개되어 있다.

병든 식물체에 축적된 병원균의 곰팡이독소로 인하여 피해를 받을 수도 있다(☞ 180). 또는 단풍나무 타르점무늬병균이 생성한 미확인 물질이 말에 근육병증을 나타낸다(☞ 186). 하지만 이는 어떤 초식동물이나 잡식동물이 병든 식물을 선호하여 섭식한 것은 아니다.

병든 식물이 초식동물에게 기피되는 것은 내생균의 경우이다(☞ 043). 여기서는 선호되는 사례를 하나 소개한다. 프로토마이세스*Protomyces*라는 곰팡이는 효모 생장을 하고, 인공배양이 매우 어렵고, 모두 식물병원균이지만, 경제적 피해를 입히는 경우는 거의 없다. 그래서 거의 연구되지 않은 미지의 분류군이다.

프로토마이세스에 감염된 식물에 나타나는 가장 특징적인 증상은 바로 세포의 이상비대 및 이상증식이다. 이상비대異常肥大, hypertrophy란 개개의 세포가 커지는 것이고, 이상증식異常增殖, hyperplasia이란 세포의 수가 늘어나는 것이다. 따라서 감염 부위는 혹처럼 일부분만 부풀어 오르거나, 줄기가 뚱뚱해지거나, 잎맥을 따라 부풀어 올라 마치 풍선을 불어놓은 것처럼 보이는 기형을 일으킨다.

이렇게 이상비대와 이상증식이 일어난 부분은 해부학적으로는 유조직 세포이고, 정상 세포에 비하여 연약하고 수분도 많다. 따라서 민달팽이를 비롯한 소형동물들이 병든 조직만 골라서 갉아먹은 흔적을 쉽게 발견할 수 있다. 그러나 이러한 흥미로운 현상이 학술적으로 연구되어 기록된 바 없다는 것이 매우 안타깝다.

182

문 책에서 보면, '커피나무 · 녹병균의 생활사를 모르기 때문에 방제가 어렵다'는 문구가 있습니다. 이 녹병균의 생활사를 알려면 어떻게 연구해야 하고, 생활사를 알면 왜 방제에 도움이 되는지요?

답 커피나무 녹병에 관한 흥미로운 역사는 『곰팡이가 없으면 지구도 없다』(2015, 신현동, 지오북)에 잘 소개되어 있다. 경제적 피해와 전망도 기술되어 있다. 커피나무 잎에 생긴 녹병의 병반을 자세히 보면 주황색의 가루가 보인다. 이 가루 같은 알갱이가 바로 녹병균의 여름포자夏胞子, urediniospore이다. 커피나무 농장에는 커피나무 잎이 1년 내내 있으므로 녹병균의 여름포자도 함께 존재한다. 이 여름포자가 반복해서 새로운 잎에 침입하므로 1년 내내 녹병이 발생한다.

한편, 자연 상태에서 커피나무 · 녹병균이 어떻게 생활하는지 확실히는 모른다. 그러나 녹병균의 생활사를 따져보면 다음과 같이 생활할 것으로 추측된다. 커피나무 · 녹병균은 여름포자(n+n) 세대에서 커피나무 잎에 피해를 준다. 이후에 겨울포자(n+n)를 만들어 휴면하면서 부적당한 환경에 적응한다. 이후에, 겨울포자는 발아하여 담자포자(n)를 만든다. 담자포자는 바람에 날려 ○○식물로 이동하여 감염한다. 담자포자의 감염으로 만들어진 녹병정자(n)가 빗물을 타거나 곤충에 의해 대응하는 짝의 수정균사(n)로 옮겨져서 수정이 이루어지면 녹포자(n+n)를 만든다. 녹포자는 바람에 날려 커피나무로 온다. 커피나무를 침입한 녹포자는 왕성하게 자라면서 여름포자를 만든다. 이것이 생물학적 관점에서 추정하는 커피나무 · 녹병균의 생활사生活史, life cycle이다.

자연에서는 이처럼 복잡한 생활사를 갖는 녹병균이 농장에서는 여름포자만으로도 생존이 가능하다. 자연에서는 ○○식물 잎에서 녹병정자와 수정균사 사이의 유성교잡이 이루어짐으로써 유전적 다양성이 확보된다. 이것이 생존을 위한 다양성이다. 그러나 농장에서는 유전적으로 균일한 커피나무가 있고, 유전적 다양성이 확보되지 못한 녹병균이 있다.

커피나무 · 녹병균을 이해하려면 ○○식물이 무엇인지 알아야 한다. 이 녹병균의 담자포자를 접종하였을 때 녹병정자와 수정균사가 형성되는 식물이 중간숙주인데, 아직 어떤 식물인지 모른다. 녹병균의 전체 생활사를 알아야 새로운 방제전략이나 육종전략이 가능할 것이다.

183

문 생선 썩는 냄새 등 악취를 풍겨 파리를 유인하는 다양한 버섯들이 있다고 공부하였습니다. 이와는 반대로 향기를 풍겨서 곤충을 유인하는 녹병균이 있다고 하는데, 어떤 녹병균인지요?

답 동물 썩는 냄새에 유인되는 파리류는 먹이활동의 일환으로 버섯에 유인되는 것이다. 반면에, 버섯 냄새에 유인되는 종들은 버섯파리류이다. 버섯파리가 버섯에 알을 낳고, 알에서 부화한 애벌레는 늙은 버섯을 먹어치움으로써 자연계의 물질순환을 돕고 있다. 이러한 버섯파리류는 버섯 재배에서 방제의 대상이 된다(☞ 152). 초파리는 에탄올에 유인되는 특징이 있어 매우 흥미롭다(☞ 106).

여기 소개하는 녹병균류는 수정受精, fertilization을 위하여 곤충을 유인한다. 녹병균류 중 대다수는 단핵(n) 상태의 녹병정자spermatia가 대응하는 성性, sex의 녹병정자기에 있는 수정균사receptive hypha로 옮겨져야만 수정이 이루어져서 2핵(n+n) 상태가 된다. 이때 녹병정자가 어떻게 이동할까? 일부는 식물체 표면을 흐르는 빗물이나 이슬방울에 의해 옮겨지기도 하지만, 대부분은 곤충에 의해 옮겨진다.

녹병정자기에서 녹병정자와 수정균사가 만들어질 때 달콤한 점액을 분비하여 곤충을 유인한다. 이 점액에 이끌려서 곤충이 모여들고, 곤충의 몸에 묻은 녹병정자는 대응하는 성의 수정균사로 옮겨진다. 이 점액의 성분은 마치 식물의 꿀샘에서 만들어지는 화밀花蜜, nectar과 거의 같다. 따라서 수많은 곤충이 유인되어 이 녹병균의 수정을 돕는다.

이보다 좀 더 정교한 경우도 있다. 미국과 캐나다에서만 알려진 *Puccinia monoica*라는 녹병균이 있다. 이 녹병균은 장대나물류*Arabis*를 비롯한 여러 십자화과 식물에 감염한다. 병든 식물은 줄기가 길게 자라면서 그 끝이 마치 꽃처럼 변하는데, 이를 가짜꽃pseudoflower이라고 한다.

이 가짜꽃은 꽃향기를 풍길 뿐만 아니라 화밀과 같은 성분의 점액까지 분비한다. 유인된 곤충들은 이 녹병균의 녹포자를 중간숙주(*Koeleria*, *Trisetum*, *Stipa* 등의 단자엽식물)로 전염하는 역할을 한다. 벌을 비롯한 방화곤충訪花昆蟲은 자외선 영역을 볼 수 있는데, 이 가짜꽃의 자외선 영역 모양이 마치 그 시기에 한창 만개하는 미나리아재비류의 꽃을 닮았다. 참으로 기막힌 공생이자 신비한 자연이다.

184

문 곰팡이가 사람, 동물, 식물에 병을 일으키거나 불편을 주어 병원균으로 작용하기도 합니다. 그래서 이러한 곰팡이를 이용하여 생물무기를 만들었을 것 같은데, 실제 이런 사례가 있었나요?

답 생물테러bioterrorism는 의도적으로 생물무기生物武器, biological weapon를 살포하는 행위로 정의된다. 생물무기는 세균, 바이러스, 곰팡이, 그리고 생물독소를 포함한다. 우리나라에서 정한 '생물테러 감염병'은 탄저, 보툴리눔독소증, 페스트, 마버그열, 에볼라바이러스, 라싸열, 두창(천연두), 야토병 등 총 8종이다. 여기에는 곰팡이에 의한 질병이 포함되어 있지 않다.

사람에게 치명적인 질병을 일으키면서도 다루기 쉬운 곰팡이는 아직 없다. 그래서 생물테러에 포함된 곰팡이도 없다. 그러나 곰팡이가 농작물에 큰 피해를 주는 경우가 있으므로 식물병원균이 생물테러에 이용되기도 한다. 식물병원균이란 식물에 병을 일으키는 곰팡이를 의미하는데, 농작물이 대상일 경우도 있고 유독식물이 공격목표일 수도 있다.

미국은 1950~60년대에 밀 · 줄기녹병균*Puccinia graminis* f.sp. *tritici*을 생물무기로 선정하여 여름 포자를 무려 3만 톤이나 확보한 적도 있었다. 그러나 생물무기금지협약 선언을 앞둔 1973년에 이를 전량 폐기하였다. 1961~1962년에는 오키나와 주둔 미군 당국이 벼 · 도열병균*Pyricularia oryzae*을 생물무기로 개발하여 확보한 적이 있었음을 최근에 공개하고 인정하였다. 앞서 미국, 소련, 캐나다, 프랑스에서는 감자 · 역병균*Phytophthora infestans*을 생물무기로 개발하였다.

한편, 평화적으로 사용되는 생물무기 곰팡이도 있다. 『곰팡이가 없으면 지구도 없다』(2015, 신현동, 지오북)에 몇 가지 사례가 소개되어 있다. 남미에서 악명 높은 마약 코카인을 생산하는 코카나무를 죽이기 위하여 붉은곰팡이*Fusarium*를 선발하여 실험적으로 성공을 거두었다. 중동에서는 양귀비를 제거할 수 있는 잎마름병균 곰팡이를 생물제초제로 개발하였다. 또한, 대부분 국가에서 마약으로 규정하는 대마를 선택적으로 공격하는 붉은곰팡이*Fusarium*를 찾아 생물농약으로 개발하였다. 이러한 대부분의 노력은 미국이 주도하여 진행한 것이다. 하지만 실제 이용에서는 해당 국가의 협조 여부나 생태계에 대한 영향 등 여러 제한이 있어 현장에는 아직 투입되지 못하고 있는 실정이다.

185

문 언론을 통해 '탄저균'의 위험성과 생물테러에 대하여 많이 들었습니다. 그런데, 식물에도 탄저병이 있음을 알게 되었습니다. 다소 혼동되는데, 서로 다른 균이고, 서로 전염되지도 않겠지요?

답 사람과 동물에 발생하는 '탄저炭疽, anthrax'는 *Bacillus anthracis*라는 세균에 의해 일어나는 감염병이다. 역사적으로 대발생한 적이 있고, 생물무기로서 탄저균이 언론에 자주 등장하여 일반인들에게도 잘 알려진 질병이다. 정확한 병명은 '탄저'이고 병원균은 '탄저균'인데, '탄저병'과 '탄저병균'으로 잘못 통용되기도 한다. 탄저의 어원은 희랍어 anthrax로서 석탄을 뜻하는데, 이 병에 걸리면 피부에 물집이 생기고, 검은 딱지가 앉기 때문에 이런 이름이 붙었다.

식물에서도 잎이나 열매의 일부분이 다소 움푹해지면서 나중에는 검은 딱지 같은 환부가 생긴다. 이러한 질병은 대부분 *Colletotrichum*류의 곰팡이에 의해 발생하고, 탄저병이라고 부르며, 이 곰팡이를 탄저병균이라고 한다. 그 외에도 *Apiognomonia* 등 몇몇 곰팡이류에 의한 감염도 유사한 증상을 일으키므로 탄저병으로 부른다. 식물의 탄저병炭疽病은 석탄을 뜻하는 희랍어 anthrax에다 질병을 뜻하는 어미 nosos가 합쳐져서 anthracnose라고 부른다.

동물을 공격하는 '탄저 세균'이 식물에서 병을 일으킨 사례도 없고 그럴 가능성도 없다. 좀 더 넓은 개념으로 보면, 어떤 동물병원균動物病原菌도 식물에서 병을 일으킨 경우가 없었다. 마찬가지로, 식물을 공격하는 '탄저병 곰팡이'가 사람이나 동물에서 병을 일으킨 사례도 없고 그럴 가능성도 없다. 또한, 어떤 식물병원균植物病原菌도 사람이나 동물에서 병을 일으킨 경우는 없었다.

한편, 학명으로만 검색하면 어떤 종의 곰팡이가 식물병원균과 동물병원균으로 모두 기록된 경우는 있다. 셀러리·검은무늬병균 *Cercospora apii*가 인도네시아 소년의 얼굴을 망가뜨린 피부병균으로 기록되어 『Introductory Mycology』(1962, by Alexopoulos, Willy)에 사진으로 실린 적이 있었다. 이런 곰팡이는 사실상 부생균腐生菌, saprobe으로서 죽은 조직에 잠시 머물다가 어느 과학자의 눈에 띄어 학술적 의미에서 기록되었을 뿐이다. 그런 부생균을 병원균病原菌, pathogen으로 보는 학자는 없다.

186

문 곰팡이에 감염되어 병든 식물이 초식동물의 먹이가 될 수도 있을 것입니다. 병든 식물에 존재하는 곰팡이에 의해 초식동물이 감염되거나 또는 곰팡이독소에 의해 피해를 입을 수 있을까요?

답 자연 상태에서 식물체가 곰팡이에 감염되는 일은 아주 흔하다. 그러니까 초식동물이 병든 식물을 먹는 일도 늘 일어날 수 있을 것이다. 식물의 병원성 곰팡이가 동물에 감염된 사례는 없다(☞ 185). 식물병원균이 분비하는 곰팡이독소에 의한 피해는 많다(☞ 180).

초식동물이 병든 식물을 기피하는지 선호하는지 또는 병든 식물을 섭식함으로써 어떤 영향이 있는지 등에 관한 연구는 거의 없다. 다만, 사례 중심으로 관찰하거나 실험으로 증명된 경우가 몇 건 보고되었다. 그중 흥미로운 것 하나만 소개한다.

2008년 'Neuromuscular Disorders신경근육장애' 라는 유명 학술지에 '이상근육병증異常筋肉病症, atypical myopathy'으로 죽은 말에 관한 논문이 실렸다. 2003~2006년에 벨기에와 네덜란드에서 근육병증으로 죽은 수십 마리 말의 사망원인에 관한 추적 연구를 통하여 말이 섭식한 단풍나무 잎과 관련이 있었음을 밝혔다.

단풍나무 잎에 흔히 발생하는 타르점무늬병tar spot이 있다. *Rhytisma acerinum*이라는 타르점무늬병균은 단풍나무 잎에 커다란 균체를 형성한다. 따라서 잎과 함께 이 곰팡이가 말에 의해 먹힌 것이다. 이렇게 타르점무늬병이 발생한 지역에서 먹이활동을 한 말에서만 근육병증 증상이 나타났다. 이 곰팡이는 인공배양이 되지 않으므로 아직 구체적이고 직접적인 증거는 확보되지 않았지만, 최소한 타르점무늬병균과 관련되어 있다는 새로운 학설이 등장했다.

2015년에는 말의 돌연사가 단풍나무 종자와 관련된다는 새로운 주장이 나왔다. 즉, 그동안 유럽에서는 'Equine Atypical Myopathy말 이상근육병증'으로, 북미에서는 'Seasonal Pasture Myopathy계절적 목초지 근육병증'으로 불렸던 돌연사의 원인을 추정한 것이다. 초가을에는 말이 엄청난 양의 단풍나무 종자를 먹이로 삼는다. 단풍나무 종자를 분석한 결과, '하이포글리신hypoglycin A (HGA)'라는 물질이 검출되었다. 이 물질이 말에 나타난 근육병증의 직접적 원인이라는 것이다.

187

문 항아리곰팡이는 양서류의 피부를 분해하여 피부호흡을 방해하는 케라틴분해균이라고 합니다. 사람의 피부도 케라틴이 주성분인데, 항아리곰팡이가 사람에게도 전염될 가능성이 있을까요?

답 항아리곰팡이 *Batrachochytrium dendrobatidis*는 개구리류에서만 피부병을 일으킨다. 도롱뇽류를 공격하는 *Batrachochytrium salamandrivoran*은 2013년에 발견되었다. 자연 상태에서 이러한 항아리곰팡이가 다른 생물군生物群에 질병을 일으켰다는 증거는 아직 없다.

항아리곰팡이의 전염양식을 연구하던 학자들이 육식성 조류肉食性鳥類의 발에서 항아리곰팡이를 발견하였다. 즉, 항아리곰팡이가 한쪽 수계水系에서 다른 수계로 원거리 이동할 때는 조류에 의해 옮겨진다. 따라서 조류의 발에 항아리곰팡이가 접촉될 기회가 많을 텐데, 조류의 발에서는 감염의 증거를 찾을 수 없었다.

또한, 양서류와 서식공간을 공유하는 어류魚類의 비늘과 피부는 콜라겐collagen, 레피딘lepitin, 회분灰分, ash으로 구성되어 있다. 따라서 케라틴을 함유하지 않으므로 케라틴분해균의 직접적인 분해 대상은 아니다. 광범위한 현장 조사에서도 아직 어떤 어류에서도 항아리곰팡이가 피부병을 일으킨다는 어떠한 증거도 발견된 적이 없다.

그럼 항아리곰팡이가 사람에게 전염될 수도 있을까? 사람 피부의 주성분은 케라틴keratin이며, 무좀균을 비롯한 인체 피부병균도 케라틴분해균keratin 分解菌이다(☞ 061). 따라서 항아리곰팡이도 사람 피부에서 살 수 있을지도 모른다. 그러나 항아리곰팡이가 진화를 거쳐오면서 적응한 숙주범위에 사람은 들지 않는다. 게다가 항아리곰팡이는 16~25°C에서 생장하는 저온성 곰팡이로서 온혈동물의 피부에는 적응하지 못한다. 또한, 항아리곰팡이는 수생곰팡이水生菌類, aquatic fungus로서 물 밖으로 나온 예가 없다. 그러니까 항아리곰팡이가 사람 피부에 감염할 수는 없다.

한편, 숙주범위의 개념에서 '숙주도약host jumping'이 있다. 즉, 원래의 숙주와 계통학적 거리가 먼 생물에서 질병을 일으키는 경우가 있다. 대부분 돌연변이에 의해 새로운 서식처에 적응한 결과이기는 하지만, 그래도 개구리에서 사람으로 숙주도약이 이루어질 가능성은 없어 보인다. 계통학적으로 그렇게 먼 생물군 사이의 숙주도약은 아직 알려진 바 없다.

188

문 애완동물을 키우는 가정이 늘어남에 따라 애완동물로부터 사람으로 전염되는 질병도 증가한다고 합니다. 사실인지 헛소문인지 조사 자료가 있나요? 그렇다면, 어떤 점에 유의해야 하나요?

답 개와 고양이를 위시한 애완동물을 키우는 가정이 크게 늘어남에 따라 다양한 문제점이 드러나고 있다. 그중의 하나가 바로 애완동물로부터 사람으로 전염되는 질병에 관한 문제이다. 기본적으로는 인수공통감염병人獸共通感染病, zoonosis, 즉 사람과 동물에 모두 감염하는 병원체가 일으키는 질병이 존재하기 때문이다.

이러한 인수공통감염병 중에서 곰팡이와 관련된 것은 거의 대부분 피부진균증皮膚眞菌症, dermatophytosis이다. 마침 우리나라에서 비교적 광범위하게 조사·분석한 연구가 있으므로 소개한다. 2004년 9월부터 2005년 8월까지 ○○대학교 피부과를 찾은 환자 중에서 과거 동물과 접촉한 병력을 가진 환자들을 대상으로 조사하였다. 총 63명이 대상이었고, 10대부터 60대까지, 남녀 동등하게 분포하였다.

조사 결과, 대부분의 발병은 안면부, 팔뚝부위, 상하지 등 동물과 접촉이 빈번한 부위에서 일어났다. 해당 동물로는 개 19예, 고양이 15예, 토끼 10예, 그리고 햄스터, 기니피그, 미니돼지, 소, 조류 등도 포함되었다. 또한, 기저질환과의 관계도 뚜렷하여, 총 63명 중 29명이 아토피피부염이나 당뇨병 등과 동반되어 치료를 받았다. 연령별로는 10대 이전 > 10대 > 20대에서 높은 빈도를 나타내어 뚜렷한 경향을 보였다. 피부진균증을 일으키는 병원균의 종류에 따른 차이도 인정되었다. *Microsporum canis*는 23예(36.5%), *Trichophyton mentagraphytes* var. *mentagraphites*는 20예(31.7%)로서 높은 빈도를 나타냈다.

이러한 피부진균증을 예방하는 가장 좋은 방법은 애완동물과의 접촉을 피하는 '회피'이다. 사람과 동물 모두 피부진균증을 일으키는 백선균白癬菌에 대한 예방백신이 없다. 게다가, 스포로트릭스증sporotrichosis이나 크립토콕쿠스증cryptococcosis처럼 덜 알려진 인수공통감염병도 잠재적 위험요소라는 사실을 인지할 필요가 있다. 사실, 우리가 모르는 어떤 질병이 어떻게 감염될지는 아무도 모른다. 애완동물을 키우는 자정이 증가함에 따라 이러한 사실의 홍보가 절실히 필요하다.

189

문 천연두처럼 인간에 의해 완전히 정복된 질병이 있습니다. 곰팡이가 일으키는 질병 중에서 인간의 노력으로 완전히 정복된 사례가 있는지요? 도전할만한 질병은 무엇이고, 가능성이 있는지요?

답 1980년 5월, 세계보건기구世界保健機構, World Health Organization, WHO는 천연두 박멸을 공식적으로 선언했다. 불과 20년 전만 해도 천만 명이 넘는 천연두 환자가 있었는데, 이제 지구에서 천연두는 영원히 사라졌다고들 한다. 그러나 질병으로서의 천연두는 정복되었지만, 아직도 천연두 바이러스 variola (smallpox) virus는 연구 목적 또는 생물무기 개발 목적으로 어딘가에 보유되어 있어 우려스럽다.

또한, 세계적으로 2018년에 발병된 소아마비 환자는 33명이었다. 이는 2000년의 719명에 비해 95%가 감소한 수치이며, 소아마비 박멸 프로그램을 시작한 1988년의 약 35만 명에 비하면 무려 99.99%가 줄어든 것이다. 이제 소아마비 바이러스poliovirus도 완전한 정복을 눈앞에 두고 있다.

이처럼 바이러스에 의한 질병은 백신vaccine의 보급으로 완전정복을 기대하고 있다. 세균에 의한 질병도 파상풍 백신처럼 부분적인 성공을 거두면서 발병이 획기적으로 줄어들고 있다. 그러나 곰팡이에 의한 질병을 정복할 수 있는 백신은 아직 단 하나도 성공하지 못하고 있다.

곰팡이에 의한 질병 중에서는 칸디다증에 대한 백신 개발이 상대적으로 가장 희망적이다. 칸디다효모는 인체에서 여러 질병을 일으키는데(☞ 016), 특히 칸디다질염에 대한 백신은 임상실험을 목전에 두고 있다. 대체로 개발 방향은 3가지로 요약된다. ①칸디다효모의 세포벽 다당류를 이용한 백신, ②칸디다효모의 세포벽 단백질을 이용한 백신, ③약독화弱毒化 계통의 칸디다효모를 이용한 생生백신. 한편, 면역저하환자, 암환자, 미숙아 등은 호흡기를 통한 곰팡이 감염증에 대하여 고위험군이다. 이들을 대상으로 아스페르길루스 등 호흡기질병을 위한 백신 개발도 진행 중이다. 곰팡이 백신이 개발되면 의학 분야에서는 21세기 최고의 성과가 될 것이다.

곰팡이에 의한 피부병은 백신 개발과 멀리 떨어져 있다. 그래서 무좀 백신을 개발하면 노벨평화상을 받는다는 우스갯소리가 있을 정도이다. 수의학獸醫學, veterinary medicine에서도 연구가 활발하다. 애완동물을 위한 피부병 백신의 개발이 인간에게 복음이 될 수도 있을 것이다.

190

문 항생제가 듣지 않는 '슈퍼 박테리아'에 관한 다큐멘터리를 시청하고 충격과 함께 공포를 느꼈습니다. 혹시 인체 병원성 곰팡이도 이러한 항진균제 내성이 나타나고 문제가 되고 있는지요?

답 1928년 플레밍이 발견한 페니실린은 20세기 최고의 발명품으로 꼽힌다. 방탄소년단의 노래에서도 '넌 내 푸른곰팡이. 날 구해준 나의 천사'라고 칭송되었다. 항생제抗生劑, antibiotics에는 세균을 잡는 '항세균제抗細菌劑'와 곰팡이를 잡는 '항진균제抗眞菌劑'가 있다. 항세균제가 종류도 많고 판매량도 압도적이므로 흔히 항생제는 항세균제를 의미한다. 따라서 항진균제의 경우에는 반드시 항진균제 또는 곰팡이항생제라고 불러 구분한다.

항세균제의 오남용誤濫用에 의한 슈퍼 박테리아의 출현과 위험성에 대해서는 매우 잘 알려져 있다. 슈퍼 박테리아는 '항생제 내성 세균antibiotics-resistant bacteria'의 별명이다. 항생제에 내성이 생겨 더 이상 해당 항생제가 효과를 발휘하지 못하면 플레밍의 신화는 산산조각이 날 수도 있다. 인류에게 닥친 큰 시련이자 현대 의학이 당면한 난제 중의 하나이다.

세균이든 곰팡이든 미국 CDC연방질병통제예방센터에 최신 정보가 업데이트된다. 인체 병원체로서의 곰팡이는 칸디다*Candida* 효모에 집중되어 있다. 칸디다혈증Candida血症, candidemia에서 분리한 균주 중 7%가 플루코나졸fluconazole에 내성을 나타냈고, 그중 70% 이상이 *Candida glabrata* 및 *Candidia krusei*였다. 한편, 에키노칸딘echinocandin에 내성을 나타낸 균주는 3%였다. 플루코나졸과 에키노칸딘에 모두 내성을 나타내는 '다제내성多劑耐性'도 등장하였다. 항진균제 내성 효모가 광범위하게 나타나고 있음을 실증하고 있다.

현재 가장 큰 걱정거리는 *Candida auris*라는 효모로서 주로 칸디다혈증과 귓병을 일으킨다(☞ 016). 이 병원성 효모는 2009년 일본에서 처음 발견되었는데, 알고 보니 1996년에 이미 한국에서 칸디다혈증의 병원체로 발견되었으나 동정되지 못하고 물음표가 붙었던 병균이었다. '아우리스칸디다'(☞ 191)로 부르는 이 효모는 대부분의 항진균제에 내성을 나타낸다. 그래서 Japanese super fungus라고 부른다. 항생제 내성 진균에 super가 붙음으로써 일반적인 통제수단으로는 잡을 수 없음을 인정하였다. 현재 의진균학醫眞菌學, medical mycology 분야에서 최대의 관심사이다.

191

문 뉴스에 '칸디다 오리스 균'이란 이름으로 항진균제에 내성을 나타내는 '슈퍼 곰팡이'가 자주 등장합니다. 교재에는 '아우리스칸디다'라고 되어있습니다. 어떤 이름이 옳은지, 왜 그러한지요?

답 최근에 항진균제에 내성을 나타내는 '슈퍼 곰팡이super fungus'에 관한 뉴스가 연일 보도되고 있다(☞ 190). 이 곰팡이를 비롯하여 대부분 생물은 일반명이 없다. 혹자는 일반명을 붙이면 될 것이라고 간단히 생각할 수도 있지만, 그 많은 생물에 일반명을 붙인다는 것은 도리어 혼란과 불편을 초래할 것으로 생각된다.

여하튼, 일반명一般名, common name이 없는 생물은 학명學名, scientific name을 일반명으로 전환하여 부를 수밖에 없다. 그런데 어떻게 부를 것인지에 대한 명확한 규정은 없다. 그러나 학명이 무엇이고 일반명이 무엇인지 근본적으로 이해한다면, 학명을 일반명으로 부르는 방식은 누구나 공감하는 답이 '딱' 정해져 있다(☞ 113).

학명은 속명과 종소명으로 구성된 이명법을 따른다(☞ 076). 속명은 명사이고, 종소명은 형용사이다. 명사를 수식하는 형용사가 명사 뒤에 위치하는 라틴어 문법체계에 따르기 때문이다. 따라서 학명을 일반명으로 부르기 위해서는 각각의 언어체계에 맞추어야 한다. 영어와 한국어 모두 명사를 수식하는 형용사는 명사 앞에 위치한다. 따라서 학명과 다르게, 일반명에서는 형용사를 명사 앞에 놓아야 한다.

*Candida auris*에서, *Candida*는 흰색을 뜻하는 라틴어 candidum에서 유래되어 '흰색의 효모'를 의미하는 명사이다. *auris*는 귀를 뜻하는 고대 희랍어 oûs에서 유래하여 라틴어화된 형용사이다. *Candida*를 칸디다로 표기하는 것은 이미 잘 알려져 있다.

한편, *auris*는 '아우리스'로 표기하는 것이 맞다. 왜냐하면, 학명의 발음은 라틴어 발음체계를 따라야 하며, au는 복모음으로서 '아우'의 소릿값을 갖는다. '외래어표기법'(문화체육관광부 고시, 2017년 3월)을 따라도 '아우리스'가 맞다. 매스컴에 등장하는 '칸디다 오리스 균' 또는 '칸디다 오리스'라는 표기는 옳지 않다. 따라서 우리말로 표현하면, '아우리스칸디다'로 쓰는 것이 맞다. 생물체를 지칭하는 이름은 하나의 단어이자 고유명사이므로 띄어 쓰지 않는다.

192

문 여드름 때문에 고민이 많습니다. 그런데 곰팡이여드름도 있다는 것을 처음 알았습니다. 세균성 질환으로 알려진 일반 여드름과 달리, 곰팡이여드름은 원인과 치료법에서 상당히 다르겠지요?

답 여드름acne은 주로 얼굴, 목, 가슴, 등, 어깨 부위에 면포·구진·고름물집·결절·거짓낭 등이 발생하는 대표적인 염증성 피부질환이다. 여드름은 모낭毛囊, follicle 내에 상주하는 *Propionibacterium acnes*라는 여드름세균이 일으킨다. 이 세균이 분비하는 지방분해효소가 피지 중의 중성지방을 분해하여 유리 지방산을 형성한다. 유리 지방산은 다시 모낭을 자극하여 모낭벽을 터뜨리는데, 피지와 세균에다 탈락한 피부 세포들로 인해 홍반, 부종, 고름이 생긴다.

이러한 여드름은 아주 잘 알려져 있다. 세균이 원인 병원균이므로 항세균제를 사용하게 된다. 그러나 세균성 여드름과 비슷하지만, 고름은 생기지 않고 환부가 붉게 변하는 '홍반紅斑'과 각피가 얇게 일어나서 지저분하게 보이는 '인설鱗屑'만 생기면서 가려운 증상이 동반되기도 한다. 이것은 지루성 피부염seborrheic dermatitis의 한 종류인 '곰팡이여드름fungal acne'이다. 주로 피지 분비가 왕성한 두피와 얼굴, 그중에서도 눈썹·코·입술주위·귀·겨드랑이·가슴·서혜부 등에 발생하는 만성 염증성 피부질환이다.

일반 여드름에는 항세균제를 사용하는 것과 달리 곰팡이여드름에는 항진균제를 사용한다. 세균은 원핵생물이고 곰팡이는 진핵생물이므로, 세균과 곰팡이의 대사작용은 확연히 다르다. 그래서 세균 잡는 약과 곰팡이 잡는 약은 근본적으로 작용기작이 다르다. 곰팡이여드름을 일반 여드름으로 오인하여 항세균제를 바르거나 복용하면 도리어 병을 악화시킨다. 따라서 정확한 이해와 진단이 반드시 필요하다.

곰팡이여드름을 학술적으로 *Malassezia* folliculitis라고 부른다. 여기에서 folliculitis는 모낭염이라는 질병명疾病名의 일반명사이므로 이탤릭체로 쓸 수 없다. 곰팡이여드름은 몇몇 종의 말라세지아*Malassezia* 효모에 의해 일어나는 모낭염이라는 의미이다. 이 효모는 비듬이나 어루러기를 일으키는 종류와 같으며, 대부분 사람의 피부에 상주하고 있다. 따라서 비듬샴푸로도 치료할 수는 있으나 환자의 체질과 몸 상태가 더욱 중요한 요인이므로 약물치료 효과는 높지 않은 편이다.

193

문 손톱이나 발톱에 생기는 손발톱무좀의 증상을 보니 섬뜩합니다. 치료보다는 예방이 우선이고, 예방을 위해서는 감염경로 차단이 필요합니다. 손발톱무좀은 어떤 경로를 통하여 전염되는지요?

답 의학용어로 조갑백선爪甲白癬, onycomycosis이라 하였으나 최근에 손발톱무좀으로 순화되었다. 글자 그대로 손톱이나 발톱에 생기는 무좀이다. 무좀의 종류 중에 아주 흔하고, 치료가 어렵고, 보기 흉하여 일상생활에도 지장을 주므로 특별히 주의해야 한다.

다른 유형의 무좀과 마찬가지로 주요 감염경로는 인설이다. 인설鱗屑, scale은 피부 표면의 각질이 물고기 비늘鱗, 린처럼 벗겨져 부스러기屑, 설로 떨어지는 것을 의미한다. 무좀에 감염된 피부의 부스러기에는 무좀곰팡이가 존재하므로 감염원感染源, inoculum이 된다. 특히, 손톱과 발톱 밑에 인설이 끼면 무좀균이 자랄 수 있는 좋은 환경이 된다. 그래서 손톱 밑이나 발톱 밑에서 성공적으로 생장을 시작한다. 손톱무좀이나 발톱무좀이 시작되는 주요 경로이자 감염 부위이다.

따라서 예방법은 아주 간단하다. 손발톱을 가능한 한 자주 깎아서 인설이 낄 틈새를 주지 말아야 한다. 그리고 손발을 씻을 때 특별히 손발톱을 잘 씻고, 때수건으로 문지르듯 씻는 것은 각질을 제거함으로써 인설을 줄일 수 있는 아주 좋은 전략이다. 흔히 '손톱 밑의 때'라는 표현을 쓰는데, 이는 손톱 밑에 때가 잘 낀다는 의미도 있고, 손톱 밑처럼 아주 작은 틈새에도 때가 낀다는 의미도 있으며, 아주 하찮게 여긴다는 의미도 있다. 여하튼, 손톱 밑에는 때가 낄만한 공간이 있는데, 여기에 인설이 끼지 않도록 잘 관리하는 것이 예방의 요점이다.

또한, 신체 부위에 생긴 무좀을 손톱으로 긁거나 파내지 말아야 한다. 발바닥이나 발가락에 무좀이 생기면 무척 가렵다. 아픈 건 참아도 가려운 건 참을 수 없다는 말이 있다. 거의 무의식적으로 발의 무좀에 손이 가서 손톱으로 긁는다. 이런 행위를 한다면 손발톱무좀을 피할 수 없다.

손발톱무좀의 치료는 전문의에게 맡겨야 하지만, 환자가 충분한 지식을 갖는 것도 중요하다. 최근에는 레이저를 활용한 치료법이 등장하여 과거처럼 손발톱을 제거하거나 항진균제를 복용하는 무시무시한 치료법이 많이 개선되었다. 당연하지만, 예방이 최선의 전략이다.

194

문 무좀에 관한 자료를 보니, 여성보다는 남성, 어린이보다는 어른에서 발병이 많다고 합니다. 그 이유가 논리적으로 밝혀지고 해설되어 있나요? 혹시 인종에 따른 발병 차이도 알려졌는지요?

답 무좀은 피부나 손발톱에 생기는 곰팡이병을 널리 이른다. 의학용어로는 백선증白癬症, ringworm이라고 한다. 몸통에는 체부백선體部白癬, 사타구니에는 사타구니백선(고부백선股部白癬), 머리에는 두부백선頭部白癬, 수염 부위에는 수염백선鬚髥白癬, 발에는 족부백선足部白癬, 손발톱에는 손발톱백선(조갑백선爪甲白癬) 등 발병부위에 따라 병명을 달리 부른다. 대부분의 무좀은 발과 발톱에 생긴다(☞ 193).

무좀에 대한 발병조사 데이터는 대단히 많다. 빅데이터 수준에서 보면, 대체로 여성보다는 남성에서, 어린이보다는 어른에서 발병이 다소 많은 것은 사실이다. 그러나 개별 자료에서는 조사 시기, 대상, 지역 등에 따라 상당한 차이가 있고, 통계학적으로 차이를 보이지 않는 경우도 많다는 점을 감안하여 간단히 소개하면 다음과 같다.

남성에서 발병이 많은 이유로는 여성에 비해, ①발/발톱에 상처가 나거나 각질이 벗겨짐으로써 무좀균이 침입하기 쉽고, ②신발이 발을 더 많이 싸고 있으므로 습한 환경이 만들어지기 쉽고, ③양말을 더 두껍고 덜 갈아 신거나 지저분하여 무좀균이 서식할 가능성이 크고, ④발의 청결이 다소 불량하여 무좀균이 잔존할 가능성이 크다. 즉, 환경적 차이일 뿐이지 남성과 여성의 유전적 차이는 아니다.

어른에서 발병이 많은 이유로는 어린이와 대비하여, ①발/발톱에 상처가 나거나 각질이 벗겨짐으로써 무좀균이 침입하기 쉽고, ②노동시간이 길어서 발이 습한 상태로 유지되기 쉽고, ③발톱의 생장속도가 느려서 무좀균과의 접촉기회가 많고, ④각질의 수명이 길어서 무좀균이 잔존할 가능성이 크다. 따라서, 환경적 차이와 생리적 차이가 복합적으로 작용한 결과이다.

종합적으로 볼 때, 남성과 여성의 차이 또는 어른과 어린이의 차이보다는 개인 간의 차이가 훨씬 크다. 어른이 손발톱을 자주 깎고 때수건으로 자주 문질러 씻음으로써 어린이 발처럼 유지하는 것은 아주 과학적인 무좀 예방법이다. 인종에 따른 무좀 발병률의 차이는 알려진 바 없으나, 인종이나 종족의 생활방식에 따라서는 무좀 발병률이 크게 달라진다.

195

문 무좀 치료에 관한 민간요법이 많이 알려져 있고, 많은 사람이 실제 이용한다고 합니다. 의사들은 절대 반대하겠지만, 객관적 입장에서 검토가 필요하지 않을까요? 어떤 민간요법이 있는지요?

답 무좀에 관한 질문 중에 민간요법民間療法, folk remedies의 원리나 효과에 대한 것이 상당히 많다. 블로그에 다양한 성공 사례가 넘쳐난다는 것은 무좀 치료의 어려움을 방증한다고 볼 수 있다. 여기서는 몇몇 민간요법을 소개하고, 필자가 생물학적 의견을 첨가하려고 한다. 편의상 발무좀을 무좀으로 통칭하여 서술한다.

식초에 발을 담그는 '식초요법'이 있다. 식초에 포함된 초산醋酸, acetic acid은 피부의 각질을 녹이거나 부드럽게 만든다. 따라서 각질이 벗겨지면서 각질에 존재하는 무좀균도 제거되며, 각질이 얇아지므로 무좀균이 서식할 기질이 줄어든다. 이렇게만 된다면 치료 효과를 충분히 기대할 수 있다. 그러나 각질이 벗겨지면서 진피가 노출되면 피부의 기본적인 보호기능이 없어진 상태이다. 따라서 세균에 의한 2차 감염에 노출되거나 물리적 상처를 입기 쉽다. 때로는 발가락이 서로 붙어서, 마치 상처가 아물 듯이 2개의 발가락이 붙어버린다. 이러한 경우, 발가락 분리 수술을 해야 한다. 정말로 끔찍한 일이다.

마늘을 찧어 환부에 붙이는 '마늘요법'이 있다. 마늘에 들어있는 알리신allicin은 항산화, 항세균, 항진균, 항바이러스 등 생리활성을 지닌 물질이다. 그럼에도 불구하고 무좀에 대한 뚜렷하고 객관적인 치료 효과는 인정되지 않았다. 알리신은 사람의 피부 각질을 침투하지 못하므로 직접 무좀균에 작용할 수 없다. 소량의 알리신이 피부에 흡수되면 무좀균은 약간 억제되겠지만 피부는 심한 자극을 받는다. 따라서 득보다 실이 훨씬 크다.

풋감 즙과 신문지에 태워서 재와 기름을 바르면, 타닌tannin이 항진균작용을 할 수도 있다. 담뱃가루를 발가락 사이에 끼우면, 니코틴nicotine이 다소 항진균작용을 할 수도 있다. 무화과나무 유액乳液은 특별한 항진균활성 물질조차 알려지지도 않았다. 여러 식물 재료에 포함된 생리활성물질이 다소의 항진균활성을 나타낼 수도 있으나, 피부 침투성이 없으므로 치료 효과를 기대할 수는 없다. 닥터피쉬doctor fish를 이용한 치료는 그냥 놀이문화에 불과할 뿐이다.

196

문 특정 직업에 종사하는 사람들에게 주로 발병하는 직업병이라는 것이 있습니다. 곰팡이와 관련된 직업병도 있을 것으로 생각되는데, 어떤 질병이 어떤 곰팡이와 관련된다고 알려졌는지요?

답 곰팡이와 관련된 직업병職業病, occupational diseases에 대하여 알아보자. Cheese washer's lung disease가 있다. 직역하면, 치즈 세척자의 폐질환이다. 치즈 제조에서 흔히 오염되는 카제이푸른곰팡이*Penicillium casei*와 블루치즈 제조에 사용되는 로크포르푸른곰팡이*Penicillium roqueforti*를 비롯한 몇몇 푸른곰팡이들이 항원으로 작용하여 일부 노동자들이 여러 곰팡이에 과민반응을 나타내는 경우가 알려져 있다. 즉, 푸른곰팡이가 호흡기질병을 일으키는 것이 아니라 '과민성폐렴過敏性肺炎, hypersensitivity pneumonitis'을 일으키는 것이다.

Maple bark stripper's lung disease도 있다. 직역하면, 단풍나무 박피 노동자의 폐질환이다. 북미에서 목재로 사용하는 단풍나무의 수피 밑에서 자라나 나무를 죽이거나 쇠약하게 만드는 *Cryptostroma corticale*라는 병원균이 있다. 단풍나무 수피를 벗기는 과정에 먼지구름처럼 검은 포자가 날리고, 포자를 흡입한 노동자들은 과민성폐렴 증상을 나타낸다.

가장 널리 알려진 '농부폐증農夫肺症, farmer's lung disease'의 하나로 Moldy hay disease가 있다. 즉, 곰팡이 핀 건초를 다루면서 곰팡이 포자를 흡입함으로써 과민성폐렴 증상을 나타내는 질병이다. 버섯농장에서 일하는 작업자에서 나타나는 Mushroom worker's lung disease도 과민성폐렴 증상 중의 하나이다(☞ 197).

한편, Malt worker's lung disease도 있다. 직역하면, 맥아 노동자의 폐질환이다. 맥주 제조에서 가장 중요한 원료로 맥주보리를 싹 틔워 맥아麥芽, malt를 만드는 과정은 곰팡이가 피기 아주 좋은 환경이다. 특히 클라바트검은곰팡이*Aspergillus clavatus*가 폐포까지 흡입되어 염증반응을 일으키는 '폐포염肺胞炎, alveolitis'으로 나타난다.

일부 질병은 우리말 병명이 공식화되지 않아 필자가 적절하게 번역하였다. 위의 질병 이외에도 수많은 곰팡이가 특정 직업과 관련되었을 가능성이 크다. 또한, 앞으로 새로운 직업이 생겨나서 새로운 곰팡이가 병원균으로 작용할 수도 있다.

197

문 곰팡이 포자가 호흡기를 자극하여 알레르기를 일으킵니다. 버섯 재배 농민들은 버섯의 포자 때문에 호흡기 질환이 있으며 일종의 직업병이라고 합니다. 포자를 만들지 않는 버섯은 없나요?

답 버섯농장에서 일하는 작업자에서 나타나는 Mushroom worker's lung disease가 있다. 직역하면, 버섯종사자 폐질환인데, 과민성폐렴(☞ 196)의 하나이다. 즉, 수확기의 버섯에서 날리는 포자가 버섯 재배 농민의 호흡기를 자극함으로써 호흡기 질환을 일으킨다. 의학적으로 알려진 증상으로는 알레르기·안질환·천식·가래·오한·몸살·권태감이 일어나며, 드물게 폐결핵이나 폐렴과도 관련이 있다고 한다.

버섯의 종류에 따라 수확기에 포자가 많이 날리는 종이나 품종이 있다. 우리나라의 경우에는 느타리버섯이 재배면적이 넓고 수확기에 포자가 비교적 많이 날리므로 특별히 호흡기 질환과 포자의 관련성에 관심이 많다. 가장 이상적인 전략은 포자를 만들지 않는 버섯 품종을 만드는 일이다. 1970년대부터 돌연변이를 일으켜 포자를 만들지 않는 변이체 버섯을 육종하였지만, 자실체의 형태적 변이가 크고 수량성은 낮아 상업적인 성공을 거두지는 못하였다.

전통적인 교배육종을 통한 첫 번째 결실로, 1981년 미국에서 느타리버섯, 무리우산버섯, 팽이버섯, 표고버섯 등 4가지 식용버섯에 대하여 단포자 교배를 통해 포자를 만들지 않는 버섯을 만들어 특허를 받았다(US Patent 4242832). 그러나 기형 버섯이 나오고 모양이 불균일하여 실제 상업적 재배에서는 실패하였다. 한국에서도 포자를 만들지 않는 느타리버섯과 새송이버섯(큰느타리버섯)을 육성하였지만, 역시 상업화에는 실패하였다.

이처럼 포자를 전혀 만들지 않는 '무포자無胞子 느타리버섯'은 실패하였다. 2000년부터는 포자를 조금만 만드는 '소포자少胞子 느타리버섯'이 육성되었다. 소포자 느타리버섯은 기형 버섯의 발생이 거의 없어 성공적이지만, 갓이 크고 대가 짧은 '유럽형 느타리버섯'이므로 갓이 작고 대가 긴 '일본형 느타리버섯'을 선호하는 우리나라에는 시장에는 맞지 않는다.

한편, Mushroom compost worker's lung disease도 있는데, 이는 양송이버섯 재배에 쓰이는 퇴비堆肥, compost에서 발생한 일반 곰팡이 포자에 의한 질환이다.

198

문 초등학교 때 버섯을 가지고 놀았는데, 이 수업을 통해 '말불버섯'이라는 것을 알았습니다. 자료를 보니까 말불버섯의 포자가 과민성폐렴의 원인이 될 수도 있다는데, 과연 그럴 수 있을까요?

답 말불버섯*Lycoperdon perlatum*은 말의 불알처럼 생겼다는 의미로 붙여진 이름이다. 성숙한 버섯은 짧은 대 끝이 둥글게 부풀어 열기구처럼 생겼고, 꼭대기 가운데에는 구멍이 있다. 그 구멍으로 포자가 분출되는 모습이 마치 빼끔담배 연기 같다는 의미에서 영어 이름은 puffball이다. 이런 버섯류를 '복균류腹菌類, gasteroid fungi'로 통칭한다.

성숙한 말불버섯을 손가락으로 살짝 잡아서 누르면 구멍으로 포자가 연기처럼 피어오른다. 말불버섯류 중에서 가장 큰, 직경 35cm의 자이언트말불버섯*Calvatia gigantea*에는 5조 1천억 개의 포자가 들었다는 자료가 있다. 우리 주변의 말불버섯류*Lycoperdon* spp.는 물론이고 방귀버섯류*Geastrum* spp.와 먼지버섯류*Astraeus* spp.도 직경 1~4cm의 작은 부류지만 포자를 분출시킨다. 워낙 많은 포자가 분출되고 포자 표면에는 뾰족한 돌기도 있어서 사람에게 과민성폐렴을 일으킨다.

말불버섯의 포자로 인한 의학적 증례보고case report는 1967년 영국에서 처음 나왔다. 노르웨이에서는 코피를 멈추기 위한 민간요법으로 말불버섯 포자를 흡입하는데, 이런 치료를 받은 4세의 아이에게 과민성폐렴이 나타났다. 또한, 1997년에는 말불버섯 포자를 코로 흡입하여 입으로 뱉어내는 묘한 장난을 하던 10대 소년이 기관지 내시경 검사와 함께 4주간 인공호흡장치를 부착하고서 입원 치료를 받아야 했다.

미국에서는 파티에서 말불버섯 포자를 흡입한 10대 소년 8명이 기침, 발열, 호흡곤란, 근육통, 피로감을 호소하였다. 이들 중 5명은 입원 치료를 받았으며, 2명은 기관지에 호스를 꼽는 기관내삽입술을 받아야 했다. 이러한 증상은 'lycoperdonosis말불버섯증'로 불리는 질병이다. 말불버섯 속명 *Lycoperdon*에다 질병을 뜻하는 어미 -osis가 합쳐진 병명이다.

말불버섯증은 수의학獸醫學, veterinary medicine에서도 알려졌다. 개는 호기심이 많은 동물이라 말불버섯을 앞발로 건드려 냄새를 맡는 과정에서 다량의 포자를 흡입할 수도 있다. 이런 일로 치료를 받은 개에 관한 증례보고가 여러 편의 기록으로 남아있다.

199

문 벽지에 곰팡이가 피면 좋아할 사람은 아무도 없을 것입니다. 벽지 곰팡이가 구체적으로 우리에게 어떤 피해를 주거나 어떤 질병을 일으키는지요? 그러한 피해 사례가 증명되어 있나요?

답 '실내곰팡이학室內菌學, indoor mycology'이라는 학문 영역이 있을 정도로 생활공간의 곰팡이는 중요하다. 실내에 곰팡이가 존재함으로써 얻는 이익은 알려진 바 없으므로, 곰팡이는 무조건 나쁜 존재로 인식된다. 벽지는 물론 가구와 생활용품에 곰팡이가 피어 피해를 보는 경우가 많아 분쟁의 원인이 되기도 한다.

벽지 곰팡이는 습기와 관련된다. 마른 벽지는 수분함량이 약 5%이므로 어떤 곰팡이도 자랄 수 없다. 벽지가 축축해져서 수분함량이 20% 이상으로 높아지면 곰팡이가 자랄 수 있다. 밀가루 풀을 바른 종이 벽지라면 곰팡이에게는 잔칫상이나 다름없고, PVA 접착제를 바른 합성섬유 벽지라도 벽지 표면에 먼지나 이물질이 묻었다면 곰팡이가 자라기 쉽다.

이런 벽지에서 자라는 곰팡이 종류는 그리 많지 않다. 살인사건의 피해자 옷에 묻은 곰팡이가 벽지 곰팡이로 밝혀짐으로써 사건 해결의 실마리를 준 적도 있다. 대부분의 벽지 곰팡이는 사람에게서 직접적으로 호흡기질병이나 피부병을 일으키지 않는다. 곰팡내로 인하여 불쾌감을 주거나, 일부 사람에게서 기침이나 콧물을 일으키는 정도이다.

벽지 곰팡이 중에서 독검댕곰팡이*Stachybotrys chatarum*가 거의 유일한 진짜 병원균이다(☞ 033). 1930년대 러시아와 우크라이나에서 건초에 자란 독검댕곰팡이가 사람과 말에 생긴 질병의 병원균으로 알려졌다. 이후, 1976년 폐지로 만든 화분을 다루던 독일의 원예용품 노동자와 1977년 건초를 다루던 헝가리의 농부에게서 독검댕곰팡이 피해가 확인되었다.

1993년 미국 오하이오에서 37명의 유아에게 폐출혈이 발생하여 12명이 사망하였다. 당시 홍수 피해로 가정에서 독검댕곰팡이가 높은 밀도로 검출되었고, 이 곰팡이가 곰팡이독소 트리코테센trichothecenes을 생성하였기 때문이었다. 2007년 미국 플로리다 홍수 때에도 고양이 2마리가 폐출혈로 죽었는데, 혈액검사를 통하여 독검댕곰팡이가 원인으로 밝혀졌다. 실험용 쥐에서 연구된 바에 의하면, 독검댕곰팡이에 지속적으로 노출되면 폐동맥고혈압이 유발된다.

200

문 '술 한 잔 안 마시고 밥만 먹어도 만취하는 여성의 비밀'이란 기사를 보고 흥미와 의심이 교차했습니다. 거짓말 같지는 않지만, 정말로 그런 질병이 있나요? 과학적으로도 증명되었나요?

답 2017년 10월 리더스다이제스트Reader's Digest 잡지에 실린 흥미로운 이야기가 몇몇 대중매체에 소개됨으로써 화젯거리가 되었다. 내용인즉, 2014년 11월 미국 뉴욕에서 한 여성이 음주운전으로 적발되었다. 당시 여성의 혈중 알코올 농도는 0.33%로서 미국 허용치 0.08%를 4배나 초과하는 만취 상태였다. 1년의 법정 공방 끝에 법원은 그녀에게 무죄를 선고했다.

그녀의 병명은 전 세계에 불과 50명의 환자가 알려진 '자동양조장증후군自動釀造場症候群, auto-brewery syndrome'이었다. 이 질병은 의학적으로 gut fermentation syndrome으로 불린다. 음식을 먹으면 술에 취하는 질병이다. 음식에 포함된 탄수화물은 입과 위에서 당분으로 분해되는데, 장으로 이송된 당분이 에틸알코올로 전환되어 흡수된다. 그래서 밥을 먹었는데, 장에서 에틸알코올로 흡수되어 술에 취하게 된다.

이 현상이 학술적으로는 1912년 영국에서 최초로 발견되었으며, 임상적으로는 1972년 일본에서 최초의 발병 환자가 기록되었다. 1982년에는 독일에서 영아돌연사嬰兒突然死, sudden infant death의 한 사례로서 기록되어 충격을 주기도 하였다. 때로는 음주운전의 방어수단으로 악용되는 에피소드도 있었다지만, 구체적인 사례는 공개되지 않았다.

한편, 이 증상이 약할 때는 원인 모를 불편으로 여긴다. 영국의 메튜라는 36세의 남성은 무려 20년 동안이나 이 증세에 시달렸고, 엄마와 여동생도 이 증세가 있었지만 메튜보다는 덜하였다. 종합검사를 통하여 자동양조장증후군으로 진단받았다. 치료는 고단백 저탄수화물 식단과 함께 항진균제의 처방 및 프로바이오틱스 복용이 효과적이다.

이러한 자동양조장증후군의 원인은 장 속에 살고있는 술효모*Saccharomyces cerevisiae*가 에탄올발효를 일으키기 때문이다. 그럼, 일반인이 효모가 살아있는 생맥주를 먹으면 어떻게 될까? 살아있는 효모라도 위장관에 정착하여 증식하지 못하는 나그네 곰팡이(☞ 046)이므로 보통 사람들은 걱정할 필요가 없다. 만약, 이 효모가 정착하여 증식하고 에탄올발효를 일으키면 자동양조장증후군이 발병한다.

ㄱ

가롯 유다 160
가위개미 58, 70, 90
가짜꽃 183
간버섯 67
갈색반날개 152
감자·역병균 184
감자한천배지 15, 131
감주 89
갓 6, 8, 49, 66, 67, 93, 153, 155, 169, 197
갓그물버섯 9
개 188
개나리광대버섯 167, 169
개미산 123
개산품 155
거미줄곰팡이 11, 81, 112
건전한 의심 73
검물벼룩 118
검불세균 142
검은곰팡이 35
검은덩이버섯 165
검정덩이버섯 163, 165
겨울포자 182
격벽 64
결합균사 45, 111, 125, 153
겹둥근무늬병 7
겹무늬병균 139
계대배양 54
계절적 목초지 근육병증 186
고구마 149
고균 46
고리 49
고부백선 194
고생물학 52
고세균 46, 62
고송버섯 95
고약버섯 67
고양이 30, 188, 199
고온성 곰팡이 62
고초균 142, 145
곤충산업 97
골격균사 45, 111, 125, 153
곰버섯 94
곰보버섯 171
곰팡이가죽 125
곰팡이독소 126, 132, 144, 146, 150, 181
곰팡이독소중독증 144
곰팡이바이러스 72
곰팡이살충제 118
곰팡이 수집 큐레이터 54
곰팡이여드름 192
곰팡이정원 70, 90
곰팡이폼 125
곰팡이플렉스 125
곰팡이학 80
곰팡이 화석 55
공길리디아 90
공생관계 24, 68, 169
공진화 68
곶감 20, 141
과당 20, 89, 101, 105, 141
과민성폐렴 196, 197, 198
과산화수소 36
과식조류 107
과심갈변 139
광대버섯 2, 8, 13, 93, 169, 171
광유보존 54
괼디원숭이 70
교대기생 118
구더기 143
구름버섯 48, 67, 93
구문초 26
구연산 47, 123
구연산회로 47, 123
국제명명규약 114

국제보건기구 150
국제식량농업기구 150
굼벵이 97
귀부포도주 110
규소 38
균근 156
균근곰팡이 29, 59, 123
균류바이러스 72
균류학 80, 84
균물계 51, 80
균물바이러스 72
균물학 80
균사 64
균식 70, 151
균식건강법 70, 151
균식곤충 70
균식동물 66, 70
균식생물 168
균식성 혹파리 70
균주 53, 54, 88, 119, 140, 190
균주보존센터 53, 54, 119
균학 80
균핵 92
그린피스 40
그물버섯 13, 19, 48, 70, 93
근권 29
글루콘산 133
기공 177
기니피그 188
기생 78, 91, 115, 118, 166
기생균 115
기정 135
기정떡 135
기준종 99
기준표본 73
기지떡 135
긴수염버섯파리 152
길항작용 180
깔때기그물거미 26, 118
깜부기병균 65, 73, 181
꽃송이버섯 124
꽃이끼 69
꾀꼬리버섯 48, 99
꿀버섯 74

ㄴ

나그네 곰팡이 46, 200
나그네쥐 69
나노실버 40
나도느타리버섯 173
나무이끼 3
낙타 69
남색젖버섯 66
남아공 163
내생균 43, 117, 181
내생포자 142, 145
내열성 곰팡이 62
냉장고 15, 18, 62, 129, 136
네덜란드 86, 119, 186
노균 45, 49
노균병 84
노균병균 80, 84, 117
노란각시버섯 30
노란다발 167, 169
노란젖버섯 66
노랑무당벌레 70, 116
노벨생리의학상 81, 140
노스톡 71
노지재배 138
녹병균 65, 177, 182, 183
녹병정자 182, 183
녹병정자기 183
녹색농약 115
농부폐증 196
농업미생물은행 53
누룩 11, 35

누룩곰팡이 11, 15, 35, 127
누룩방 15, 127
뉴질랜드 50, 163
느릅나무 86
느릅나무·마름병 86
느릅나무·시들음병 86
느릅나무·시듦병 86
느타리버섯 96, 97, 151, 153, 162, 197
늑대지의 9, 71
능이버섯 154
니게르검은곰팡이 35, 47

ㄷ

다당류 122
다람쥐 69
다시마 143
다제내성 190
닥터피쉬 195
단순공 64, 65
단술 89
단풍나무 181, 186, 196
닭털 61
담수세균 31
담자기 45
담자포자 45, 155, 182
당귀젖버섯 99
당뇨병 188
당분 21, 75, 88, 89, 101, 105, 136, 141
당분백화현상 21
당화 89
당화효소 89
대 49, 66, 67, 95, 153, 169
대리석덩이버섯 165
대마 184
대만 79, 84, 97
대주머니 49, 67, 169
대체에너지 112
덕다리버섯 48
덩이버섯 100, 165
데옥시니발레놀 180
덴마크 56, 119
도열병균 177, 184
독검댕곰팡이 33, 199
독버섯 2, 4, 8, 93, 167, 168, 169, 173
독성물질 43
독성조류 71
독우산광대버섯 169
독일 97, 171, 199, 200
독일어 76, 113, 160
동결건조 54
동물계 80
동물병원균 185
동물윤리 125
동충하초 166, 174
돼지 149
돼지기름 10
된장풀 143
두부백선 194
두엄먹물버섯 167, 170
두창 184
듀럼밀가루 88
드라이에이징 128
들쥐 69
디설피람 170
디설피람증후군 170
딸기잼 136, 137

ㄹ

라거맥주 114
라마 69
라싸열 184
라이소자임 15, 120
라틴어 9, 58, 66, 76, 77, 93, 100, 191
라프랑스병 72
락토바실러스 122
러시아 57, 75, 121, 199

레드크랩 69
레피딘 187
렌즈곰팡이 27
로도토룰라 57
로즈제라늄 26
로크포르치즈 127
로크포르푸른곰팡이 127, 196
롤리트렘 B 43
루돌프사슴 69
루마니아 148
리그닌 124
리족토니아 58
리치 120
린네 76, 113, 160

ㅁ

마귀곰보버섯 171, 172
마귀광대버섯 169, 171
마늘낙엽버섯 99
마늘요법 195
마름병 1, 7
마리화나 175
마못 69
마버그열 184
마이코바이러스 72
마이크로시스틴 71
마테라 파네 88
막걸리 89, 104, 135
만가닥버섯 96, 124
말똥버섯 99
말뚝버섯 67, 93
말라리아모기 118
말라세지아 46
말레이시아 108
말불버섯 67, 198
말불버섯증 198
말산 112
망고스틴 120
매염제 3, 48
맥아 102, 103, 196
맥아배지 15
맥주 114
맥주보리 196
맥주효모 113, 114
먹물버섯 48, 170
먹이기질 10, 59, 112, 131, 144, 176
먹이법 61
먼지버섯류 198
메주 50, 142, 145, 146, 147
메탄올 108
메틸알코올 108
멧돼지 68
멸균 101
명배양 158
모기 26, 118
모낭염 192
모래밭버섯 48
모잘록병 83
목이버섯 160
목재부후균 22, 23, 24, 31, 56, 123
무당버섯 66
무리우산버섯 197
무성세대 76
무스카린 2
무스키몰 2
무알코올맥주 103
무좀 176
무좀균 36, 41, 61, 187, 193, 194, 195
무주반딧불축제 31
무포자균류 58
무화과나무 195
물곰팡이병 63
물보존 54
물질순환 152, 183
미국 22, 30, 34, 35, 72, 184, 199
미국식품의약국 36

미국환경보호청 33
미니돼지 188
민간요법 36, 195, 198
민달팽이 66, 70, 181
민자주방망이버섯 48
밀가루술빵 104
밀·줄기녹병 1
밀·줄기녹병균 75, 184

ㅂ

바나나 86, 117
바나나민달팽이 70
바나나·시듦병 86
바이러스 31, 46, 72, 120, 139, 184, 189
바이오디젤 62
박쥐흰코증후군 63
박테리아 82
반딧불이 31
반쪽시들음병 85
반쪽시듦병 85
반치사량 2, 4, 149
받침애주름버섯 31
발광버섯 31
발암물질 146
발포주 103
발효주 102
밤 139
밤나무 72
방귀버섯 67
방귀버섯류 198
방어 기작 71
방탄소년단 190
방화곤충 73, 183
배 139
배양체 53
배양 효모 87
배착성 92
백강균 26, 117, 118
백견병 83
백만송이버섯 96
백분병 83, 116
백색부후균 173
백선균 188
백시멘트 37
백화현상 21, 28
뱀버섯 67, 93
버빗원숭이 70
버섯 우표 50
버섯전골 96, 159, 166
버섯파리 152, 183
버섯해충 152
버섯흰개미 70
버슷 93
번데기동충하초 166, 172, 174
범혈구감소증 174
법곤충학 34
법의학 34
법진균학 34
베스터딕 86
베이킹소다 87
베이킹이스트 87
베이킹파우더 87
베트남 159
벨기에 13, 55, 186
벼·도열병 83
벽지 곰팡이 199
변이체 120, 197
변재 22, 24
변형술잔녹청균 48
볏짚 11, 145, 159
병원력 179
보로닌체 64
보리 103, 180
보유효과 102
보존 53
보툴리눔독소증 184

복균류 198
복령 92
복합종 6
볼라르효모 120
부생균 185
부쇼네 109
북극토끼 69
분리주 53
분아 91
분열효모 112
분해효소 177
불쏘시개 3
불핀산 9, 71
붉은곰팡이 29, 119, 132, 145, 184
붉은곰팡이병 1, 83, 180
붉은벼슬딱따구리 24
붉은별무늬병 83
붉은불개미 90
붉은빵곰팡이 81
붉은사슴뿔버섯 169, 174
브라운오크 48
브라질 5, 31, 98
블랙트러플 68
블루치즈 41, 126, 127, 140, 146, 196
블룸 21, 28
비른바우민 30
빈영양 27, 28, 38
빙하생물학 56, 57
빵효모 75, 87, 112, 113
뿌리썩음 23

ㅅ

사과 14, 178
사과 주스 110, 146
사막전갈 26, 118
사상균 80
사슴지의 52, 69
사타구니백선 194
사향소 69
사향오색앵무새 107
산딸기 138
산사나무 107
산패 129
살구버섯 99
삼투압 60
삼투현상 18
상대습도 27
상리공생 115
상면발효 113, 114
새송이버섯 94, 97, 124, 197
생균수 74
생균제 120
생맥주 200
생물농약 115, 184
생물무기 184, 189
생물발광 31
생물제초제 184
생물종 113
생물테러 184
생분해성 25, 125
생식생장 59, 158, 168
생태관광 31
샤이고미터 23
서양송로 100
석이 69, 92
선취권 114
선택압 16, 168
설부병균 62
섬유소 44
성수뿌리개 76
성형톱밥종균 157
세계균주은행연합 53
세계보건기구 108, 146, 189
세계자연보전연맹 24, 52
세계자연보호기금 40
세균성시들음병 85

세균성시듦병 85
세균성잎마름병 1
세균시들음병 85
세균시듦병 85
세균학 80
세렌디피티 26, 102, 119
세르비아 148
세슘 19
셀러리·검은무늬병균 185
셀룰로스 124
소 188
소고기 43, 128, 129
소나무 91, 96, 156
소나무겨우살이 3, 91
소믈리에 109
소시지 129
소아마비 바이러스 189
소혀버섯 48
속검정덩이버섯 165
속검정덩이아재비 165
속명 6, 69, 76, 77, 99, 191
손발톱무좀 193
손발톱백선 194
솔송나무 173
송고버섯 95
송라 3, 91
송로 100
송로버섯 100, 165
송백류 173
송이감염묘 156
송이버섯 94, 154
송이산 156
송이향버섯 95
송화버섯 95
수공 177
수막 135, 136, 137
수분활성도 129
수생곰팡이 187
수송단백질 60
수염백선 194
수용성 유리 39
수의학 189, 198
수정균사 182, 183
수퇘지 68
숙신산 135
숙주도약 187
순록 69
순록이끼 69
순록지의 69
순수배양 53
술떡 135
술빵 104, 135
술효모 72, 75, 87, 101, 108, 112, 200
쉰떡 135
슈퍼 곰팡이 16, 191
슈퍼 박테리아 16, 190
스는병 83
스웨덴 19, 76, 171, 172
스위스 171
스코비 121
스코티아나무 107
스키미투스응애 152
스티븐슨 공방 172
스페인 86
스포로트릭스증 188
시상 20, 141
시설 141
시안화물 173
식물계 80
식물병리학 84
식물병원균 75, 176, 177, 181, 184, 185
식용버섯 167, 171, 173, 197
식육연화제 128
식이섬유 44, 151
식중독 126, 129, 138
식초요법 195

식품오염균 133
식품첨가물 87, 130, 133
식혜 89
신령버섯 98
신체의존성 175
실내곰팡이학 199
실란트 38, 39
실로사이빈 6, 175
실리콘고무 38, 39
심재 22, 24
심재부후 23
싸리버섯 94
쌀 130, 132
쌀문화권 89
쑥 11
쓰가영지버섯 174

ㅇ

아가리쿠스 98
아교버섯 67
아라비아가젤 69
아르헨티나 163
아리스톨로켄 127
아마자케 89
아마톡신 8
아메바 82
아미노사이클로프로파놀 170
아세트알데하이드 112
아세트알데히드탈수소효소 170
아스페르길루스 33, 35, 81, 109, 189
아스페르길루스증 35
아스페르길루스 투빈겐시스 25
아우리스칸디다 16, 190, 191
아일랜드 대기근 7
아크레모니움 29
아크로미르멕스개미 90
아타개미 90
아토피피부염 188
아플라톡신 146, 147, 148, 150
아황산가스 3
안동식혜 89
안전계수 150
알광대버섯 4, 8, 169
알레르기 4, 17, 42, 125, 197
알리신 195
알츠하이머병 151
알칼로이드 117
알코올분해효소 106, 170
알코올중독 170
알코올탈수소효소 105, 106
알타나리아 81
알파-아마니틴 4
암배양 158
암브로시아나무좀 70
암퇘지 68
애완동물 144, 177, 188, 189
애주름버섯 31
액체질소보존 54
야광버섯 31
야생 효모 87, 88
야토병 184
약독화 189
약용버섯 98, 151, 167, 173
양귀비 184
양서류 187
양송이버섯 12, 45, 72, 75, 94, 153
양조효모 87
양파·노균병 84
어고발린 43
어고스테롤 132
어류 51, 187
에리드로신 111
에볼라바이러스 184
에일맥주 114
에칭 27, 42
에키노칸딘 190

에탄올 104, 106, 112, 122, 135, 183
에탄올발효 89, 101, 104, 106, 112, 200
에틸렌옥사이드 41
에틸알코올 36, 108, 200
엑스판숨푸른곰팡이 178
여드름세균 192
여름덩이버섯 165
여름포자 182
역병 7
연방질병통제예방센터 190
연어색젖버섯 66
염색약 111
염소 69
엽상체 92
엿기름가루 89
영국 34, 52, 107, 137, 140, 198, 200
영아돌연사 200
영양균사 45, 92, 111, 153
영양생장 59, 158, 162, 168
영지버섯 48, 75, 79, 174
예방백신 188
예방주사 147
오동정 98
오스트리아 56, 57
오오히라균 97
오이꽃버섯 99
오이·노균병 84
오크라톡신 110
오크통 102
옥살산 123
옥수수 104, 147, 181
옥수수밭 147
옥수수술빵 104
옥수숫대 125
왁스처리 179
왔다병 84
외래어표기법 119, 191
외인성물질 25
요거트 122
우슨산 91
우유 122, 148
우크라이나 75, 199
웃소금 143
웃음독버섯 6
웃음버섯 6
원목재배 157, 158
원목재배법 157
원유 148
원핵생물 82
원형질막 60
위스키 102, 108
위조병 83
위틀라코체 181
윈터베리 107
유관속시들음병 85
유관속시듦병 85
유균 45, 49, 170
유기산 27, 37, 42, 47, 123
유당 21
유럽연합 19, 148
유사균류 7
유산 122, 123
유산균 120
유성생식 67
유성생식기관 67, 92
유성세대 76
유액균사 66
유연공 65
유익균 120
유전자가위 120
유주포자 79
유중림 157
유칼립투스 107
유황훈증 20
육상세균 31
육식성 조류 187

은나노 40
은나노입자 40
응결수 32, 136
이명 43, 113, 114
의진균학 190
이명법 76, 160, 191
이보텐산 2
이산화탄소 87, 103, 104, 112, 122, 135
이산화황 20
이상근육병증 186
이상비대 92, 181
이상증식 181
이소구연산 47
이소구연산탈수소효소 47
이스트 87
이슬곰팡이병 84
이슬병 84
이슬송이버섯 95
이탈리아 47, 52, 56, 57, 75, 88, 164
이탈리아어 100
이탈리푸른곰팡이 179
이포메아닌 149
이포메아마론 149
인간미생물군 46
인공재배 2, 3, 12, 156, 157, 163
인도네시아 185
인류미생물군 46
인류세 61
인설 192, 193
인수공통감염병 188
인체미생물군 46
인체병원균 75
인터스텔라 1
일균일명 76
일반명 76, 99, 113, 191
일본 19, 31, 38, 70, 79, 84, 173, 174
일본어 76, 83, 90, 97, 113, 121
일본원숭이 119
일일섭취허용량 150
입고병 83
잎꾼개미 90
잎새버섯 48, 97, 124

ㅈ

자동양조장증후군 200
자실체 92, 100, 166, 168
자연개구 177
자오바이 181
자이로미트린 172
자이언트말불버섯 198
잔나비걸상 93
잔류허용기준 150
장가르기 142
장구벌레 118
장내곰팡이 46
장송라 3
잿빛곰팡이 110, 138, 139, 177, 178
잿빛곰팡이병 83
잿빛무늬병균 177
저령 92
저습보관함 27
적미병 83
적색목록 52
적성병 83
적자생존 131
전기자극 14, 161, 162
전복느타리버섯 97
전통 메주 147
절멸위기종 24
정명 43, 113, 114
정서법 8
정수압 177
젖버섯 66, 70
젖산 123, 135
제국실 15
제습보관함 27

제올라이트 39
조갑백선 193, 194
조류 3, 71, 91, 92, 114
조류(새) 51, 63, 107, 187, 188
조류애호가 107
조류학자 107
조선흥농회 83
족부백선 194
좀비곰팡이 5
종구접종법 157
종균접종법 12
종목감입법 157
종소명 9, 69, 76, 77, 119, 160, 171, 191
주름버섯 48
주름살 45, 49, 93, 155, 169
줄기마름병균 72
중간숙주 182, 183
중국 9, 77, 79, 84, 157, 159, 165, 166
중국어 76, 90, 113
중립 115
중복기생균 115
중세라틴어 160
중세영어 80, 193
중조 87
중탄산나트륨 87
중탄산소다 87
즉석밥 133, 134
증례보고 17, 198
증류주 102
증보산림경제 157
증편 104, 135
지구온난화 57
지구의 벗 40
지랄레논 180
지루성피부염 192
지방막 129
지방백화현상 21
지방분해효소 62
지방산 28, 192
지방조직 43
지의류 50, 69, 71
직업병 196
진공증발법 103
진균학 80
진핵생물 55, 82
진화 16, 51, 55, 61, 63, 106, 168, 187
질소 충전 133, 134
집락형성단위 74
짚신벌레 82

ㅊ

차가버섯 92
차아염소산나트륨 36
참나무 급사병 85
참나무 시들음병 85
참나무 시듦병 85
참송이버섯 95, 153
천연두 17, 184, 189
천연두 바이러스 189
천연염색 48
천적농법 116
청국장 142, 145
체부백선 194
초록곰팡이 29, 112, 180
초록애매미충 117
초산 121, 123, 195
초식동물 43, 69, 117, 124, 181, 186
초콜릿 21, 28
초파리 105, 106
최대무작용량 150
층층버섯 24
친환경소재 125
칠레 163
침비늘버섯 48
침입관 5
침입력 179

ㅋ

카리부 69
카메라보관함 27
카제이푸른곰팡이 196
카카오나무 117
칸디다질염 189
칸디다혈증 190
칸디다효모 16, 189
캐나다 33, 57, 69, 107, 183, 184
캐나다순록 69
캐비아 100
커피나무·녹병균 182
케냐 25
케라틴 61, 187
케라틴분해균 187
케라틴분해균류 61
케라틴분해효소 61
케토글루탄산 47
케피르 122
코르디세핀 172
코르키 109
코엘로모마이세스 26, 118
코카나무 184
코카인 175, 184
코카코 50
코코아버터 21
코프린 170
코프린중독증 170
코프린증후군 170
콜라겐 10, 187
콜레라 120
쿠바환각버섯 175
크랩스회로 47, 123
크로아티아 148
크립토콕쿠스증 188
큰느타리버섯 97, 197
클라도스포리움 20, 32, 33, 81, 134, 138
클라바트검은곰팡이 196
키틴 44, 55, 124, 151
키틴분해효소 44
킬러독소 72
킬러효모 72

ㅌ

타닌 10, 20, 195
타르점무늬병 186
탄산수소나트륨 87
탄소연대 57
탄저 184, 185
탄저균 185
탄저병 185
탄저병균 178, 185
탄질률 176
태국 5, 159, 175
턱받이 67
털곰팡이 11, 34, 81
테르페노이드 155
토끼 188
토양보존 54
톡스인포 150
톨룬드인간 56
톨페스큐 43
톱밥배지 124, 158, 161
톱밥재배 157, 158
톱밥재배법 157
톱밥파리 152
퇴비 12, 62, 124, 176, 197
튤립 파동 166
트러플견 164
트러플버섯 163, 165
트러플버섯 탐지견 164
트뤼플 100
트리 캠핑 22
트리코테센 174, 199
트리판블루 111

티벳버섯 92, 122

ㅍ

파상풍 백신 189
파스퇴르연구소 12
팔로톡신 8
팽이버섯 44, 94, 96, 124, 151, 197
페니실린 50, 127, 140, 190
페스큐중독증 43
페스트 184
펙틴 136
펠트지의 52
편리공생 115
편해 115
페버섯배지 125
페톱밥배지 124
폐포염 196
포도나무 117
포도당 20, 60, 101, 105, 131, 141
포도 주스 101
포도주효모 75, 87, 112, 113
포르투갈 110
포식성 천적 152
폴리에스테르 25
폴리에틸렌 25
폴리우레탄 25
폴리페놀 102
폴리프로필렌 124, 158
표고버섯 18, 19, 95, 153, 154, 157, 158
표고버섯 피부염 4, 17
푸른곰팡이 34, 50, 126, 127, 140, 179
푸시드산 119
푸아그라 100
풀버섯 159
풍화작용 123
프랑스 12, 93, 120, 172, 184
프랑스어 13, 93, 100, 109, 160
프로바이오틱스 120
프로토마이세스 181
플라부스검은곰팡이 146, 147
플라스틱 3, 25, 42
플레밍 50, 140, 190
플루코나졸 190
피부병균 63, 185, 187
피부상재균 46
피부진균증 188
핀란드 86, 171, 172
핑샤녹강균 26, 77, 118

ㅎ

하마다배지 156
하면발효 113, 114
하이드로포빈 45
하이포글리신 186
학명 75, 76, 77, 98, 99, 113, 114, 191
한국미생물보존센터 53
한국생물자원센터 53
한자문화권 79, 85
항균 실리콘 39
항균 페인트 39, 40
항생제 내성 세균 16, 190
항세균제 190, 192
항아리곰팡이 187
항아리곰팡이병 63
항진균제 16, 190, 191, 192, 193, 200
해면버섯 48
해송이버섯 96
해수세균 31
햄스터 188
향기젖버섯 66
향버섯 154
헝가리 199
헤미셀룰로스 124
헤파필터 32, 35
헬리코박터균 120
현미경 27, 138

혐기성 곰팡이 133
혐기성 세균 133
호밀풀 43
호발지의 91
호상체 65
호열성 곰팡이 62, 176
호주 163
호흡기 질환 197
홈브루잉 101
홉 103
홍국균 132
홍반성 구진 17
홍차버섯 92, 121
화경버섯 31, 169
화밀 183
화학물질관리법 108
환각버섯 2, 8, 173, 175
황갈색미치광이버섯 6, 169
황국균 균주 11, 35, 147
황색포도상구균 82
황화수소 112
회색미병 83
효모 46. 51, 74, 87, 120, 135
후시딘 119
희랍어 79, 80, 87, 93, 191
흰가루병 83, 115, 116
흰가루병균 70, 80, 116, 117
흰덩이버섯 163, 165
흰들버섯 98
흰비단병 83
흰비단병균류 58
흰알광대버섯 169
흰점박이꽃무지 97
히말라야박쥐나방 166